用户体验与系统创新设计

王晨升◎编著

清华大学出版社

北京

内 容 简 介

《用户体验与系统创新设计》集用户体验设计研究之大成，旨在系统性地介绍用户体验设计这门跨学科新兴技术的全貌，拓展创新思维、启迪体验设计智慧。全书分为基础篇、原理篇、应用篇、实战篇和发展篇(共 15 章)，另有绪论(即第 0 章)和附录。其中，基础篇(包括第 1～4 章)介绍了人类感觉的要素、产品因素、环境因素和人类行为等与交互体验息息相关的要素的科学定义、构成及其研究方法。原理篇(包括第 5～11 章)是对现有用户体验设计原理与方法的科学总结，从 KANO 模型到用户体验五层设计法，从定性到定量的用户体验测试与评价方法，关键在于通过对相关原理的学习，建立正确的体验设计思维、对现象的洞察力以及培养综合应用、创造性地解决问题的能力。应用篇(包括第 12、13 章)是对不同领域应用体验设计原理时思维方式的理解和对相关知识索引的建立。实战篇(第 14 章)通过对成功企业体验设计案例的剖析，帮助读者思考如何建立属于自己的、最适合的创新体验设计方法。发展篇(第 15 章)是来自体验设计一线有影响力的专家，在自己长期实践经验的基础上从不同视角对用户体验设计未来发展的展望。

本书写作目的不是为某种产品或某个行业提供量身定制的解决方案，而是在厘清学科边界的基础上，透过对学科内涵的系统剖析，引导正确体验设计思维的建立，为设计师针对特定应用创造属于自己的、适用的个性化体验设计方案提供一般的遵循及知识索引，是在校大中专学生、教师和科研人员、设计从业者不可或缺的学习用户体验设计入门的基础参考读物。

本书封面贴有清华大学出版社防伪标签，无标签者不得销售。

版权所有，侵权必究。举报：010-62782989，beiqinquan@tup.tsinghua.edu.cn。

图书在版编目(CIP)数据

用户体验与系统创新设计/王晨升编著. —北京：清华大学出版社，2018（2022.7重印）
ISBN 978-7-302-50642-3

Ⅰ. ①用… Ⅱ. ①王… Ⅲ. ①人-机系统—系统设计 Ⅳ. ①TP11

中国版本图书馆 CIP 数据核字(2018)第 155754 号

责任编辑：刘秀青　陈立静
装帧设计：杨玉兰
责任校对：吴春华
责任印制：丛怀宇
出版发行：清华大学出版社
　　　　　网　　址：http://www.tup.com.cn, http://www.wqbook.com
　　　　　地　　址：北京清华大学学研大厦 A 座　　　　邮　　编：100084
　　　　　社 总 机：010-83470000　　　　　　　　　邮　　购：010-62786544
　　　　　投稿与读者服务：010-62776969, c-service@tup.tsinghua.edu.cn
　　　　　质量反馈：010-62772015, zhiliang@tup.tsinghua.edu.cn
　　　　　课件下载：http://www.tup.com.cn, 010-62791865
印 装 者：北京九州迅驰传媒文化有限公司
经　　销：全国新华书店
开　　本：185mm×260mm　　　　印　张：21　　　　字　数：510 千字
版　　次：2018 年 9 月第 1 版　　　　　　　　　印　次：2022 年 7 月第 6 次印刷
定　　价：58.00 元

产品编号：073868-01

序 一

好友王晨升博士是一位从事计算机应用和设计研究的学者，在我们的朋友圈里，一向被称为"大师"。谁的电脑坏了，都请大师出马，没有大师解决不了的问题。当然我们都是计算机的外行，修电脑也绝不是王教授的主业，仅仅是为朋友帮忙而已。其实在专业领域里，王教授也颇有心得。笔者是从事国学方面研究、教学的学者，当然没有能力评价好友在计算机领域的水平和能力，而我突出的印象，则是他宽阔的学术视野和深厚的人文情怀。

笔者学习哲学出身，当年学哲学的时候老是怀疑哲学无用。但是随着年龄的增长，不仅自己对哲学的作用不断有了新的体会，而且发现身边一些不学哲学，特别是理工科出身的朋友，反而对哲学、社会科学产生了浓厚的兴趣。二十年来，常与王教授砥砺切磋，我向他请教种种自然科学问题，他则与我探讨一些关于社会、人生、理想、彼岸等所谓的"玄学"思考。由此我才深深地认识到，他的知识积淀是多么丰厚，艺术修养是多么高深。有一次他与朋友到云南泸沽湖去旅游，回来写了一篇游记诗让我看，给我留下了深刻的印象。此处摘录一小段："泸沽岸，篝火燃，女儿国里歌声亮。翩翩舞笛音，鼓乐声悠扬。对影举杯邀神女，清风美酒翠湖旁。纷飞思绪暂拢起，与尔梦醉回故乡。走婚桥，花儿房，草海鹊虹映天上。相爱人约黄昏后，阿哥阿妹情谊长。绵绵细雨唱心曲，袅袅祥蔼绕山梁。"有了这样的学术功力和丰厚的人文素养、艺术功底，在用户体验这样一个多学科交叉领域写出一本高质量的学术著作，自然是理所当然，水到渠成的事情。

哲学是关于自然科学、社会科学、思维科学一般规律的学说，笔者当然对当代社会一些涉及政治、经济、文化、科技、生产领域的新事物有所耳闻，用户体验设计自然也在其中。以笔者浅薄的理解，用户体验设计应当是体验经济的组成部分，或者说是体验经济的具体实现路径之一。经济学家们认为，人类经济活动经历了农业经济、工业经济、服务经济，现在进入了体验经济时代。这几种经济形态的更替，反映了人类生产能力的提高。在生产力低下的时代，企业生产什么，消费者购买什么，叫作生产决定消费，市场的主动权完全操控在生产者手中。但是随着科学技术的发达，人类生产能力不断增长，现代的市场已经变成了买方市场，几乎所有产品都不同程度地出现了生产过剩。"得民心者得天下"就表现为，谁的产品符合用户需求谁就可以占有市场，体验经济应运而生。

当代社会迎合各种用户体验的产品层出不穷，谁抓住了一批用户的心，谁就抓住了财源。比如某款名品的包包，宽大的体内连个隔层也没有，但是赢得了一群人的青睐。因为这些人其实不用自己打点各种俗务的，背个包包只是为了炫耀，只要贵就可以；再如奔驰G 系列的越野车，粗犷彪悍，跑在路上可以赚足眼球。但是纯粹为越野设计的车身，连转向助力也没有，在平路上开起来非常吃力。但是有钱人是这样任性，只买贵的，不买对的。这充分说明，用户体验不再只是考虑产品的价格与性能。至于千千万万普通民众，其实是很重视用户体验的。当代兴起了网红经济，依靠的就是亿万并不富有的"粉丝"。网红的起家，往往是从网络直播开始的，一群没有受过专业训练的俊男靓女，自己对着镜头唱上两首歌，跳上一段舞，再絮絮叨叨说点家常事。如果要讲艺术水平，根本无法与电视台的专业演员相比。但是当电视多得看也看不完的时候，那些装腔作势的"文艺范儿"就倒了观众的胃口，反而是那些网络主播们质朴无华的家常话更能够吸引观众的眼球。当粉丝到达一定数量之后，再在直播平台上推销某些产品，就可能产生天价广告也无法获得的效益。

那么什么样的产品才能投合用户的体验，获得用户的芳心呢？这就是王晨升教授这本《用户体验与系统创新设计》所要研究的问题了。世上很多事情都是看人家得到容易，自己去做却十分艰难，正所谓"知之非艰，行之惟艰"。当用户体验的获得上升到产品设计的高度，那就不能只靠在网上碰运气了，要掌握一套完整的理论和技巧。目前国外、国内已经有了一批研究用户体验设计的专著，形成了一个全新的跨学科的知识体系，包括人机工程学、心理学、生理学、社会学、文化学、语言学、哲学、美学、电子信息与网络技术、人机交互技术和数据库、机械自动化、建筑设计、环境科学、材料科学、工业设计、艺术设计和数字媒体设计等，成为一个庞大的基础学科群体。用户体验设计这门高度综合的学科性质，正好为王晨升教授提供了充分展示学术能力的舞台。

笔者站在人文学科研究的角度，对于用户体验设计这种属于理工科的学术专著，只能以"高山仰止"的心态管窥其皮毛。但是在书籍编写过程中阅读了此书的绪论和章节目录，已经深深感到震撼。相信《用户体验与系统创新设计》的出版，一定可以用丰富的基础理论知识、扎实的专业设计技巧、活泼生动的设计案例，为体验、交互及工业设计方向的在校大中专学生、教师、科研人员，以及广大的设计从业者提供不可或缺的、系统的方法指引与思维启迪。

张践教授 2017 年 6 月于中国人民大学

序 二

认识王晨升博士多年，他在专业上已经成果卓著，但依然笔耕不辍，不断求索。喜闻王博士最近的新作《用户体验与系统创新设计》即将付梓，特受邀作序，遂慨然允之。

21 世纪是体验经济的时代，这已毋庸置疑，无论是美国著名未来学家阿尔文·托夫勒在他的著作《未来的冲击》中的预言，还是美国战略地平线公司联合创始人约瑟夫·派恩所著《体验经济》一书，都指出了体验经济时代的来临。在这个时代，企业以服务为舞台，以商品为道具，以消费者为中心，追求实现消费者最大体验价值的目的。

长期以来，企业凭借技术上的发明、革新乃至"垄断"，或是为产品增添各式各样的功能来创造差异，建立竞争门槛、获取超额收益。体验经济的出现，使得这样的时代不复存在了。从以技术见长的诺基亚公司的衰落，到以体验制胜的史蒂夫·乔布斯领导的美国苹果公司设计的成功，无不向世人宣示着体验经济的魅力，昭示着用户体验设计黄金时代的到来。面对体验经济的大潮，设计业将如何去实现自身的锐变、顺应潮流，就成了每个设计从业人员必须面对、思考的问题。

用户体验设计是设计师面临的新领域。通过实践运用相关的工具和方法，从用户、产品、环境和交互等要素及其关联作用去把握和切入，是体验设计成功的有效路径。对用户的分析研究，不仅要从理论上解析人类感觉的生理、神经系统和心理基础，更需要在设计实践中去总结用户感受产生的规律。对产品的体验设计，重在运用同理心去理解用户和解决用户痛点，为用户提供愉悦和惊喜的产品体验。创新赋予产品以灵魂，只有真诚才能"俘获"用户的"芳心"。用户体验设计面对的环境既有物质环境，也有非物质环境。因此需要对用户体验的影响作全面分析、一体对待，任何一点的疏漏都有可能给用户的感受带来负面的印象。交互是用户体验设计的重要环节，对用户交互的每一个动作、每一个细节、每一个场景，都应事无巨细、亲力亲为，这样才能保证交互设计的质量。相比之下，传统上依靠主观想象的故事板做法就显得有些粗放。上述这些要素的相互作用对体验的影响是十分显著的，有时不仅需要突破技术的局限，也要从哲学方法论的层面去把握。诚然，对用户体验设计理论及方法的系统掌握，是设计好的用户体验的前提，而且"他山之石，可以攻玉"，对国际知名企业体验设计案例的剖析，对于开拓思路也是大有裨益的。

市场上关于用户体验设计的书籍不下一百种，多是针对一种方法、一种理论展开的探讨，系统、全面地阐释用户体验设计理论、方法的书籍尚不多见。囿于每种方法、每种理论的适用范围，读者在其设计实践中遇到的实际问题，多有其独特性，鲜与书上的描述一致，这给读者带来了很大的困惑。更有甚者，书上讲的是如何设计电商网站的用户体验，读者面临的可能是新闻网站的体验设计问题，二者共通之处其实不多。因此，对现有研究成果进行梳理，以系统、全面且清晰的方式诠释用户体验设计的理论、方法与应用，似为学界当务之急。

"授人以鱼，不如授人以渔"。纵览王晨升博士所编撰之《用户体验与系统创新设计》一书，从人类感觉的基础，到体验设计的理论及其专题应用，再到案例剖析，分为基础篇、原理篇、应用篇、实战篇和发展篇，体系完整、内容全面。更为难得的是，该书编撰的目的，瞄准的不是提供某种或某个行业体验设计的具体解决方案，而是着重系统性地介绍用户体验设计作为一门跨学科新兴技术的科学基础、原理与方法以及成功的实践，为设计师针对特定应用订制个性化的体验设计方案，提供一般遵循及知识索引。尽管书中某些观点似乎仍需探讨，但本书仍不失为一本值得研读的有益著作。

一个学科的发展需要无数有识之士的参与，更需要无数不为名利、潜心向学的学者志士的无私奉献；一本好书不仅需要渊博的知识、对技术的洞察、广阔的国际视野，更需要反复的锤炼。在"体验为王"的今天，相信《用户体验与系统创新设计》一书的出版能对设计技术的发展做出有益的贡献。我们拭目以待。

蔡军教授 2017 年 6 月于清华大学美术学院

前　言

　　21 世纪是"体验经济"的时代，是继农业经济、工业经济和服务经济之后的第四个人类社会经济发展阶段。在今天这个由于互联网高度发达而日趋扁平化的世界，从工业到农业、互联网和信息产业、商业、餐饮、旅游、服务业及娱乐(影视、主题公园)等各行业，都在上演着体验或体验经济，技术同质化已使其不再是制约盈利的主导因素。美国学者 B. 约瑟夫·派恩.II(B. Joseph Pine II)和詹姆斯·H. 吉尔摩(James H. Gilmore)在《体验经济时代》(*The experience economy: work is theatre & every business a stage*)中写道，"每一种产品和服务，最后都将因成本降低而降价，最后演变成价格战。还有什么其他方法呢？就是体验经济。"今天，用户体验的好坏已成了决定企业成败的关键。

　　对于一个产品或一种服务的体验，一百个设计师会有一百种理解，一千个用户会有一千种期望或感受。这导致市场上关于体验设计的书籍杂然纷呈，百花齐放。世界各国的产品设计师、体验研究员及设计教育研究人员，都在努力寻找一个真相，即究竟什么是用户体验设计？其学科范围及相关理论基础究竟有哪些？"公说公有理、婆说婆有理"的局面带来的是瞎子摸象般的困局，即每人讲的都有道理、有事实数据支撑，但结论大相径庭甚或谬以千里。

　　美国教育家、耶鲁大学前校长理查德·查尔斯·莱文(Richard Charles Levin)曾说过："如果一个学生从耶鲁大学毕业后，居然拥有了某种很专业的知识和技能，这是耶鲁教育最大的失败。"他认为耶鲁教育目的的核心是通识，是培养学生批判性独立思考的能力，是对心灵的滋养、自由的精神、公民的责任和为社会、为人类的进步做出贡献的远大志向。这多少与中国古训"授人以鱼，不如授之以渔"有些相似。在这里"渔"其实就是对用户体验设计相关的科学基础、原理和方法的全面了解与掌握，从而培养的创造性思维和灵活运用的能力。有鉴于此，本书基于作者长期教学与科研之积累，致力于集现有体验设计研究之大成，对相关内容进行精心梳理，并以一种相对完整且清晰的方式呈现，从逻辑上划分为基础篇、原理篇、应用篇、实战篇和发展篇，旨在系统性地介绍用户体验设计这门跨学科新兴技术的全貌，拓展创新思维、启迪体验设计智慧。本书的目的不是为某种产品或某个行业提供量身定制的体验设计解决方案，而是在厘清用户体验设计的学科边界的基础上，透过对相关内容的系统介绍，为设计师针对特定应用创造属于自己的、适用的个性化体验设计方案提供一般的遵循及知识索引。这也是编撰本书的根本动因。

1. 基础篇

　　基础篇介绍了人类感觉的要素、产品因素、环境因素和人类行为与交互等与体验息息相关的要素的科学定义、构成及其研究方法。这对于之前没有经过专业训练的读者建立系统的学科基础和拓展知识面来说，是不可或缺，也是十分有益的，而这也正是目前市面上同类书籍所普遍忽视的。基础篇的内容主要涉及心理学、生理学、人的行为与交互等学科。

2. 原理篇

原理篇是对现有用户体验设计原理与方法的科学总结，从 KANO 模型到用户体验五层设计法，从定性到定量的用户体验测试与评价方法，虽不能说是面面俱到，但也基本概括了常用的体验设计方法论。这些原理和方法为开展体验设计提供了基本的思维和遵循。抑或单一方法不能满足具体体验设计的要求，但多种方法的综合运用或许就是问题的解决之道。原理篇关键在于通过对相关原理的学习，建立正确的体验设计思维、对现象的洞察力，以及培养综合应用、创造性地解决问题的能力。

3. 应用篇

每个行业、每种产品或服务的体验设计都有其自身的特点，这是由事物的特殊性所决定的。毛泽东说过，"如果不研究矛盾的特殊性，就无从确定一事物不同于他事物的特殊的本质，就无从发现事物运动发展的特殊的原因，或特殊的根据，也就无从辨别事物，无从区分科学研究的领域"。(《毛泽东选集》第一卷)产品和互联网设计是目前最受关注的体验设计应用领域，尽管不同领域的具体项目各有特点，但创造性地应用体验设计的基本原理与方法去解决问题的精髓是相通的。应用篇是选读内容，读者可以根据自己的喜好和从业需要有选择地学习。应用篇学习的关键在于对不同领域应用体验设计原理时思维方式的理解和对相关知识索引的建立。

4. 实战篇

他山之石，可以攻玉。以典型成功案例为素材，步入这些成功公司的设计过程，通过分析、解剖和反思，追随高手的思维逻辑，去理解其用户体验设计的成功之道，体会其法则和洞察，或许会带来更多的惊喜和感悟。苹果、谷歌、IDEO，都是人们耳熟能详的世界著名企业，在其成功背后体验设计的作用也是每个同行始终感到好奇的。实战篇搜集整理了相关内容，通过对这些成功企业体验设计方略的剖析，旨在传递一个信息，好的体验设计方法对企业或产品来说应该是最适合的方法。在掌握基本原理的基础上，任何企业都可以因地制宜、创造性地订制自己的体验设计策略与具体方法，你也可以。实战篇是选读内容，读者可以依据自己的兴趣和需要有选择性地阅读。实战篇的精髓在于，通过对成功企业体验设计案例的剖析，帮助读者去思考如何建立属于自己的、最适合的创新体验设计方法。

5. 发展篇

未来对于人类来说，总是充满着诱惑和不确定性，是一种期盼与恐惧杂糅的感觉。但无论如何，好奇心还是驱使人们希望能对未来有所洞见，对用户体验设计来说也是一样。发展篇搜集了来自体验设计一线有影响力的专家，在自己长期实践经验的基础上，从不同视角对用户体验设计未来发展的展望，或许能给希望对未来有所了解的读者有所助益。发展篇是选读篇。

本书由王晨升博士负责全书体例设计、统稿，陈亮、胡柳婷、刘康轩、王攀凯、赵黎畅参与了本书的编撰，余盈辰、罗希、张立鑫和靳雨菡同学帮助绘制了部分插图。林志环

女士帮助校对了书稿全文。在本书的编著过程中得到了来自教育界、科研机构和在产品设计与互联网市场有影响力的公司同行和专家学者的大力支持，在此，对他们为本书做出的建设性贡献一并表示感谢。

此外，在本书的出版过程中得到了清华大学出版社的大力帮助，作者深为出版社编辑、审校老师勤勉、博识、科学、严谨的学风所感动。可以说，没有他们的贡献，就没有本书高质量的出版。在此，谨对他们的工作表示由衷的感谢。

纵观科学发展史，古往今来，任何学科的发展都经历了不断总结、不断完善的过程，相信用户体验设计作为一门新兴的、跨领域的边缘学科也不例外。由于能力所限，本书对用户体验设计及其相关学科内容的梳理或不足以刻画其全貌于万一，在此诚邀业界专家学者、体验设计从业人员对书中存在的不足之处乃至错误不吝指正、赐教。

在本书的编撰过程中，作者也颇有感悟：一曰再次感受做学问之不易，前情后果、左右关联，兢兢业业尚恐对问题的分析不到位，其间酸甜苦辣，唯亲历方能感受；二曰世事繁华，须抛却随波逐流之心，有定力才能做学问。人情冷暖、兴衰烟云、得失之间，唯超凡不足以入世。这里的入世其实是本着求实的态度对事物本源的探究与洞察。些许心得，与知者共勉。

王晨升博士 2017 年 8 月于北京中关村

目 录

基础篇　用户体验的科学基础

原理篇　用户体验设计的原理与方法

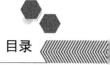

应用篇 用户体验设计的应用

实战篇　用户体验设计案例分析

发展篇　用户体验设计的未来

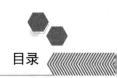

绪　论

　　工欲善其事，必行利其器(《论语·卫灵公》)。21 世纪是"体验经济的时代，以互联网+、大数据、人工智能为标志的新技术正在重塑当代社会形态，"体验"意识已经深入到人们生活的方方面面，左右着小到产品、大到公司的兴衰成败。所以，从用户体验的高度全面把握系统创新设计已成当务之急。本章从用户体验的基本概念入手，到对相关学科的介绍，系统勾勒了用户体验设计的学科全貌。

用户体验与系统创新设计

早在 20 世纪 70 年代，美国著名未来学家阿尔文·托夫勒(Alvin Toffler)在其著作《未来的冲击》中就曾预言：来自消费者的压力和希望经济上升的人的压力，将推动技术社会朝着体验生产的方向发展……继服务业发展之后，体验业将成为未来经济发展的支柱。美国《哈佛商业评论》于 1998 年指出：在服务经济之后，体验经济(Experience Economy)时代已经来临。1999 年美国战略地平线(Limited Liability Partnership，LLP)公司的联合创始人约瑟夫·派恩 II(B. JosephPine II)和詹姆斯·H. 吉尔摩(James H. Gilmore)也在其合著的《体验经济》一书中将体验描述为：企业以服务为舞台、以商品为道具、以消费者为中心，创造能够使消费者参与、值得消费者回忆的活动。

长期以来，商业世界流行着一个永恒的话题，那就是如何向用户提供独特而有价值的产品或服务，以建立起对手无法复制的竞争优势？过去，许多企业不仅凭借技术上的发明、革新乃至"垄断"建立竞争门槛，而且还通过为产品增添各式各样的功能来创造差异。如今，越来越多的企业发现，技术的同质化使得企业在产品特性上的投资回报越来越低了。史蒂夫·乔布斯(Steve Paul Jobs)领导的美国苹果公司(Apple Inc.)的成功，使企业界认识到关注人们如何接触和使用产品，理解并设法满足用户在使用产品过程中每一个步骤上的期望，进而创造高质量的用户体验，是建立难以复制的竞争优势的有效手段。因此，用户体验设计已经成为业界备受重视的热点。

0.1 体验与用户体验

0.1.1 体验

英文的体验(Experience)一词源于拉丁文"Experientia"，意指尝试的行为。《大英百科全书》对体验的定义是"通过观察或参与获得实用的知识或技能"。《辞海》中体验一词的定义是"亲自处于某种环境而产生的认识"。在哲学领域，古希腊哲学家亚里士多德(Aristotle，前 384—前 322)认为，体验是感觉记忆，是由许多次同样的记忆在一起形成的经验。在心理学领域，体验则被定义为一种受外部刺激影响导致的心理变化，即情绪。

由此可见，体验是人在特定的外界条件作用下产生的一种情绪或者情感上的感受，它包括了四个要素，即主体(人)、感知(观察或参与)、感受(获得知识或认识)和环境(物质和非物质的)。体验具有下列特点。

(1) 参与性。即主体必须参与到某个活动中，才有可能获得体验。

(2) 互动性。指一方面主体可以有意识地去选择参与的对象；另一方面，对象的客观状态会直接影响主体的感受或收获，二者互相影响。

(3) 差异性。体验的感受、认知或收获往往会因主体而异，相同的对象(事件、过程、系统、产品、服务等)带给不同的人的感受可能完全不同。

(4) 情境性。体验与情境密切相关，这里，情境包括主体的心情、状态，也包括客观物质(自然)与非物质(社会、经济、虚拟)环境。同样的事情在不同的场合(环境)带给人的感受可能是不同的。

(5) 延续性。体验作为一种人所特有的感受，或许会在瞬间获得(譬如第一印象、一见钟情等现象)，但并不会马上消失，具有一定的延续性，以记忆的形式而存在。

(6) 沉浸性。在体验发生的过程中，主体通过感知、与客体的交互是自然而然、无影无踪的，具有一定的沉浸性的特点。换句话说，体验带有一定的不自觉性，就像人们常常忽视空气的存在、鱼儿并不觉得水的存在一样。体验所具有的这种沉浸性的特点，也是为体验而体验的做法往往适得其反的原因。

体验与人类的社会和经济状况紧密相连。就其本质来看，人们的日常生活从衣、食、住、行到工作、学习、科学研究，从休闲、娱乐到购物、消费，都可以被认为是一个体验的过程。

0.1.2 用户体验

用户体验(User Experience，UX 或 UE)，指用户使用一个产品、系统或服务时的心情，是在使用过程中(包括前、中、后期)建立起来的一种纯主观感受。它包括了情感、人机交互(Human Computer Interaction，HCI)的意义与价值，以及产品所有权等方方面面，比如看法和感受、实用性、易用性和效率等。由于用户体验的本质是主观感受，这也决定了它只可诱发、不可强加这样一个客观属性。

学术界对用户体验的定义也不尽相同。按美国信息架构师杰茜·加瑞特(Jesse James Garrett)的说法，用户体验包括用户对品牌特征、信息可用性、功能性、内容性等方面的感受；美国认知心理学家、体验架构师唐纳德·A.诺曼(Donald Arthur Norman)将用户体验扩展到用户与产品互动的相关方面；德国学者马克·哈森皂(Marc Hassenzahl)提出，为了更好地理解用户的体验，应注意到情感因素的作用，他把非技术特征分成了三类，即享受、美学和娱乐；以色列学者瑙姆·揣克亭斯基(Noam Tractinsky)的研究把用户体验界定为在交互过程中用户内在状态(倾向、期望、需求、动机、情绪等)、系统特征(复杂度、目标、可用性、功能等)与特定情境(或环境)相互作用的产物。

国际标准(ISO 9241-210：2010)对用户体验的定义是：人们对于使用或期望使用的产品、系统或服务的认知印象和反馈。此定义指出了用户体验的两个特点：其一，用户体验是主观的；其二，用户体验注重实际应用效果。它也说明，用户体验包含用户在使用一个产品或系统之前(期望)、使用期间和使用之后的全部感受，包括情感、信仰、喜好、认知印象、生理和心理反应、行为和成就感等各个方面。此外，ISO 9241-210 第三条还暗示了可用性也属于用户体验的一个方面。不过，该标准中并没有进一步阐述用户体验和可用性之间的具体关联。显然，这两者的概念有相互重叠的部分。

所谓可用性，是指产品在特定使用情境下、被特定用户用于特定用途时所具有的有效性、效率和使用的主观满意度(ISO 9241-11：1998)。因此，可用性通常可以用效用(Effectiveness)、效率(Efficiency)和满意度(Satisfaction)三个维度来进行衡量。可用性与用户体验的区别在于：前者着重产品(系统或服务)的实用性方面(要完成一个任务)；而后者更关注受系统适用性和使用享受感等因素所约束的用户的情感。可用性偏重理性、更客观，强调如何让产品更易于使用，内有逻辑可循。对于设计者来说，可用性像是一门技术，而用户体验则更像是一门艺术。

美国战略地平线公司的创始人约瑟夫·派恩和詹姆斯·吉尔摩于 1998 年最先提出了体验式营销的概念。此后，美国伯德·施密特博士(Bernd Herbert Schmitt)在其 1999 年出版的《体验式营销》(*Experiential Marketing*)一书中将用户体验具体化为五个方面,即感官(Sense)体验、情感(Feeling)体验、思考(Thinking)体验、行动(Action)体验和关联(Relation)体验(见图 0-1),认为用户在消费时是理性与感性兼具的,其体验应包括消费前、消费时和消费后的感受的总和。

感官体验强调用户的视觉、听觉、触觉、嗅觉、味觉等方面的感受。情感体验注重以某种设计方法激发用户的内在情绪,使其与产品在情感上达到共鸣。思考体验是通过某种创意引起用户的兴趣,对问题进行分析、思考,从而创造性地认知和解决问题。行动指以用户参与的方式使其与产品之间进行互动。关联体验则强调事物之间的关联性,引导用户产生丰富的联想,如个人与理想自我、他人或是文化之间产生的关联等。同时,在影响用户体验的五个方面之间,也存在着辩证的、相互关联、彼此影响的关系。

用户体验研究中有多个分支,其中的一个分支着重于研究用户情感,专注于互动过程中的瞬间用户体验;另一个分支则侧重于分析和理解用户体验和产品价值之间的长远联系。在实际应用中,按时间长短来把用户体验划分为瞬间体验、情境体验或长期体验的做法是十分普遍的,但是设计和评估这几种体验的方法有着很大的差别。

图 0-1　用户体验的五个方面及其关联

0.2　用户体验设计

用户体验设计(User Experience Design,UXD 或 UED),是涵盖了用户对特定系统(产品或服务)体验的各个方面的综合性设计,包括系统的界面、图形、工业设计、物理交互、情感交互、售后服务、甚至用户手册等。它通过强调用户所能感知的产品或服务的所有方面,拓展了人机交互设计的范畴。

在用户体验设计中,设计的重点不再仅仅局限于系统的功能和性能(物性),同时也要强调系统所带来的愉悦度和价值感(感性)。唐纳德·A.诺曼在《情感化设计》(*Emotional Design*)一书中写道:"产品具有好的功能是重要的,产品让人易学会用也是重要的,但更重要的是,这个产品要能够使人感到愉悦。"在一次采访中,他说道:"我意识到我自己就常常会买回一些很吸引人的产品——我喜欢它们,哪怕它们并不好用,哪怕它们要人花点时间才能弄明白——因为我不在乎。它们让我觉得高兴。"

图 0-2 所示为法国艺术家雅克·卡洛曼(Jacques Carelman,1929—2012)设计的一款咖啡壶,他称之为"专为受虐狂设计的咖啡壶"。由于壶嘴和壶柄在同一侧而几乎无法使用,但它是一件被许多人珍视的收藏品。图 0-3 所示为一款由法国设计师飞利浦·斯塔克(Philippe Starck)设计的"外星人"榨汁机,其外星生物的外观、流畅的线条,还有貌似可用的榨汁功能,在情感体验方面颇受好评。但让人大跌眼镜的是,这款榨汁机最大的特点

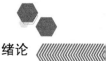

竟是，除了榨汁功能不好使，其他方面都好。

图 0-2　卡洛曼咖啡壶

图 0-3　"外星人"榨汁机

可见，用户体验设计的特点在于，把用户(人)——这一关乎产品成败的决定因素纳入设计中来，与设计师和设计对象形成互动，并以用户在使用某个产品或服务时的感受作为评价设计成功与否的重要指标。

0.2.1　用户体验设计的起源与发展

对于体验设计的尝试，可以追溯到公元 1430 年前后。当时意大利文艺复兴时期的天才科学家、发明家、绘画大师达·芬奇(Leonardo Di Serpiero Da Vinci，1452—1519)为米兰公爵设计了一个专供高端宴会使用的厨房。他将高超的技术和体验元素融入整个厨房的细节设计里：比如用传送带输送食物，也首次在厨房的安全设计中加入了喷水灭火系统。但不幸的是，这样一个貌似周全的设计最终却毁于一场火灾，当起火时才发现灭火系统根本不能用。这次尝试也因此被称为"厨房噩梦"。

从渊源上看，用户体验设计的概念源自 20 世纪初期的"以用户为中心的设计(User-Centered Design，UCD)"，即人本设计思想，并随着人机交互、特别是可用性研究的深入得以完善和成熟。早在 1911 年，美国著名经济学家、科学管理之父弗雷德里克·温斯洛·泰勒(Frederick Winslow Taylor，1856—1915)在其《科学管理原理》(*The Principles of Scientific Management*)一书中，就提出了劳动者和工具之间高效协同交互的早期模式；20世纪 40 年代后期，功效学(Ergonomics)和人因学(Human Factors)研究就已经开始关注人与机器、使用环境之间的交互，以便设计出具有良好交互性的系统。比如，日本丰田公司于1948 年就建立了人性化的生产系统，装配工人受到了更多的关注，几乎不亚于对技术的重视，人与技术之间的交互被提到了重要的位置。1955 年，美国著名工业设计师亨利·德雷福斯(Henry Dreyfuss，1904—1972)在其《为人的设计》(*Designing for People*)一书中，将"人本设计"的理念提到了前所未有的高度。20 世纪 90 年代初期，随着计算机和网络技术的普及，产品软硬件功能日益庞杂，与使用交互之间的矛盾日益突出，用户体验渐成设计师关注的头等大事。1988 年，时任美国西北大学计算机和心理学教授的唐纳德·A. 诺曼在其《设计心理学》(*The Design of Everyday Things*)系列书中，明确提出了"用户体验设计"的思想，对这一概念的推广起到了重要的作用。

20 世纪 70 年代后期，日本广岛大学工学部的长町三生(Mituo Nagamachi)最早将感性分析导入工学研究领域，形成了"感性工学"(Kansei Engineering)。感性工学属于工学的一个新分支，它把消费者的感性因素、知觉体验乃至情绪成分等加以量化或数值化，再转化成物理的设计要素，并运用到产品开发设计的过程中去。至此，用户体验设计的理念逐步得以深化和清晰。

工业设计的目的之一，就是要取得产品与人之间的最佳匹配。这种匹配，不仅要满足人对功能的使用需求，还要与人的生理、心理等各方面取得恰到好处的匹配，这也恰恰体现了以人为本的设计思想。这种以用户为中心的人本设计理念，正是用户体验设计产生的基础。从"以人为中心"的设计思想发展到用户体验设计，是一个自然的过程，是从初级认识向高级认识的进化。特别是进入 21 世纪，伴随计算机技术的发展，网络与信息技术日新月异，"以人为本"、人-社会-自然环境协调、可持续发展的思想日渐成为现代工业设计界的主流思潮，用户体验设计也迎来了其发展的黄金时期。

特别需要强调的是，"用户体验设计"只是一个约定俗成的叫法。严格来说，由于体验源于用户个人的主观感受，它只能被"诱发"，不能被"强加"，因此，用户的体验是不能够人为"设计"的，它只能通过对关联因素的"设计"来"激发"。此外，在设计伦理方面，设计学界素有"'以人为中心'的设计理念会导致纵容消费，不利于环境保护和社会可持续发展"等种种质疑，这也是每个设计师所必须知道的。就涉及范围而言，本书所讨论的"以人为本"的用户体验设计，应该是在人与自然和谐化、社会发展可持续化的框架内进行的。

0.2.2　用户体验设计的研究范畴

用户体验设计的研究涉及因素众多，这些因素或互相关联，或互相制约，关系错综复杂，常常造成设计师的迷茫和疏漏，要么无从下手、要么强调了其中一些因素，同时忽略了其他因素的影响。那么，该如何去把握这些因素，又如何平衡其关联影响以达成良好用户体验的目的呢？这就需要去梳理影响用户体验的关键要素、辩证其关联关系。客观上，这些要素也大体上界定了用户体验设计研究的范畴。

用户体验设计的核心是体验，其外延已从传统的产品或商业服务的体验，延伸到虚拟网络环境，同时受到自然环境、市场、社会与文化因素的制约；其内涵也逐渐从单纯的可用性设计，深入到了对于交互过程中用户心理(包括认知、期望、动机等)和情感因素(包括情绪、喜好、享乐等)的设计，而涵盖的范围则包括了产品或系统可用性、外观设计、用户情绪、动机、情感等内容。此外，用户经验也被认为是影响产品使用体验的重要因素，如荷兰学者尼克·范·戴姆(Nik van Dam)等指出，现实世界的体验会影响用户对由信息系统展现的虚拟环境的感受；不同文化和民族背景的用户，对界面的期望以及对界面提供的信息的理解方式也存在差异。

尽管用户体验设计的研究范畴看上去包罗万象，但其大体可以概括为用户因素、产品因素、环境(物理或虚拟的)、社会文化因素和人机交互五个方面(见图 0-4)。用户只有通过与特定的产品(软硬件系统、服务)进行某种形式的交互(虚拟的或真实的)才能形成体验。

图 0-4　用户体验设计的研究范畴

(1) 用户因素：这里，用户是赋予特定内涵的人。用户因素研究主要包括人因学 (Human Factors)、马斯洛(Abraham Harold Maslow，1908—1970)的需求层次理论、心理学与认知科学等学科。

(2) 产品因素：包括有形的物品(如物质产品)和无形的产品(非物质产品，如服务、系统、组织、观念、品牌或它们的组合)及其属性等方面。

(3) 环境：这里指狭义的人机交互物理或虚拟的环境。对环境的研究包括人-环境交互作用模型、环境心理学、环境试验等内容。

(4) 社会文化环境：是指广义的人机交互环境，主要包括社会人文环境、民族、文化因素等内容。

(5) 人机交互：指用户与产品的相互作用，它也是用户体验设计研究的关键问题之一。没有交互，体验就无从谈起。交互可以是物理的，也可以是虚拟的，甚至是思想的变化、一举一动，但凡与互动关联，就都是交互研究的内容。

0.2.3　体验设计的五个基本原则

一般来说，体验与产品和服务一样，需要经过一个设计过程，通过发掘、设计、编导，才能更好地呈现出来或被用户所感受。由此可归纳出体验设计的五个基本原则。

1. 明确主题

制定明确的主题是体验设计的第一步，也是关键的一步。就像看到麦当劳[①]、肯德基、哈根达斯、星巴克这些主题餐厅的名字，就会自然联想到享用其所提供的美味的感受一样，明确的主题有助于强化消费者的印象。相反，如果缺乏明确的主题，消费者就会抓

---

① "麦当劳(中国)"称为金拱门，全球业务还是称为"麦当劳"。

不到主轴，更难以整合所有感觉的体验，无法留下长久的记忆。例如，与国内电器商场常常把洗衣机、电冰箱、空调器一排一排地陈列着、毫无主题的做法相比，美国拉斯维加斯的凯撒宫古罗马购物中心(The Forum Shops at Caesars)的主题展示则与众不同：购物中心以古罗马集市为主题，铺着大理石地板，有白色罗马列柱、仿露天咖啡座、绿树、喷泉，天花板是个大银幕，其中，蓝天白云的画面栩栩如生，偶尔还有打雷闪电，模拟暴风雨的情形；在集市大门和各入口处，每小时都有凯撒大帝与古罗马士兵行军通过，使人感觉仿佛"穿越"到了两千年前古罗马的街市；古罗马主题甚至还扩展到了各个商店装饰的细节上，如珠宝店用卷曲的花纹、罗马数字装潢，挂上金色窗帘，营造出富足的气氛。1997 年购物中心每平方英尺的营业额超过了 1000 美元，远高于一般购物中心 300 美元的水平。

2．塑造印象

线索构成印象，在消费者心中创造体验。主题之外若要塑造令人难忘的印象，就必须强调感受的线索，而且每个线索都必须支持主题、与主题一致，以强化对主题的印象。例如，华盛顿特区的一家叫"咖啡师布拉瓦"的连锁店以结合旧式意大利浓缩咖啡与美国快节奏生活为主题。咖啡店内装潢以旧式意大利风格为主，地板瓷砖与柜台都经过精心设计，让消费者一进门就会自动排队，不需要特别标志，也没有像其他快餐店拉成像迷宫一样的绳子，破坏主题。这样的设计传达出宁静环境、快速服务的印象；同时连锁店也要求员工记住顾客，常来的顾客不必开口点菜，就可以得到他们常用的餐点。

事实上，在与顾客互动过程中，每一个"别致"的小动作都可以成为线索，都可以帮助创造独特的体验。比如，当餐厅的接待人员说"我为您带位"时，就不是特别的线索，但是，雨林咖啡厅的接待人员带位时说"您的冒险即将开始"，就构成了开启特殊体验的线索，至少让人短时间难忘。

3．减除负面影响

好的体验的塑造，不仅需要设计一层层的正面线索，还必须减除、削弱、反转、转移与主题相关的负面线索。例如，快餐店垃圾箱的盖子上一般有"谢谢您"三个字，它提醒消费者自行清理餐盘，但这也同时透露了"我们不提供服务"的负面信息。一些专家建议将垃圾箱变成会发声的吃垃圾机，当消费者打开盖子清理餐盘时会说出感谢的话，这样就能消除负面线索，将自助变为餐饮服务中的正面线索。有时，破坏顾客隐私的"过度服务"，也会形成对体验的负面线索。例如，客机飞行中机长用扩音器宣布和介绍："上海市就在右下方，上海是中国最大的城市。"这会打断一些乘客看书、聊天或打盹；如果机长的广播改用耳机传送，就能减除这样的负面线索，创造更愉悦的乘机体验。

4．纪念品的作用

纪念品是在旅行过程中保持场景回忆的很好的载体。它的价格虽然比不具纪念价值的相同产品高出很多，但因为具有回忆体验的价值，所以消费者还是愿意购买。比如，度假的明信片常使人想起曾经身处美丽景色的感受；绣着标志的运动帽让人回忆起亲历某一场球赛的激情；印着时间和地点的热门演唱会运动衫，则能让人回味演唱会现场万众高歌的盛况。如果企业经过制定明确的主题、增加正面线索、避免负面线索等过程，设计出精致的体验，消费者将愿意花钱买纪念品、回味这种体验。相反，如果企业觉得不需要设计纪念品，那或许是因为尚未提供体验，还没有意识到体验的价值。

5. 感官刺激

感官刺激是对主题的支持和强化，而且体验所涉及的感官越多，就越令人难忘、越容易成功。例如，聪明的擦鞋匠会用布拍打皮鞋，发出清脆的声音，散发出鞋油的气味。虽然声音和气味不会使鞋子更亮，但会使擦鞋的体验更吸引人；而当你走进雨林咖啡厅时，首先听到"滋滋滋"的声音，然后会看到迷雾从岩石中升起，皮肤会感觉到雾的柔软、冰凉，最后可以闻到热带的气息，尝到鲜味，从而打动你的心。这些都是感官刺激正面作用的例子。但是并非所有感官刺激的整合都能产生很好的效果，不合适的配搭有时会适得其反。例如，美国一家叫 Duds N'Suds 的公司曾尝试将酒吧与投币自助洗衣店的结合就宣告失败，因为肥皂粉的味道与啤酒的气味十分不"搭"。

当然，上述五个体验设计的基本原则并不能保证企业经营一定成功，企业经营还应考虑市场供需等多种因素。但当企业意图索取高于消费者所感受到的价值的回报时，持续提供吸引人的高质量产品或服务体验必定是成功索取回报的不二法门。

0.3　用户体验设计的研究方法

对用户体验设计研究的关键是对用户感受的把握，是对用户心理及其行为规律的洞察，具体方法有经典用户体验研究方法和用户体验研究的时空方法等。

0.3.1　经典用户体验研究方法

1. 传统的用户体验研究方法

从方法论角度来看，传统的用户体验研究有定性分析、定量分析和定性定量分析相结合三大类。

(1) 定性分析：是要找到组成事物的最小元素，厘清相互关系，需要回答为什么(Why)和怎么办(How)，通过语言、行为、使用过程等采集数据，并通过分析、整理、归纳、理解及解释来达到对问题的深度理解、挖掘和提供假设的目的。缺点是无法推及总体。

(2) 定量分析：是将实际问题转化为数字指标，通过求解数学问题来获得答案，需要回答谁(Who)、什么(What)、时间(When)、地点(Where)、对象(Which)、多少量(How many)和什么程度(How much)等问题，通常通过数字指标来采集数据，并通过描述现象、验证假设等途径来解决边界清楚、较容易量化的问题。其缺点是对问题的表述较机械和肤浅。

(3) 定性定量分析相结合的分析方法：兼具二者的优点。

2. 经典的用户体验研究方法

从具体方法上看，经典的用户体验研究大体上有以下 14 种方法。

(1) 眼动和脑电研究：将眼动仪和脑电设备联机同步，重点探查用户是如何看的，以及当时的心理活动。

(2) 可用性测试：是让一群具有代表性的用户对产品进行典型操作，同时观察员和开发人员在一旁观察、聆听、做记录。通过对数据的分析，对产品的"可用性"进行评估，检验其是否达到可用性标准。

(3) 信噪比研究：如何清晰地为用户呈现信息？如何降低信息噪音、突出美妙的主旋律？信噪比研究的目的就是要正确识别信息噪音，有效降低干扰，传递清晰的用户体验。

(4) 焦点小组：是由一个经过训练的主持人以一种无结构的自然的形式与一个小组的被调查者交谈。主持人负责组织讨论，通过倾听一组从调研者所要研究的目标市场中选择来的被调查者，获取对一些有关问题的深入了解。

(5) 卡片分类法：是一个以用户测试为中心的研究方法，专注提高系统的可发现性。其过程包括将卡片分类，给每一个标签加上内容或者功能，并最终将用户或测试用户的反馈进行整理归类。

(6) 情景调查四要素：指利用故事板的形式进行情境调查，让设计师产生和用户接近的用户体验，达到发现问题、产生新的解决问题的思路的目的。其中，人、物、环境、事件/行为构成了情景调查的四要素。

(7) 深度访谈：是一种无结构的、直接的、一对一的访谈形式。它是定性调查的一种，用以揭示对某一问题的潜在动机、态度和情感。

(8) 组块原则：就是由若干具有相同性质的实验任务所组成的一个刺激序列。其典型特点就是实验操作的基本单元是组块，研究者往往根据实验的目的将刺激分成不同的类型，并将同一类型的刺激组合成一个组块，然后交替向被试者呈现实验任务和控制任务，并借此来考察研究者所关心的实验任务引起的皮层激活模式。

(9) 二八原则：又称帕累托法则、巴莱特定律，是19世纪末20世纪初意大利经济学家帕累托(Vilfredo Pareto，1848—1923)发现的。即在任何一组东西中，最重要的只占其中一小部分，约20%，其余80%尽管是多数，却是次要的。二八原则常用于对用户感受影响显著因素的辨识。

(10) 纸面原型：是一种低保真的原型设计方法，以纸质的可视化形式展现给用户。适合测试对象包括基本功能、交互框架、信息框架与视觉设计等。

(11) 问卷法：通过由一系列问题构成的调查表收集资料，从而测量人的行为和态度，是心理学基本研究方法之一。可以不提供任何答案，也可以提供备选的答案，还可以对答案的选择规定某种要求。

(12) 启发式评估(Heuristic Evaluation)：是一种用来评定可用性的方法，它使用一套相对简单、通用、有启发性的规则进行可用性评估。常用的规则有系统状态可见、系统与用户现实世界的匹配、用户控制与自由、一致性与标准化、错误预防、认知而不是记忆、使用的灵活性与效率、美观而精练的设计、帮助用户识别及诊断和修正错误，以及帮助和文档等。

(13) 隐喻诱引技术：是一种结合图片语言与文字语言的消费者研究方法。它以图片为素材，通过深度访谈来抽取受访者的构想(Construct)，并联结构想间的关系，描绘出阐释消费者感觉及想法，并产生行动或决策的心智模式地图。

(14) 参与式设计(Participatory Design)：指在创新过程的不同阶段，所有利益相关方被邀请来与设计师、研究者、开发者合作，一起定义问题、定位产品、提出解决方案，并对方案做出评估，是将用户更深入地融入设计过程的一种设计理念。

由于其自身的复杂性，到目前为止还没有哪一种用户研究方法可以作为通用方法来满足体验设计的所有要求。上述方法所面向的对象、强调的重点各有不同，在实用中通常应根据设计任务的特点，选择一种或多种方法综合应用，以达到期望的目的。

0.3.2 用户体验研究的时空观

同任何其他事物一样，用户体验研究的内涵也不是一成不变的，它是随时间、科学技术水平、社会和自然环境等因素的变迁而演变的。因此，对于用户体验的研究要建立在正确的时空观基础上，首先是时间的变迁会导致从研究对象到研究方法的变化；其次是物质与非物质等空间环境的变化，也会对用户体验产生显著的影响。

用户体验研究的时空观通常可以从以下三个维度来把握，即用户的态度与行为、定性与定量和产品(或网站)使用的情境。在用户体验研究的三维框架(见图 0-5)内，每个维度都代表着研究方法之间的区别、需要回答的不同问题，以及对不同种类的研究目的的适用性。

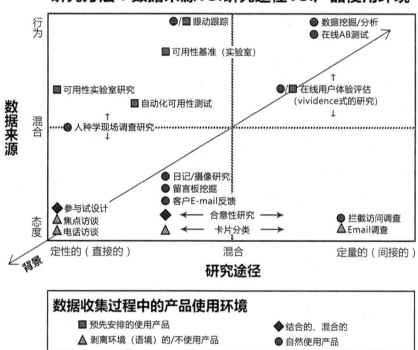

图 0-5　用户体验研究的三维框架

1. 态度-行为轴

坐标轴一端的态度研究的目的通常是理解、测量或者是获知人们特定的观念，这也是态度研究在市场部门被经常使用的原因；坐标轴的另一端，那些关注行为的研究方法经常被用来试图了解"人们做什么"，并尽量降低方法本身对结果的干扰。例如在 AB 测试中，若仅是改版网站的设计，就应尽量保持其他因素不变，以便于观察网站设计对用户行为的影响；而眼动跟踪则通常用来分析用户与网站界面设计的视觉交互特点。

2．定性-定量轴

与横坐标轴的两个极端相对应的是两种最常用的研究方法：可用性实验室研究和现场实地研究。这两种方法结合了自我报告和行为数据，两者的差别在于：在定性研究中，数据经常被直接收集；相反地，在定量研究中，数据通常是通过某种工具、调查问卷或是Web 服务器日志被间接收集的。

3．背景轴

顾名思义，背景轴代表着研究对象所处的物理、社会和人文环境。

事实上，图 0-5 还有一个时间轴，它反映着用户体验研究在不同时期的研究对象和方法的演化，这些构成了用户研究的四维时空框架。值得强调的是，每一种研究方法都有其最适合的研究对象和流程。

0.4　用户体验设计与相关学科

用户体验的复杂性赋予其设计具有与众多学科相互关联的属性，包括自然与人文领域的大部分学科专业。这也从一个侧面反映了用户体验设计这一新兴领域的跨学科融合和广泛性的特点。例如，面向人的学科包括人机工程学(Man-Machine Engineering)、心理学(Psychology)、生理学、神经科学、人体测量学、社会学、文化学、语言学、哲学和美学等方面的知识；面向设计的学科包括工业设计(Industrial Design)、艺术设计(Art Design)、数字媒体设计和动画设计等；面向技术的学科则主要有信息与通信技术，涉及计算机技术、信息技术、电子技术、网络技术、软件工程、人机交互技术和数据库，以及机械自动化、建筑设计、环境科学与材料科学等，如图 0-6 所示。

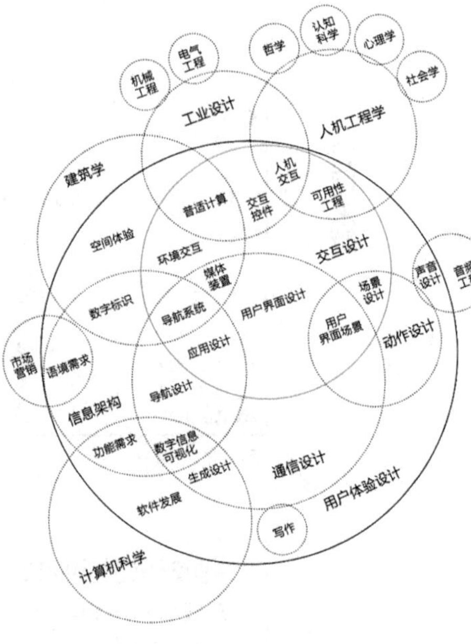

图 0-6　用户体验设计相关学科

0.4.1　工业设计

成立于 1957 年的国际工业设计协会联合会 (International Council of Societies of Industrial Design，ICSID)，在 1980 年的巴黎年会上为工业设计下的定义为："就批量生产的工业产品而言，凭借训练、技术知识、经验及视觉感受而赋予材料、结构、形态、色彩、表面加工及装饰以新的品质和资格，叫作工业设计。根据当时的具体情况，工业设计师应当在上述工业产品全部方面或其中几个方面进行工作，而且，当需要工业设计师对包装、宣传、展示、市场开发等问题的解决付出自己的技术知识和经验以及视觉评价能力时，这也属于工业设计的范畴。"

2015 年，在韩国光州召开的 ICSID 第 29 届年会上，沿用了近六十年的"国际工业设计协会联合会(International Council of Societies of Industrial Design，ICSID)"正式改名为"世界设计组织(World Design Organization，WDO)"，年会还发布了工业设计的最新定义：

(工业)设计旨在引导创新、促发商业成功及提供更好质量的生活，是一种将策略性解决问题的过程应用于产品、系统、服务及体验的设计活动。它是一种跨学科的专业，将创新、技术、商业、研究及消费者紧密联系在一起，共同进行创造性活动，并将需解决的问题、提出的解决方案进行可视化，重新解构问题，并将其作为建立更好的产品、系统、服务、体验或商业网络的机会，提供新的价值以及竞争优势。(工业)设计是通过其输出物对社会、经济、环境及伦理方面问题的回应，旨在创造一个更美好的世界。

可见，工业设计是一种综合运用科学与技术，以提高或改善人类生活品质(包括精神与物质两方面)为目的的创造性活动。工业设计的对象包括从产品到服务、从平面到建筑等与人类生活密切相关的各个方面；其核心是设计，其本质是创新与创造。作为工业设计的最终产物——产品，正是用户体验研究中的核心对象之一。

0.4.2　艺术设计

所谓艺术设计，是将艺术的形式美感应用到与日常生活紧密相关的产品设计中，使之不但有实用功能，还兼具审美功能。换句话说，艺术设计首先是为人服务的(大到空间环境，小到衣、食、住、行)，是人类社会发展过程中物质功能与精神功能的完美结合，也是现代化社会发展进程中的必然产物。尽管艺术设计的影响主要体现在视觉表现上，但其审美思想已融入用户体验设计的方方面面。纯粹的艺术设计主要包括工艺美术品设计与制作、环境设计、平面设计、多媒体设计等，其研究内容和服务对象有别于传统的艺术门类(如绘画、戏曲等)。艺术设计也是一门综合性极强的学科，它涉及科技、文化、社会、经济、市场等诸多方面，其审美标准也随着诸多因素的变化而改变，是设计者自身综合素质(如表现能力、感知能力、想象能力)的体现。

感官体验，特别是视觉感官体验，是产品体验的重要组成部分，需要有足够的艺术修养来保证。提升产品的艺术品位是当年包豪斯所倡导的目标之一，现在来看，其先见之明对提升产品用户体验的价值来说，依然具有不容忽视的现实意义。

0.4.3　人机工程学

人机工程学是把人-机-环境系统作为研究的基本对象，运用生理学、心理学和其他有关学科知识，根据人和机器的条件和特点，合理分配人和机器承担的操作职能，并使之相互适应，从而为人创造出舒适和安全的交互操作环境，使工效达到最优的一门综合性学科。

人机工程学起源于欧洲，形成和发展于美国。在欧洲称之为工效学(Ergonomics)，这一名称最早是由波兰学者、工效学之父雅斯特莱鲍夫斯基(Wojciech Jastrzębowski，1799—1882)于 1957 年提出的。它由两个希腊词根组成，"ergo"的意思是"出力、工作"，"nomics"表示"规律、法则"的意思。因此，Ergonomics 的含义也就是"人出力的规律"或"人工作的规律"，也即这门学科是研究人在生产或操作过程中合理地、适度地劳动和用力的规律问题。人机工程学在美国被称为"人类工程学(Human Engineering)"或"人因工程(Human Factor Engineering)";日本称为"人间工学",或采用欧洲的名称,音译为"Ergonomics";俄文音译名"Эргнотика";在我国,所用名称也各不相同,有"人类工程学""人体工程学""工效学""机器设备利用学"和"人机工程学"等。为便于学科发展,统一名称很有必要,现在大部分人称其为"人机工程学"。

人机工程学对人体结构特征和机能特征进行研究,提供人体各部分的尺寸、重量、体表面积、比重、重心,以及人体各部分在活动时的相互关系和可及范围等人体结构特征参数,还提供人体各部分的出力范围,以及动作时的习惯等人体机能特征参数;分析人的视觉、听觉、触觉,以及皮肤觉等感觉器官的机能特性;分析人在各种环境中劳动时的生理变化、能量消耗、疲劳机理,以及人对各种劳动负荷的适应能力;探讨人在工作中影响心理状态的因素,以及心理因素对工作效率的影响等。现代人机工程学研究人、机、环境三个要素之间相互作用、相互依存的关系,以追求人-机-环境的和谐系统总体的最优性能为目标。

人机工程对用户体验研究的突出作用主要体现在对体验至关重要的交互设计上。"人性化产品"的本质是"人机合一",因此"人机工程因素"也成了设计人机交互界面时所必须考虑的因素。

0.4.4 心理学

心理学(Psychology),是关于个体的行为及精神过程研究的科学。换句话说,心理学是一门研究人类的心理现象、精神功能和行为的科学,它包括基础心理学与应用心理学两大领域,是用户体验研究的核心支撑学科之一。

最早的心理学实验可以追溯到阿拉伯学者海什在 11 世纪的著作《光学》。但是,心理学作为一门独立的学科则是始于 1879 年,以德国学者威廉·冯特(Wilhelm Wundt,1832—1920)在莱比锡大学建立了世界上第一个专门的心理研究实验室为标志;其于 1874 年出版的《生理心理学原理》一书被誉为"心理学独立的宣言书",是心理学史上第一部有系统体系的心理学专著。威廉·冯特也因此被称为"心理学之父"。

心理学研究涉及知觉、认知、情绪、人格、行为、人际关系、社会关系等诸多领域,也与日常生活的许多方面——家庭、教育、健康、社会等密切关联。它一方面尝试用大脑运作来解释个体基本的行为与心理机能,也尝试解释个体心理机能在社会行为与社会动力中的角色;同时,它也与神经科学、医学、生物学等学科有关,因为这些学科所探讨的生理作用会影响个体的心智。一般来说,理论心理学家从事基础研究的目的是描述、解释、预测和影响行为,而应用心理学家还有第五个目的,即如何提高人类的生活质量。这些目标构成了心理学事业的基础。

0.4.5 其他相关学科

与用户体验关联密切的其他学科,包括了如信息与通信科学、机械自动化、建筑设计等自然科学学科和社会学、人类学(Anthropology)、市场学、情报学和管理学等人文社科类学科。其中,自然科学领域的学科为良好的产品及交互提供了科学技术的支撑;而人文社科类的学科则为用户体验研究提供了哲学与社会学等从宏观社会人文到微观个体——社会的人的科学指导。

例如，社会学以人类的社会生活及其发展为研究对象，对社会现象、社会生活、社会关系和各种社会问题进行观察、分析和研究，从而揭示出人类各个历史阶段的社会形态、社会结构和社会发展的过程和规律；人类学是从生物和文化的角度对人类进行全面研究的学科群。前者主要涉及社会结构对用户体验影响的研究，后者则涉及群体交互活动规律的研究。好的用户体验设计不仅需要研究人类的文化特点、审美情趣，也要研究具体社会环境中个人、群体的爱好偏向及其相互作用。又如，信息物理系统(Cyber Physical System，CPS)是集计算、通信与控制于一体的下一代智能系统，操作者通过人机接口实现和物理进程的交互，其体验设计就是多学科交叉的一个典型例子，不仅需要对用户的深入研究，也需要对信息物理系统有深入的洞察。这里，信息物理系统既包括了由互联网构成的虚拟信息空间，也包括由传感器、计算机、网络和机械执行机构等构成的物理环境；广义的虚拟信息空间包含了社会、人文环境的总和，而广义的物理环境则应被看作是包括自然环境、人工环境等在内的客观物质世界的总和。

阅 读 建 议

长期以来，世界上来自不同领域的专家、学者和设计师都在以自己独特的视角和理解去解读用户体验，加之其边缘性和多学科融合的特点，导致用户体验设计在理论体系上的混乱和模糊不清。这给初学者、从业设计师、甚至是体验设计研究人员带来了不少困惑，制约了体验设计学科的发展。系统梳理相关基础、原理与方法，正本清源，是编写本书的根本动因。

本书结构及阅读建议如图 0-7 所示。在使用上，建议读者对基础篇和原理篇进行全面了解。在此基础上，应用篇是用户体验设计方法在不同细分领域的专题应用，可以根据兴趣及需要选择性阅读。实战篇则是结合体验设计的基本原理对国际著名公司的体验设计案例的剖析，供选读。最后的发展篇，是体验设计从业者对这一学科未来发展的预测和展望，对于有志于研发下一代体验设计技术的读者，或许会有启迪和增益。

必须承认，任何一种方法都有其历史局限性。有鉴于此，本书的主要目的并非在于告诉读者如何去解决某一具体的体验设计难题，而是着重对体验设计思维的启迪，让读者在掌握基本原理、基本方法的基础上，以正确的时空观去重新审视、思考用户体验设计，挖掘其真谛，并创造性地给出最适合的解决问题的答案。

21 世纪是一个"体验为王"的时代，以互联网+、大数据、人工智能为标志，日新月异的科学与技术正在重塑当代社会形态，富于创新、颠覆传统的设计思维将是发展的主流。作为"体验经济"时代的利器之一，用户体验设计也终将重新定义设计的内涵、改变对设计的认知。作为一个未来的工业设计师、产品设计师、交互设计师、体验设计研究人员或设计研究、教育从业者，面对扑面而来的体验经济的改革与创新大潮，您准备好了吗？

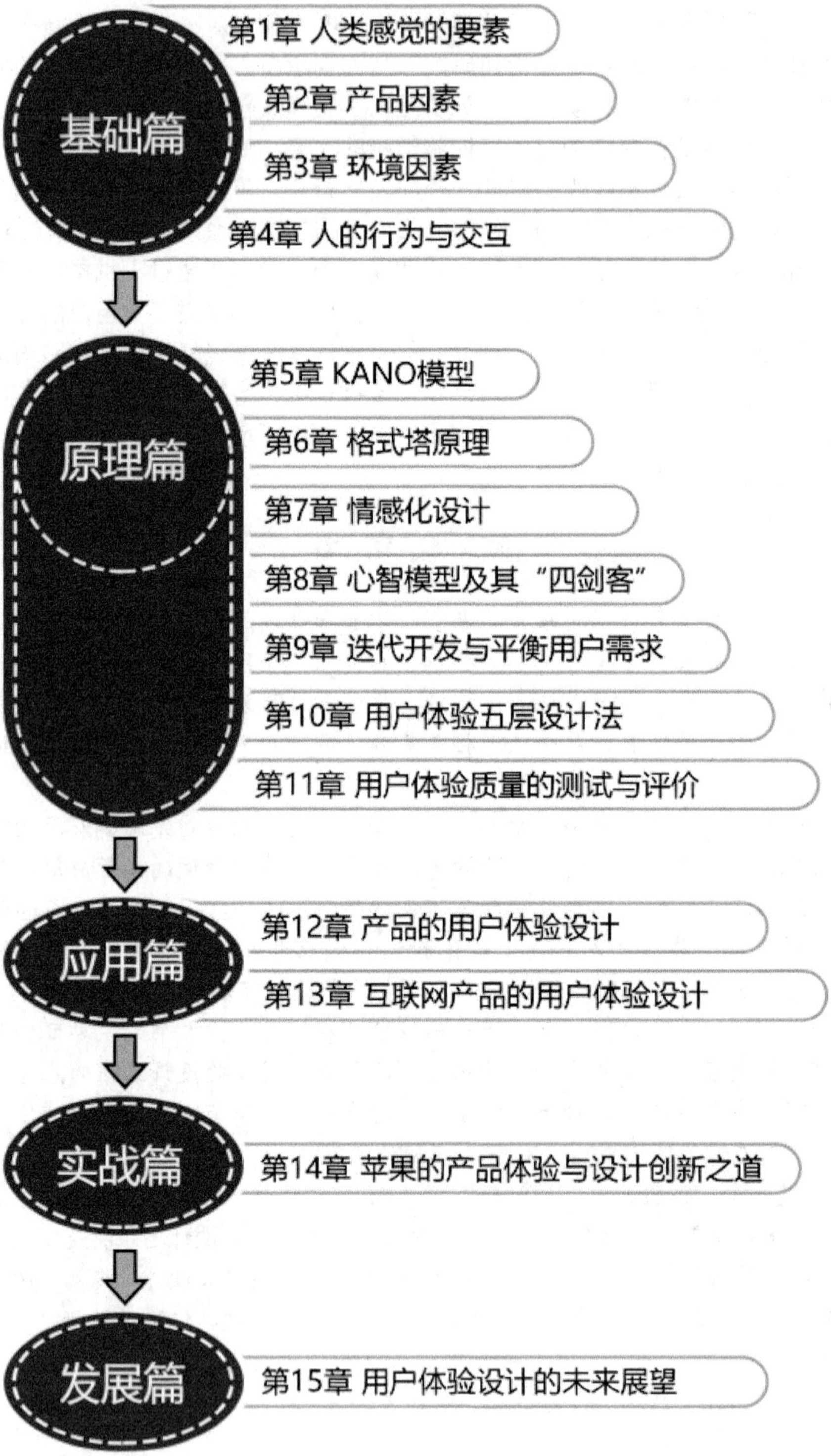

用户体验与系统创新设计

基础篇
第1章 人类感觉的要素
第2章 产品因素
第3章 环境因素
第4章 人的行为与交互

原理篇
第5章 KANO模型
第6章 格式塔原理
第7章 情感化设计
第8章 心智模型及其"四剑客"
第9章 迭代开发与平衡用户需求
第10章 用户体验五层设计法
第11章 用户体验质量的测试与评价

应用篇
第12章 产品的用户体验设计
第13章 互联网产品的用户体验设计

实战篇
第14章 苹果的产品体验与设计创新之道

发展篇
第15章 用户体验设计的未来展望

图 0-7 章结构及阅读建议

16

思 考 题

1. 用户研究、交互设计与用户体验三者有着怎样的关系？

2. 试述体验、用户体验和用户体验设计的定义，并分析其异同。

3. 试搜集资料，论述瞬间用户体验与全局用户体验之间互相影响的关系，并举例说明。

4. 试述可用性研究的定义，并分析其与用户体验的关联关系。

5. 试分析"为体验而体验"的用户体验设计适得其反的原因，并举例说明。

6. 试分析"21世纪是一个'体验为王'的时代"这一说法的合理性及其不足。

7. 温习本章内容，并结合自己当前的现状或未来的就业期望，为自己"量身定制"一个成长为用户体验设计师的学习规划。

基础篇

用户体验的科学基础

用户体验设计的研究范畴涉及产品(服务)、用户、交互和环境等众多因素。可以说，从用户生理到心理、从产品功能到可用性及其品牌价值、从物理(自然)环境到社会、文化背景，都会直接或间接地影响到用户体验的结果。这些因素或互相关联或互相制约，关系错综复杂，常常造成设计师的迷茫和疏漏：要么无从下手，要么强调了其中一些因素，同时却忽略了其他因素的影响。很不幸的是，对一个产品或服务的用户体验来说，被忽略的因素带来的影响有时是致命的。一个常见的例子就是，目前各个网站都十分看重页面的用户体验设计，在美工色彩、布局、交互性等方面做足了功夫，但网页内容的质量往往被轻视或忽略。试想，一个缺乏高质量内容的网页，就算是其他各方面都做得很好，对用户来说其体验价值何在呢？很明显，这样的做法是不可取的。

那么，如何去把握众多影响用户体验设计的因素？如何平衡其关联影响，以达成良好用户体验的目的呢？显然，深入剖析影响用户体验设计的关键要素是十分必要的。客观上，这些也构成了用户体验设计的科学基础。

第1章

人类感觉的要素

用户因素，也即人的因素，是与产品交互过程中的关键要素，也是用户体验设计的核心对象之一。了解人的生理，特别是感觉器官的结构，洞察神经系统及其信号传递的机理，不仅知其然，而且知其所以然，有助于从源头把握一切心理现象的形成、运作及其发展的规律。

1.1 人因学与人的因素研究

国际功效学协会(International Ergonomics Association，IEA)给人因学下的定义是：研究人在工作环境中的解剖学、生理学、心理学等诸方面因素，研究人-机器-环境系统中交互作用的各个组成部分(效率、安全、健康、舒适度等)，在工作条件下、在家庭里、在闲暇时间内，如何达到最优化的一门学科。

人因学诞生于 20 世纪 40 年代的欧洲，形成和发展于美国。"二战"期间，人们发现无论如何选拔和培训人，有些系统仍然无法被有效地操作以完成期望的任务。于是，人因学这一关注"人"、关注"人与产品、系统、设施、流程和环境之间的交互"的学科成为研究的热点。其特点是以人为中心，研究设计对人的影响以及如何改善设计，让机器适应人，而不是相反。"二战"后不久，美国军方成立了工程心理学实验室，民间也成立了咨询公司；1949 年英国成立了工效学研究协会，举办了《应用实验心理学：工程设计中的人因学》国际会议；1957 年美国人因学协会成立，并于同年正式出版了学术刊物《工效学》；同年，美苏空间竞赛开始；1959 年国际工效学协会成立。

围绕人的因素，人因学是一个非常大的研究领域，有 6 个分支学科：人体测量学、生物力学、劳动生理学、环境生理学、工程心理学和时间与工效研究。尽管有时也用可用性来评价人的因素，不过人因学还包括一些同外界因素有关联的情感反应之类，这同传统意义上的产品可用性并没有直接的关系。

进入 21 世纪，人因学的研究已经深入人类社会和经济生活的方方面面。譬如，空间站的建设离不开人因学、计算机应用需要人因学、生产安全管理需要人因学，医疗产品和老年产品设计也需要人因学等。这些无处不在的人因学应用都说明了一个趋势，那就是技术越发展，对人因学的研究就越显得重要。

1.2 人体测量与人的生理局限性

1.2.1 人体测量学的定义

人体测量学(Anthropometry)是用测量和观察的方法来描述人类的体质特征状况的科学，也是人类学的一个分支。"Anthropometry"一词由希腊语表示"人"的"anthropos"和表示"测量"的"metrein"合成。人体测量学研究一般包括骨骼测量和活体(或尸体)测量，如生理尺度、肌力测量、循环机能测量、运动能力测定、综合性标准化测量等；同时，不同民族、不同种族、不同体型的特点同运动能力的关系，也是人体测量学研究的对象。

1.2.2 人体测量学的由来

1870 年，比利时数学家莱姆伯特·奎特莱特(Lambert Adolphe Jacques Quetelet)出版了《人体测量学》，标志着这一学科的正式创立。

其实，早在公元前 3500—前 2200 年间，古埃及就有类似人体测量的方法存在，其中把人体划分为十九个部位；公元前二千多年前，中国的古典医学名著《黄帝内经·骨度》也详细论述了一般人的头、胸、四肢、腰等的尺寸，并对用骨骼作为标尺来衡量人体经脉的长短和脏腑的大小作了深入而科学的阐述。公元前 1 世纪，罗马建筑师马库斯·维特鲁威(Marcus Vitruvius Pollio)从建筑学角度对人体尺度作了全面研究，发现人体基本上以肚脐为中心，一个男人挺直身体，两手侧向平伸的长度恰好就是其身高，双足和双手的指尖正好在以肚脐为中心的圆周上，并以此指导建筑设计。欧洲文艺复兴时期，意大利天才科学家、发明家和艺术家达·芬奇根据维特鲁威的描述，创作了著名的人体比例图(见图 1-1)。古希腊、罗马雕塑家们也很注意人体形态美，他们参考维特鲁威人体比例雕塑出了体形匀称、体态完美的传世作品，如《掷铁饼者》《维纳斯》雕像等。

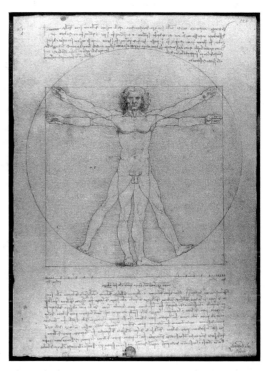

图 1-1　达·芬奇绘制的维特鲁威人体比例图

19 世纪后期，人体测量数据曾被社会学家们主观地加以应用，试图支持那些把生物学上的人种同文化和智能发展水平联系起来的说法。例如，意大利精神病学家兼社会学家龙勃罗梭(Cesare Lombroso，1836—1909)为寻求所谓犯罪类型，就曾使用人体测量方法对监狱犯人进行检查和分类。到了 20 世纪，应用人体测量学来研究人种类型的方法被一些更为先进的测定人种差别的技术所代替，如虹膜测量、基因(DNA)测序等。不过人体测量学仍不失为一种有价值的方法，如在体验设计及古人类学(Paleoanthropology)根据化石遗存对人类起源及进化的研究中，依然起着重要的作用。

1.2.3　人体测量的方法与应用

人体测量一般有骨骼测量和活体(或尸体)测量两种方法，具体内容包括：头颅的长与宽之比，即所谓的"头骨指数"(Cephalic Index)；鼻的长宽之比；上臂和下臂的比例等。人体测量可以用人们所熟悉的公尺测量计、测径器、卷尺等来测得，也可以用人体自身骨骼来度量(即用骨骼作为标尺的相对度量)。只要选好可靠的测量点，亦即人体上的所谓"陆标(Landmark)"，同时把测量方法标准化，人体测量的结果就会非常精确。

人体测量学的应用非常普遍，但凡是与人有关的过程，都能看到人体测量学的影子。例如，20 世纪 80 年代人类学家根据史前头盖骨及面骨的测量学研究所得，证实了"人类因适应增大的脑容量而产生了头颅大小和形状上的渐进变化"。在体育领域，为了提高竞技运动水平和有效地培养运动员，人们采用人类学常用的活体测量法来研究体育锻炼和运动训练对人体外部形态和体形的影响、运动员身体各部分比例特征、体型、生长发育中身体各部分之间的比例的变化及运动遗传因素等问题。在 19 世纪末和 20 世纪初期，一些体质人类学者们用大量人体测量数据来描述不同的种族、民族，乃至国民的各种群体的特征，就是以他们所独有的或是具有典型性的体质和外貌作基础的。

人体测量学也在工业设计、服装设计、人机交互和建筑设计等方面起着重要的作用。例如，在产品设计领域，设计师需要全面了解产品用户的人体测量学基本数据及生理尺度限制，这样才能有针对性地设计产品的相关指标和参数，包括功能设置、几何尺度、操作力度与频度、色彩与反馈指示等。此外，通过活体测量确定人体的各部位标准尺寸(如头面部标准系列和体型标准系列)、明确人的生理局限，也可以为国防、工业、医疗卫生和体育部门提供参考数据，诸如汽车座位、飞机驾驶员座舱和太空囊的设计等。图 1-2 中给出了利用人体测量尺寸来优化人机交互的例子。

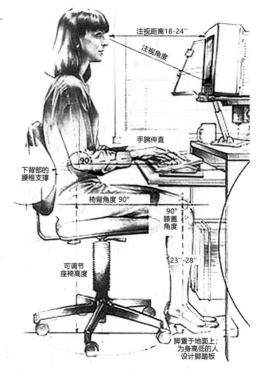

图 1-2　人体尺度在交互设计中的作用

1.3　人类的感觉与感官

感觉是人脑对直接作用于感官的客观事物个别属性的反映，是内部或外部刺激引起的感受器活动而产生的最原始的主观映像。感觉是认知的开端，是一种最直接、最原始的心理现象，它属于认识的感性阶段，是一切知识的源泉。同时，它也同知觉紧密结合，为思维活动提供材料。

人的感觉可分为两种，即欲望和感知。欲望属于原始的动物"需要"，包括心理欲和行为欲：心理欲使人产生一种驱动，而行为欲能使人专心去做。欲望是对来自身体内部的刺激的反映，也叫内部感觉，是由机体内部的客观刺激引起、反映机体自然状态的感觉，包括运动觉、平衡觉和机体觉，如饥渴、病痛、疲劳、困乏等。感知是"知道"，是对来自机体外部刺激的反映，也叫外部感觉，是由机体以外的客观刺激所引起的、反映外界事物个别属性的感觉，包括视觉、听觉、嗅觉、味觉和触觉等。感知包含了产生快感和产生知觉两个方面，快感可以直接被大脑存储，但不会产生思维过程，而知觉既可直接被大脑存储，也可以产生思维。感觉因分析器的不同被分为视觉、听觉、味觉、嗅觉、肤觉、运动觉、机体觉、平衡觉等，这些常与人体的感觉器官——眼、耳、鼻、舌、身相对应。

1.3.1　神经系统与大脑

研究表明，人类所有的思维、行为和知觉都始于神经系统的电化学过程，中枢神经系统和大脑是其生理基础。生理心理学(Physiological Psychology)是研究心理现象的生理和生物基础的科学。作为心理学研究的重要组成部分，它关注心理活动的生理基础和脑的机制，包括脑与行为的演化；脑的解剖与发展及其与行为的关系；认知、运动控制、动机行为、情绪和精神障碍等心理现象和行为的神经过程和神经机制等。它和心理学、生理学、解剖学、生物化学、内分泌学、神经学、精神病学、遗传学、动物学以及哲学等都有密切关联。

生理心理学的实验研究采用的实验方法主要有两类：一是用特别的手段(如外科手术、电刺激、化学物质刺激或损毁等)干涉脑的整体或局部活动，以观察行为的变化或能力的损失；二是干涉行为(如强迫动物学习某种技能、限制动物的某种活动、剥夺动物的某种感觉传入、社会隔离等)，以观察脑内物质的变化和神经元的活动的改变。

1.　神经元

神经元(Neuron)是神经系统的基本结构和功能单位，是一种高度特化的细胞，它具有感受刺激和传导兴奋的功能。神经元包含细胞体和细胞突起两部分，由树突、胞体、轴突、髓鞘、雪旺细胞(Schwann Cells)、神经末梢、蓝氏结组成(见图 1-3)。胞体的中央有细胞核，核的周围为细胞质，胞质内除包含有一般细胞所具有的细胞器如线粒体、内质网外，还含有特有的神经原纤维及尼氏体。根据形状和机能，神经元的突起又分为树突(Dendrite)和轴突(Axon)。树突较短但分支较多，它接受冲动，并将冲动传至细胞体。各类神经元树突的数目多少不等，形态各异；每个神经元只发出一条轴突，长短不一，与一个或多个目标神经元发生连接；胞体发生的冲动沿轴突传出。神经元可以直接或间接(经感受器)地从体内、外得到信息，再用传导兴奋的方式把信息沿着长的纤维(轴突)作远距离传送。信息从一个神经元以电传导或化学传递的方式跨过细胞之间的联结(即突触)，传递给另一个神经元或效应器，最终产生肌肉的收缩或腺体的分泌。研究发现，神经元不仅能处理信息，也能以某种尚未清楚的方式存储信息。

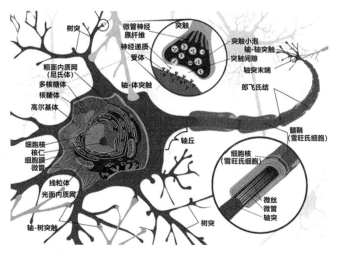

图 1-3　神经元细胞结构

通过突触的连接，数目众多的神经元组成了比其他系统复杂得多的神经系统。神经元也和感受器如视、听、嗅、味、机械和化学感受器、效应器(如肌肉和腺体等)形成突触连接。高等动物的神经元可以分成许多类别，各类神经元乃至各个神经元在功能、大小和形态等细节上有明显的差别。

2．神经系统

神经系统(Nervous System)是机体内起主导作用的功能调节系统，由脑、脊髓、脑神经、脊神经和植物性神经及各种神经节组成。神经系统能协调体内各器官、各系统的活动，使之成为完整的一体，并与外界环境发生相互作用。神经系统由中枢神经系统和周围神经系统等两大部分组成(见图1-4)。

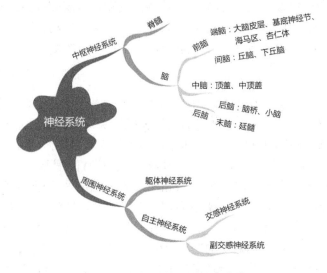

图1-4 神经系统的构成

(1) 中枢神经系统：包括脑和脊髓，分别位于颅腔和椎管内，通过周围神经与人体其他各个器官、系统发生极其广泛复杂的联系，在维持机体内环境稳定、保持机体完整统一性及其与外环境的协调平衡中起着主导作用。

(2) 周围神经系统：包括12对脑神经和31对脊神经，它们组成了外周神经系统。外周神经分布于全身，把脑和脊髓与全身其他器官联系起来，使中枢神经系统既能感受内外环境的变化(通过传入神经传输感觉信息)，又能调节体内各种功能(通过传出神经传达调节指令)，以保证人体的完整统一及其对环境的适应。

神经系统不仅调节维持机体内环境，同时也对机体的整体协调及其与外部环境的平衡起着调节作用。内外环境的各种信息，由感受器接收后，通过周围神经传递到脑和脊髓的各级中枢进行整合，再经周围神经控制和调节机体各系统器官的活动，以维持机体与内外界环境的相对平衡。人体是一个复杂的机体，各器官、系统的功能不是孤立的，它们之间通过神经系统的调节互相联系、互相制约，构成了一个有机的整体。

3．脑的构成与功能

大脑是中枢神经系统的最高级部分，也是在长期进化过程中发展起来的思维和意识的器官。大脑包括脑干(Brainstem)、间脑(Diencephalon)、小脑和端脑，如图 1-5 所示。

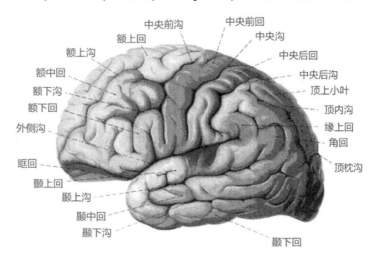

图 1-5　大脑

在医学及解剖学上，脑干位于大脑下方，是大脑和脊髓之间的较小部分，呈不规则的柱状形，主司心跳、呼吸、消化等重要生理功能。间脑位于脑干之上，尾状核和内囊的内侧，与内分泌、视觉、嗅觉及运动相关。小脑位于大脑的后下方，参与躯体平衡和肌肉张力(肌紧张)的调节以及运动的协调。端脑即俗称的大脑，由左、右脑半球及连接二者的胼胝体(Corpus Collosum)构成，主司运动、感觉、语言、情绪及执行等功能。脑半球表面布满深浅不同的沟和裂，沟裂之间的隆起称为脑回。端脑约由 140 亿个细胞构成，重约 1.4kg；脑细胞每天要死亡约 10 万个(用脑越少，脑细胞死亡越多)；一个人的脑信息储存的容量相当于 1 万个藏书为 1000 万册的图书馆；大脑中的主要成分是水，约占 80%；大脑重量约占体重的 2%，但其耗氧量达全身耗氧量的 25%；血流量占心脏输出血量的 15%，一天内流经脑的血液约为 2000L；人脑消耗的能量大约相当于 25W。以前认为，最善于用脑的人，一生中也仅使用脑能力的 10%；但现代科学证明这种观点是错误的，人类对自己的脑使用率是 100%，脑中并没有闲置的细胞。

研究证实，大脑的不断进化完善使人类产生了语言、思维、学习、记忆等高级功能活动，也使得人类具备了认识和主动改造环境的能力。同时，研究也发现，大脑各部分的功能分工是不同的。比如美国心理生物学家罗杰·沃克特·斯佩里博士(Roger Wolcott Sperry，1913—1994)通过著名的割裂脑实验，证实了大脑不对称性的"左右脑分工理论"(见图 1-6)，因此荣获 1981 年诺贝尔生理学和医学奖；在正常的情况下，大脑是作为一个整体来工作的。来自外界的信息，经胼胝体传递，左右两个半球的信息可在瞬间进行交流(每秒 10 亿位元，即约 1Gb/s)；大脑左半球感受并控制右边的身体，右半球感受并控制左边的身体；左脑主要控制着知识、判断、思考等，和显意识有密切的关系，如进行语言的、分析的、逻辑的和抽象概念的思维等；右脑控制着自律神经与宇宙波动共振等，和潜意识有关，如非语言的、综合的、整体的、直观的和形象的思维等。右脑能将收到的信息以图像方式进行处理，瞬间即可处理完毕，因此，能够处理海量的信息(心算、速读等即为右脑处理资讯的表现方式)。懂得活用右脑的人，听音就可以辨色，或者听音浮现图像、闻到味道等，因此右脑也被称为"艺术脑"。在解决设计问题时，左脑负责问题定义、右脑负责综合处理，最终达到左右脑一致，形成对设计问题的答案(见图1-7)。

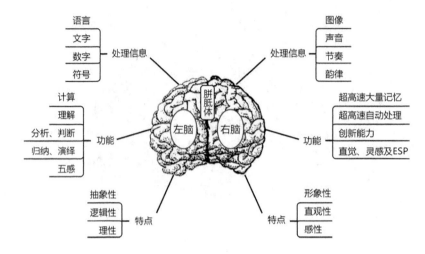

图 1-6　左右脑的功能

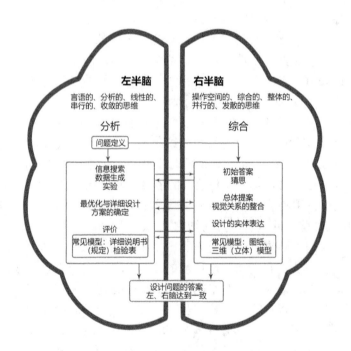

图 1-7　左右脑协作处理问题的过程

有人说左脑是人的"本生脑"，记载着人出生以来的知识，管理的是近期的和即时的信息；右脑则是人的"祖先脑"，储存从古至今人类进化过程中的遗传因子的全部信息。譬如，很多本人没有经历的事情，一经接触就能熟练掌握，就是这个道理。右脑是潜能激发区，会突然在人类的精神生活的深层展现出迹象；右脑也是创造力爆发区，不但有神奇的记忆能力、又有高速信息处理的能力。右脑发达的人会突然爆发出一种幻想、一项创新、一项发明等。同时，右脑也是低耗高效工作区，它不需要很多能量就可以高速计算复杂的数学题，高速记忆、高质量记忆，具有过目不忘的本领。研究表明，人的大量情绪行为也被右脑所控制。

1.3.2　视觉与眼睛

视觉是人类最重要的感官，大脑中大约有 80%的知识和记忆都是通过视觉器官获取的。眼睛是人的视觉器官，由眼球和眼的附属器官组成(见图 1-8)，视神经是中枢神经系统的一部分，视网膜所得到的视觉信息，经视神经传送到大脑。

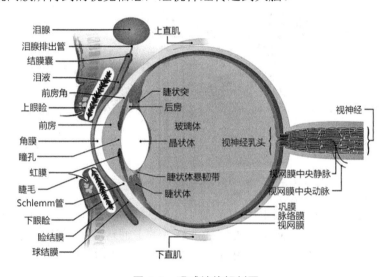

图 1-8　眼球结构解剖图

人的视觉是由光刺激引起的神经冲动过程，产生视觉过程的生理机制包括折光机制、感光机制、传导机制和中枢机制：首先是光线透过眼的折光系统到达视网膜，并在视网膜上形成物像，引起视网膜中的感光细胞产生神经冲动；然后，当神经冲动沿视神经传导到大脑皮质的视觉中枢时，视觉就产生了。视觉对光强度的感受性与眼的机能状态、光波的波长、刺激落在网膜上的位置等因素有关。试验证明，人类视觉的适宜刺激是波长 380nm 到 780nm 之间的电磁振荡，这通常也被称作可见光光谱。视觉辨别物体细节的能力叫视敏度(在临床医学上也叫视力)，与视网膜物像的大小有关。按国际视力表计，正常人的视力为 0.8～1.2，但有的人可达 1.5 甚至更高。

1.3.3　听觉与耳

听觉(Hearing)指的是声源振动引起空气产生疏密波(声波)，通过外耳和中耳组成的传音系统传递到内耳，经内耳的环能作用将声波的机械能转变为听觉神经上的神经冲动(生物电信号)，后者传送到大脑皮层听觉中枢而产生的主观感觉。

耳是人的重要听觉器官，由外耳、中耳和内耳所组成(见图 1-9)。外耳包括耳郭和外耳道，主要起集声作用。中耳包括鼓膜、听骨链、鼓室、中耳肌、咽鼓管等结构，主要起传声作用。内耳包括前庭、半规管和耳蜗三部分，与身体的平衡和头部的运动感知相关。人

基础篇　用户体验的科学基础

的听觉系统的阈值声压大致在 0.00002Pa，这样的声压使鼓膜振动时位移的幅度约为
0.1nm；人可听到的频率范围为 20～20000Hz，习惯上把这一范围叫作声频。通常，把频
率在 20000Hz 以上的声波叫超声波，频率在 20Hz 以下的声波叫次声波。

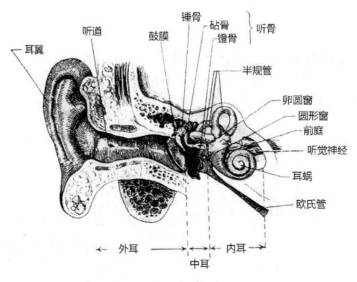

图 1-9　耳的解剖结构

生活中用声音愉悦用户的例子比比皆是。譬如在玩具设计中，大量使用声音元素，以
愉悦儿童的心情：带有声响的童鞋、能够播放声音的卡通玩具等，都是儿童的最爱；视听
设备传递的音乐本身也是对受众身心的愉悦，还可以为生活增添浪漫气氛。

1.3.4　触觉与皮肤

触觉(Tactile Sense)是指分布于全身皮肤上的神经细胞接受来自外界的温度、湿度、疼
痛、压力、振动等方面的感觉，是接触、滑动、压感等机械刺激的总称。触觉是由压力或
牵引力作用于触感受器而引起的，是轻微的机械刺激使皮肤浅层感受器兴奋而引起的感
觉，是皮肤觉中的一种。

人的皮肤的表面面积约为 $2m^2$，其中，触觉感受器在头面、嘴唇、舌和手指等部位的
分布都极为丰富，尤其是手指尖。人所能接受的振动频率在 15～1000Hz 之间，其中振动
频率为 200Hz 时最为敏感；当温度超过 45℃时，皮肤会产生热甚至烫的感觉，这是一种复
合的感觉，是温觉、痛觉同时产生的后果。人体对触觉的感受性，也是产品设计要考虑的
关键因素之一。大部分的产品，尤其是一些手持设备，往往是由人的身体某个部位直接与
其接触而完成操作的。也正是由于这个缘故，触觉体验较视觉、听觉等其他感觉器官更加
真实细腻。从金属到塑料、从玻璃到丝绸，不同的材质都有着截然不同的触觉体验。

1.3.5　其他感觉

在上述三种感觉之外，人的感觉系统还有嗅觉、味觉、动觉、平衡觉等。

1．嗅觉

嗅觉(Olfaction)是一种由感官感受的知觉，它由两个感觉系统参与，即嗅神经系统和鼻三叉神经系统。嗅觉的受器位于鼻腔上方的鼻黏膜上，其中包含了有支持功能的皮膜细胞和特化的嗅细胞(见图 1-10)。嗅觉是一种远感，是通过长距离感受化学刺激而产生的感觉；相比之下，味觉是一种近感。通常，嗅觉和味觉会整合和互相作用。

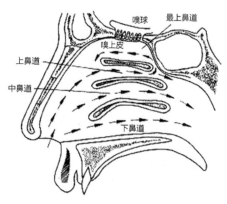

图 1-10　嗅觉感受器

2．味觉

味觉(Taste)是指食物在人的口腔内对味觉器官化学感受系统的刺激并产生的一种感觉。目前，被广泛接受的基本味道有五种，即苦、咸、酸、甜以及鲜味，它们都是由食物直接刺激味蕾而产生的。味觉感受性不是绝对的，它也受到多种因素的影响。譬如，舌面的不同部位，味觉感受性是不同的。虽然舌面对甜味、酸味、苦味、咸味四种滋味都有感受性，但舌尖对甜味最敏感，舌根对苦味最敏感，舌的两侧对酸味最敏感，而舌的两侧前部则对咸味最敏感；味觉感受性往往受食物温度的影响，如在 20～30℃之间，味觉感受性最高。此外，味觉的感受性还与机体的需求状态有关，如饥饿的人对甜、咸的感受性增高，对酸、苦的感受性降低。

3．动觉

动觉(Kinesthesia)也叫运动感觉，是对身体各部位的位置和运动状况的感觉，是内部感觉的一种重要形态。动觉的感受器位于肌肉、肌腱和关节中，肌肉运动、关节角度的变化等，都会对这些感受器形成刺激。动觉在各种感觉的相互协调中起着重要的作用。如果没有动觉和其他感觉的结合，人的知觉能力就不能得到正常的发展。人在感知外界事物的过程中几乎都有动觉的反馈信息参与。例如在注视物体时，大脑不仅接收来自视网膜感觉细胞的信息，而且还接受来自眼球肌肉的动觉信息，这种信息是人们看清物体的必要条件；言语器官肌肉的动觉信息同语音、听觉和字形视觉相联系，是言语活动和思维活动的基础。

4．平衡觉

平衡觉(Equilibrioception)是由人体位置重力方向发生的变化刺激前庭感受器而产生的感觉，又称静觉。平衡觉是反映头部运动速率和方向的感觉，它和视觉、内脏感觉有密切的联系。如当前庭器官受到刺激时，会使人仿佛看到视野中的物体在移动，产生头晕、严重时也会引起内脏活动的剧烈变化，使人恶心和呕吐。因此，对从事航空、航海、舞蹈职业的人，总是要进行平衡觉的检查。

基础篇　用户体验的科学基础

1.4　人类的知觉与心理活动

1.4.1　知觉

知觉，是大脑在组织并解释一系列外界客体或事件时所产生的感觉信息的加工过程，也是直接作用于感觉器官的客观事物在人脑中的综合反映。换言之，对客观事物的个别属性的认识是感觉，而对同一事物的各种感觉的综合，就形成了对这一对象的整体的认识，即知觉。知觉来源于感觉又高于感觉。知觉可以按照对象的属性被分成社会知觉和物体知觉，也可以按照空间、时间和运动的特性，把知觉区分为空间知觉、时间知觉、运动知觉、错觉和幻觉等。当然，也有学者根据各感受器的活动在知觉中所占的主导地位，把知觉分为视知觉、听知觉、嗅知觉以及视听知觉和触摸知觉等。

根据知觉的定义可以知道，知觉有这样几个特征：相对性、选择性、整体性、恒常性、组织性和意义性。

1. 知觉的相对性

知觉是个体以已有经验为基础对感觉现象做出的主观解释。因此，知觉也常被称为知觉经验，而经验往往是相对的。当人们看见一个物体存在时，也势必会看到物体周围所存在的其他刺激，这些刺激的性质及两者之间的关系就会影响对该物体所获得的知觉经验。例如德国心理学家赫尔曼·艾宾浩斯(Hermann Ebbinghaus，1850—1909)发现，当一个圆被几个较大的圆包围时，它看起来要比那个被一些较小的圆点包围的圆小一些(见图 1-11)，这也被称作艾宾浩斯错觉(Ebbinghaus Illusion)。

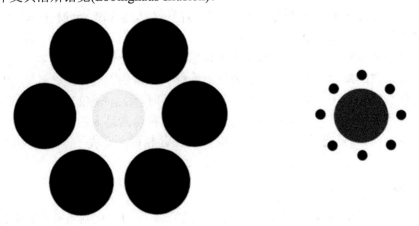

图 1-11　艾宾浩斯错觉

2. 知觉的选择性

通常，人在特定的时间内只能感受少量或少数刺激，而对其他事物只作模糊的反映，这就是常说的注意。被注意的事物称为对象，其他衬托对象的事物被称为背景。某事物一旦被选为知觉对象，就好像立即从背景中突现出来，被认识得更鲜明、更清晰。图 1-12 所示为荷兰木雕艺术家茅瑞茨·艾契尔(Maurits Cornelis Escher，1898—1972)于 1938 年创作的一幅著名木刻画——《黎明与黄昏》。假如先从图面的左侧看起，会觉得那是一群黑鸟离巢的黎明景象；假如先从图面的右侧看起，就会觉得那是一群白鸟归林的黄昏；假如从图面中间看起，就会获得既是黑鸟又是白鸟，也可能获得忽而黑鸟、忽而白鸟的知觉经验，明显受到了选择性的影响。

影响知觉选择性的因素有很多，如客观刺激的变化、对比、位置、运动、大小程度、强度、反复等，此外还受经验、情绪、动机、兴趣、需要等主观影响。

图 1-12　木刻画《黎明与黄昏》

3. 知觉的整体性

由于知觉是由对象不同属性的许多部分组成的，人们习惯于依据以往的经验把所感知到的现象解释成(组成)一个整体，这就是知觉的整体性(或完整性)。知觉的整体性纯粹是一种心理现象。如图 1-13 中的立方体实际上没有轮廓，可是，在知觉经验上它是边缘清晰、轮廓明确的图形。像这种刺激本身无轮廓，而在知觉经验上却显示"无中生有"的轮廓，通常被称为主观轮廓(Subjective Contour)。这种奇妙的知觉现象常被艺术家应用在绘画和美工视觉设计上，使不完整的知觉刺激形成完整的美学感受。

4. 知觉的恒常性

当从不同的角度、距离或明暗度的情境之下观察某一熟知的物体时，虽然该物体的物理特征(大小、形状、亮度、颜色等)因受环境影响在视觉上会有所改变，但人们对物体特征所获得的知觉经验倾向于保持其原样不变的心理作用，被称为知觉的恒常性。譬如图 1-14 中上半部分两图，在纯色背景下人们倾向于把对象物体解释为一样大小，事实也的确如此；但在下半部分两图中，由于背景带来的对比，使我们依据经验去判断对象大小时出现了偏差，对象被理解成大小不同(与深度相关)，就形成了恒常性错觉。

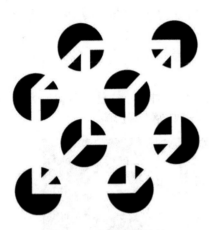

图 1-13　知觉的整体性

图 1-14　恒常性错觉

5. 知觉的组织性

在把感觉信息转化为心理性知觉经验的过程中，往往需要经过一番主观的选择处理，这种处理过程通常是有组织性的、系统的、符合逻辑而不是紊乱的。在心理学中，这一由感觉转化到知觉的选择处理过程被称为知觉组织(Perceptual Organization)。心理学的格式塔理论(Gestalt Theory)认为知觉组织法则主要有四种，即相似法则、接近法则、闭合法则和连续法则等。这些在后面的章节里有详细的叙述，此处从略。

6. 知觉的意义性

人在感知某一事物时，总是依据既往的经验、力图合理地去解释它究竟是什么(通常是有意义的解释)，这就是知觉的理解性，也称知觉的意义性。如图 1-15 所示，常识经验让人们第一眼就认为画中描绘的是山涧溪流，因为这种解释才符合经验和常理、才有意义。但仔细辨别就会发现，图中的白色不是溪流，而是穿着白衣的修士。

由此可见，人们早先的经验，常常会对所从事的活动产生影响，当这种影响发生在知觉过程中时，产生的就是知觉定式(Perceptual Set)。知觉定式是指知觉主体对一定活动的特殊准备状态，一般是由早先的经验造成的。当然，知觉主体的需要、情绪、态度和价值观念等，也会产生定式作用。例如人的情绪在非常愉快时，对周围事物也可产生美好的知觉倾向。

图 1-15　知觉的意义性

1.4.2　人类的心理活动

人类的心理活动是大脑对客观世界反映的过程。心理活动与大脑的高级神经活动是脑内同一生理过程的不同方面：从兴奋与抑制相互作用而构成的生理过程看，它是高级神经活动；从神经生理过程所产生的映像及所概括事物的因果联系和意义看，它属于心理活动；用信息加工观点看，它则是通过大脑的神经生理过程而进行的信息摄取、储存、编码和提取的活动。

普通心理学认为，任何人的心理都可以分为既有区别又互相紧密联系的两个方面，即心理过程(Psychical Process)和个性心理(Individual Mind)。

1. 心理过程

心理过程分为认知过程、情感过程和意志过程，如图 1-16 所示。

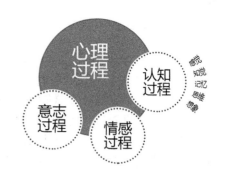

图 1-16　心理过程

(1) 认知过程。认知过程指人认识客观事物的过程，即是对信息进行加工处理的过程，是人由表及里、由现象到本质地反映客观事物特征与内在联系的心理活动。它由人的感觉、知觉、记忆、思维和想象等认知要素组成。注意是伴随在心理活动中的首要心理特征。

(2) 情感过程。情感是人们对客观世界的感受与体验，或是对外界刺激的肯定或否定。情感中的情字，有情怀、情意的含义；感字有感觉、感知的含义。情感分为正性情感(如高兴、欣快等)和负性情感(如悲伤、焦虑等)两种类型。心理学研究中以情感一词作为术语来表述人的感情性的感受与经历。情感过程是心理过程的一个重要内容，也是人区别于动物的一个重要标志。根据情感色彩的程度还可将情感过程分为情绪、情感和情操三个层次。

现代心理学研究认为，情绪的产生是由环境事件(刺激因素)、生理状态(生理因素)、认知过程(认知因素)三个条件所制约的，其中认知因素是决定情绪性质的关键因素。美国心理学家玛格达·阿诺德(Magda B. Arnold，1903—2002)在 20 世纪 50 年代提出了情绪的认知-评估理论(Cognitive-appraisal Theory)(见图 1-17)，认为刺激情景并不直接决定情绪的性质，从刺激出现到情绪的产生，要经过对刺激的估量和评价；同一刺激情景，由于对它的评估不同，就会产生不同的情绪反应。对情感更深入的讨论，请参阅本书第 7 章"情感化设计"相关内容，此处从略。

(3) 意志过程。意志过程(Willed Process)是指人在自己的活动中设置一定的目标，按计划不断地克服内部和外部困难、并力求实现目标的心理过程，也是人的内在意识向外部行动转化的过程。意志包括感性意志与理性意志两个方面。感性意志是指人用以承受感性刺激的意志，它反映了人在实践活动中对于感性刺激的克制能力和兴奋能力。例如体力劳动需要克服机体在肌肉疼痛、呼吸困难、血管扩张、神经紧张等感性方面的困难与障碍。理性意志是指人用以承受理性刺激的意志，它反映了人在实践活动中对于第二信号系统刺激的克制和兴奋能力。例如脑力劳动需要克服大脑皮层在接受第二信号系统的刺激时所产生的思维迷惑、精神压力、情绪波动、信仰失落等理性方面的困难与障碍。意志过程包括两个阶段，即决定阶段和执行阶段。决定阶段也是意志行动的准备阶段，在这一阶段，首先要解决动机斗争的问题，然后是确定行动的目的和选择达到目的的方法。执行阶段则指将行动计划付诸实现的过程。在执行阶段，意志的品质表现为坚定地执行所既定的行动计划、努力克服主观上和客观上遇到的各种困难。如果在执行原定计划时遇到障碍就半途而废，这是意志薄弱的表现。

2．个性心理

个性心理是在完成一般心理过程后发展起来的，带有个人特点的心理现象。没有一般心理过程的发生、发展，就不可能有个性心理的发生、发展。个性心理主要包含两方面的内容，即个性倾向性与个性特征。前者包括需求、动机、兴趣、理想、信念、世界观；后者包括能力、气质(心理学的气质指脾气、秉性或性情)、性格等，如图 1-18 所示。

(1) 需求(Needs)。需求是对有机体内的匮乏或者失衡进行补充与满足的心理趋向，是保持体内物质相对平衡、维持生存的行为。美国著名管理和社会学家赫伯特·西蒙(Herbert A.Simon，1916—2001)曾经说过："工业产品存在的唯一目的，即是满足特定人群的需求"；美国的人本主义心理学家亚伯拉罕·马斯洛(Abraham Harold Maslow，1908—1970)的需求层次论将人类的需要分解为七个层次，即生理需求、安全需求、归属与爱的需求、自尊需求、认知需求、审美需求和自我实现需求等，可以归为基本需求和成长需求两大类(见图 1-19)。基本需求需要通过外部条件就可以满足；成长需求只有通过内部因素才能满足，而且一个人对尊重和自我实现的需要是无止境的；当某一层次的需求满足后，就不再是激励的力量，后面更高层次的需要才显示出其激励作用。而且，随着需求层次的上升，人们对于文化和文化氛围的内涵要求也越来越高。

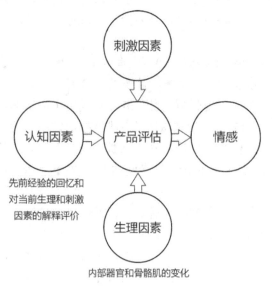

图 1-17 情感的产生

图 1-18 个性心理

(2) 动机(Motivation)。动机是指激发、指引、维持心理活动和意志行为活动的内在动力或主观因素，包含的内容有：①动机是一种内部刺激，是个人行为的直接原因；②动机为个人的行为提出目标；③动机为个人行为提供力量以达到体内平衡；④动机使个人明确其行为的意义。动机的产生主要有两个原因，一个是需求，另一个是刺激。人的需求产生的内在动力和外界刺激，是形成动机的主要原因，它能促使人去克服困难、实现目标。

(3) 兴趣(Interests)。兴趣是人们在研究事物或者从事活动时产生的心理倾向，是激励人们认识事物与探索真理的一种动机，也是一种肯定的情绪。兴趣一方面会对人的认识和活动产生积极的影响，但不一定总是有利于提高工作的质量和效果；另一方面兴趣也具有社会制约性，即人所处的历史条件不同、社会环境不同，其兴趣也会反映出不同的特点。兴趣具有倾向性、广泛性、稳定性和成就性的特征，对一个人个性的形成和发展、个人的生活和行为都有巨大的影响。

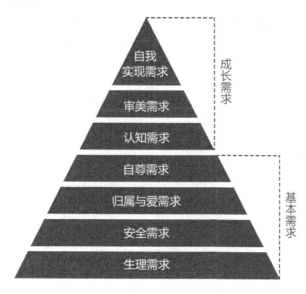

图 1-19　马斯洛需求层次理论

(4) 气质(Temperament)。气质是指人在知觉、思维、情绪及意志等心理活动过程中的强弱、快慢和均衡等稳定的动力特征，以及心理活动对主客观世界的倾向性。人的气质差异是先天形成的，受神经系统活动过程的特性所制约，与平时说的"脾气"相似。

(5) 性格(Character)。性格是表现在人对现实的态度和相应的行为方式中的比较稳定、具有核心意义的个性心理特征。"Character"一词源于希腊文"χαρακτήρα"，原意为"记号、特征"。从空间结构看，性格要素包含行为、形体、情感、精神、认知、目的、历史、未来、多面和多变等基本层面；从时间上看，性格可概括为行为关系、形体特征、情感态度、精神气质、认知能力、目的计划、历史经验、未来理想、多面多维和多变多态等类别，且各类之间随时间变迁互有转化，进而产生新的性格。性格是由使个体的行为具有一贯性并决定其行为的心理特性所构成的，它对人的行为具有定向和推动作用。性格是人的个性差异的主要表现，反映着人们对现实和周围世界的态度及行为举止，主要体现在对自己、对别人、对事物的态度和所采取的言行上。在日常生活中，通常所说的个性就是指一个人的性格。譬如有的人对工作恪尽职守、举止大方、乐观豪爽、严于律己、宽以待人等，这些都反映着个人的性格特点。

思 考 题

1. 试述人的生理尺度对产品设计的影响。
2. 什么是感觉？试述感觉的生理构成与作用机制。
3. 什么是知觉？试述知觉的生理机制及其作用原理。
4. 试述知觉的对象与背景的关系及其对运动知觉的影响，并分析对象和背景的相互关系为人们提供的物体运动信息的种类，举出实例。
5. 有人说 iPad "卖的就是触觉体验"，请谈谈你的看法。
6. 试举例说明用户认知事物的模型是如何影响用户体验的？
7. 试分析智能手机类产品用户体验设计中主要考虑的与人相关的因素。

第 2 章

产 品 因 素

    产品是用户交互的对象，也是体验不可或缺的关键要素。任何产品都有其核心功能，能满足用户某一方面的需求；同时，产品的扩展功能，更能带给用户惊喜。用户出于某种需要对产品的功能性进行考察，通过与产品交互形成判断……这些过程包含了来自用户的视觉、触觉、听觉、味觉、嗅觉等方面的因素，来自交互的审美体验、意义体验和情感体验，来自产品方面的产品属性、功效特点和环境的影响，这些共同作用于用户最终的感受，其综合影响往往决定着用户最终的体验效果或购买决策。

2.1 产品的层次结构

产品对用户的价值是其得以存在的前提，也是一切商业行为的基础，尽管一些产品的价值不是以实用性为代价的(如卡洛曼壶虽不实用但有其珍藏价值)。一个产品如不能满足用户的某种需求，就失去了存在的意义，围绕这个产品的所有盈利方式也就无从谈起。

2.1.1 产品的概念

所谓产品，是指能够向市场提供的，引起注意、被用户获取、使用或者消费，以满足欲望或需要的任何东西。它是"一组将输入转化为输出的、相互关联或相互作用的活动"的结果，即"过程"的结果。在工业领域，产品通常也可被理解为一个组织制造的任何制品或制品的组合。在《现代汉语词典》中，产品的解释为"生产出来的物品"，这也是产品的狭义概念；而广义概念的产品则是指任何可以满足人们需求的载体。

产品可依据其物质属性分为有形的物品(如物质产品)和无形的产品(非物质产品，如软件、服务、组织、观念、品牌)(见图 2-1)，也可以按其需求和功能划分为更为详细的类别(见图 2-2)。

Aeron 人体工学椅

Windows 8 操作系统

图 2-1 物质类产品和非物质类产品示例

产品功能是对于一个产品特定的工作能力的抽象化描述，是产品价值的内在表现。本质上，"功能"是指某一系统或装置(也称为技术系统)所具有的转化能量、运动或其他物理量的特性，它反映了技术系统输入量和输出量之间的因果关系。例如一台电动机的功能是将电能转变为旋转运动的动能。产品概念也是企业想要注入顾客头脑中的、关于产品的一种主观意念，它是用消费者的语言来表达的产品构想。设计赋予了产品以意义与价值，这也是产品最重要的特点。

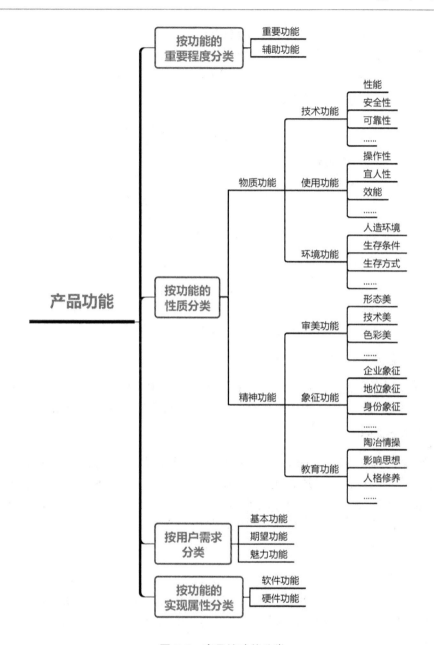

图 2-2 产品按功能分类

2.1.2 产品的层次

著名的美国市场营销专家菲利普·科特勒(Philip Kotler)在其 1988 年出版的《营销管理:分析、计划、执行与控制》著作中提出了产品的三层结构理论,认为任何一种产品都可被分为三个层次:核心利益(Core Benefit),也称核心产品,即使用价值、效用或功能,是顾客需求的中心内容;有形产品(Form Product)或形式产品,是产品的实体性属性,通常表现为质量、品牌、款式、包装、特色等;附加产品(Extra Product),也叫延伸产品,是指伴随产品而提供的附加服务,它通常包括售前和售后服务。菲利普·科特勒认为这三个层次是相互联系的有机整体。在 1994 年的修订版中，菲利普·科特勒将产品概念的内涵由三层次结构说扩展为五层次结构说，即核心利益(产品)、一般产品(Generic Product)、期望产品(Expected Product)、延伸(扩大)产品(Augmented Product)和潜在产品(Potential Product)。图 2-3 是这两种概念的定义及其关联。

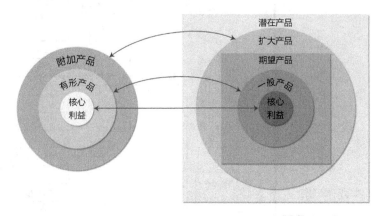

图 2-3　产品三层结构与五层结构的内涵与关联

1．核心利益(产品)

核心利益(产品)：是产品概念最基本的层次，它为顾客提供最基本的效用和利益，与三层结构中的核心利益一样。例如电冰箱的核心利益指的是它的制冷功能。

2．一般(形式)产品

一般(形式)产品：相当于三层结构中的有形产品，是产品对某一需求的特定满足形式。它由五个特征构成，即品质、式样、特征、商标及包装。即使是纯粹的服务，也具有相类似的、形式上的特点。例如电冰箱的形式产品不是电冰箱的制冷功能，而是人们在购买时还要考虑的产品品质、外观造型、颜色、品牌等因素。

3．期望产品

期望产品：是消费者在购买产品时所期望得到的、默认与产品密切相关的一整套属性和条件。它可以是对产品质量水准的要求，也可以是对延伸产品的要求。在用户看来，期望产品是默认的、理所应当的产品属性，因此带给用户的满足感是有限的。

4．延伸(扩大)产品

延伸(扩大)产品：是指顾客购买形式产品和期望产品时附带获得的各种利益的总和，包括产品说明书、三包承诺、安装、维修、送货、技术培训等，与三层结构中的附加产品相对应。消费者在寻求和选购产品的过程中，一旦发现产品具有超出自身期望的附加利益，这种超预期的感受往往会使用户感受到额外的惊喜，带来良好的体验。

5．潜在产品

潜在产品：是指现有产品包括所有附加产品在内的，可能发展成为未来最终产品的潜在状态的产品，主要是产品的一种增值服务。例如在购买并消费已选定产品时，还会发现具有购销双方未曾发现的效用和价值，如产品美学价值带来的潜在的、长期的价值升值等。潜在产品指出了现有产品可能的演变趋势和前景，有助于长期美好体验的建立。

菲利普·科特勒的五层产品概念说揭示了效用构成和价值实现的动态性，即产品并不是一个僵化而固定的概念，它包含了在产品购销过程中的全部意义；同时，产品价值和效用的形成是生产者和消费者双向互动的结果，并非唯一由企业按其独立意志制造，还必须同时兼顾消费者所需求的核心利益和延伸产品。

2.2　产品的交互性

产品的交互性是指人与产品在交互过程中所体现的与体验相关的特性，是用户对产品使用体验的重要表征之一。通常，对产品的体验来自用户与产品交互所形成的主观感受，也包括交互之前、交互过程和交互之后的感受。互动是人对产品体验产生的前提，它通常包括以下几种类型。

(1) 器械互动：是指针对产品功能的物理互动，例如使用、操作或管理产品等。

(2) 非器械互动：是指不直接针对产品功能的物理互动，例如把玩、爱抚产品等。

(3) 非物理的互动：是指对产品用法的想象、记忆和预期等。例如人们可以设想与产品互动可能的后果。预期的后果不仅可以产生情感，而且也是产品体验的重要来源之一。

站在用户的角度，产品也可看作是环境的一部分。人类在生物学上装备了许多独立于环境的系统，这使得人与环境交互成为可能，例如作用于环境的运动系统、感知环境变化的感觉系统及知觉、计划行动的认知系统等。人的运动能力可用来探究产品、与之交互并操作产品。知觉系统可让人们理解产品、评估产品的类别，并为人们的行为提供反馈，此外还能"告诉"一个人某个感觉是否令人愉快或者应予以避免；知觉将感知的信息与记忆的知识联系起来、解释输入信息，能唤起对以前用法的记忆，并激发与其他产品的联想。图 2-4 给出了人-产品交互模型。产品是在与人的交互中才获得了它们的意义。例如人对产品的柔软度、清新度、音量的知觉感知揭示了产品如何使用的线索及其功能；只有当与人发生关联时，人们才能确定一个产品允许的行为方式及其主要和次要功能。

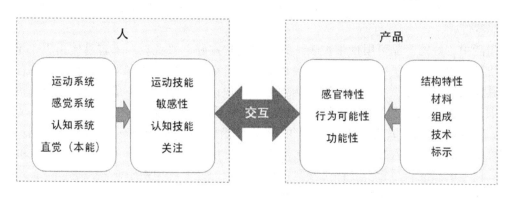

图 2-4　人-产品交互模型

尽管影响产品交互性的因素有很多，大到物质与非物质环境，小到产品功能、设计、材质、制造工艺等，但是可用性(Usability)与可接受性(Acceptability)无疑是对产品交互性影响最显著的两个指标。一般来说，可用性也是可接受性的一个重要属性参数。

2.2.1 可用性

可用性是在某个考察时段，系统能够正常运行的概率或时间占有率的期望值。若考察时间为指定瞬间，称瞬时可用性；考察时间为指定时段，称时段可用性；考察时间为连续使用期间的任一时刻时，则称固有可用性。

国际标准化组织在 ISO 9241-11：1998 中对可用性的定义是：一个产品可以被特定的用户在特定的境况中，(用来)有效、高效并且满意地达成特定目标的程度。中国国家标准《可靠性、维修性术语》(GB/T3187—1994)对可用性的定义是：在要求的外部资源得到保证的前提下，产品在规定的条件下和规定的时刻或时间区间内处于可执行规定功能状态的能力。

可用性是产品可靠性、维修性和保障性的综合反映，是用来衡量产品质量的重要指标，它从用户角度来判断产品的有效性、学习性、记忆性、使用效率、容错程度和令人满意的程度，是对产品可用程度的总体评价，也是交互设计的基本指标。

"可用性"一词第一次以近似于现代含义的出现，是在 1842 年出版的《布莱克威尔杂志》(Blackwell's-Magazine)上。学界系统地开展可用性的研究可以追溯到"二战"时的美国陆军航空队，当时的主要目的是改善复杂武器系统对人的适应性，之后，可用性这一概念逐渐被工业界所接受。经过 20 世纪八九十年代的发展，该专业术语经历了从"功能性"到"可用性""可用性工程"，再到"以用户为中心的设计"的转变，最终在信息产业和工业界得到了普及。现在，可用性概念已经被广泛运用于工业产品和系统的设计。

对于可用性的概念，学界也提出过多种解释。例如美国学者瑞克斯·哈特森(Rex Hartson)指出可用性包含了两层含义，即有用性(Usefulness)和易用性(Ease of use)。其中有用性是指产品能实现一系列的功能；易用性则是指用户与界面的交互效率、易学性以及用户的满意度。丹麦学者雅克布·尼尔森(Jakob Nielsen)指出，可用性要素包括：易学性(指系统是否容易学习)、交互效率(即用户使用具体系统完成交互任务的效率)、易记性(指用户搁置使用系统一段时间后是否还记得如何操作)、错误率(指操作时错误出现频率的高低)、用户满意度。

生活中，好的产品可用性常被表达为"对用户友好""直观""容易使用""不需要长期培训""不费脑子"等。在设计实践中，对可用性的把握要在理解其核心思想的基础上，具体问题具体分析，灵活运用。例如可用性设计是网站设计中最重要，也是难度最大的一项任务，它是关于人如何理解和使用产品的，和编程技术没有关系。史蒂夫·克鲁格(Steve Krug)在《点石成金：访客至上的网页设计秘籍》(Don't Make Me Think)中对网页设计的可用性进行了深入探讨；雅克布·尼尔森也提出了网页设计十大可用性指标，并广为网站设计师所接受。尽管二者都是网页可用性设计的经典，但由于侧重点的差异，二者在具体实现细节上也不尽相同。比如雅克布·尼尔森提出的网站设计十大可用性原则包含以下内容。

原则一：状态可见原则。用户在网页上单击、滚动或是按下键盘等操作时，页面都应即时给出反馈。这里，"即时"是指页面响应时间应小于用户能忍受的等待时间。

原则二：环境贴切原则。网页的一切表现和表述，应该尽可能贴近用户所处的环境(年龄、学历、文化、时代背景)、易于理解，不要随意发明语言，界面元素要直观化。

原则三：撤销重做原则。网页应提供撤销和重做的功能。

原则四：一致性原则。同一用语、功能、操作应保持一致；同样的语言、情景，其操作应该出现同样的结果。

原则五：防错原则。通过页面的设计、重组或其他方式防止用户出错。比出现错误信息提示更好的是更用心的设计，从根本上防止错误的发生。

原则六： 易取原则。尽量减少用户对操作目标的记忆负担，动作和选项都应该是可见的，即把需要记忆的内容摆上前台。

原则七：灵活高效原则。要牢记中级用户的数量远多于初级和高级用户数。为大多数用户设计，不要低估、更不可轻视用户，应使用户交互保持灵活高效。

原则八：易扫原则。用户浏览互联网网页的动作不是读，也不是看，而是扫视。易扫，意味着要突出重点，弱化和剔除无关信息。

原则九：容错原则。错误信息应该用通俗易懂的语言表达，不仅要能准确地反映问题所在，还要提出建设性的解决方案；尽量避免用"错误 404"这样的信息作为某些页面打不开的提示，因为这很容易让用户感觉迷惑。

原则十：人性化帮助原则。理想的情况是尽量不使用系统文档，但提供帮助有时也是必需的；所有信息都应该容易找到，使用户能专注于任务；好的界面设计要让用户知道具体的操作步骤。例如好的提示方式应是无须提示、一次性提示、常驻提示，然后才是帮助文档。

尽管雅克布·尼尔森的网页设计十大可用性原则为网站设计师提供了基本指引，但在使用中也发现其存在"粗线条"的特点，因为对一个优秀的网站来说，可用性设计需要考虑的因素远远不止这十个方面。例如随着 HTML5、虚拟现实(VR)等技术的成熟，网站的形式必然会出现新的变化，可用性设计也一定会面临更多的挑战，有更新的内涵。

2.2.2 可接受性

可接受性是指设计应该适合不同能力的人使用，而无须特别改动或修改。可接受性设计也称无障碍设计或通用设计，它有四个特征，即可识别性、可操作性、简单性和包容性。

与可用性相比，产品的可接受性是一个更为广泛的概念，是有关产品或系统是否足够优良、能否达到满足用户所有需求的程度。雅克布·尼尔森进一步把可接受性划分为社会可接受性(Social Acceptability)和实际可接受性(Practical Acceptability)，并深入研究了其细分属性(见图 2-5)。可接受性属性模型给出了包括可用性在内的产品可接受性属性及其关联。产品的社会可接受性是一个大的前提，它决定了产品是否有意义；而实际可接受性则包括了成本、兼容、可靠性以及有用性等属性。有用性(Usefulness)又进一步分为实用性(Utility)和可用性(Usability/Availability)。这里，实用性是指产品的功能在原理上是否可行，而可用性是指用户能否很好地使用产品的各种功能，以达到其期望的使用目的。用户可接受性测试(User Acceptance Test，UAT)常被用来检验用户对产品的接受程度，通常被也是产品的"交付/验收"测试。

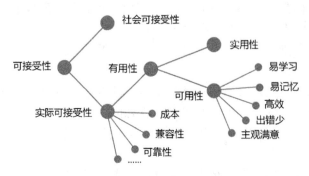

图 2-5 可接受性的属性模型

产品的可接受性是一个系统工程，在设计中常常需要在多个可接受性属性之间做出权衡，平衡甚至舍弃局部最优，以使系统综合可接受性满足产品体验全局最优的最终要求。

2.3 产品体验

人们的日常生活会接触到各式各样的产品和服务，去感知、操作或与之交互。在这一过程中，人们会对觉察到的信息进行处理、经历一种或多种情感变化，这就是对产品的情感评价的来源。虽然交互因产品而异，但人的情绪在交互中被激活的过程对所有产品来说都是相似的，这为从理论上去探究人们是如何体验产品的提供了指引。

2.3.1 产品体验的定义

所谓产品体验，是指人们与产品交互所产生的感受的总和，它融合了诸如主观感受(核心情感的有意识的觉知)、行为反应(接近、不动、回避、进攻等)、表情反应(微笑或皱眉、声调、姿势等)和生理反应(瞳孔放大、出汗等)多个方面。这里的产品是指有实际效用的实物或非实物，不包括艺术作品和非功用性的物品(如文物)；主观体验是与产品交互所引起的心理意识效应，包括感官刺激强度、产品的意义和价值，以及引发的感情和情绪。

学界对于产品体验的定义存在着不同的看法。例如有学者从用户体验产生自人机交互这一视角，丰富了人的因素下产品可用性的研究；有学者从设计师对用户体验的理解出发，强调了社会化交互在体验形成中的重要性；也有学者明确地将"体验"一词限定为特殊生活事件，认为体验是指具有认知和情感特质、独特意义的生活事件。

深刻把握"体验"一词的内涵是十分必要的。例如体验式营销的最高目标是创造一个理想的、连贯的、一致的客户印象，以提升品牌形象，而创造条件让潜在的消费者在特殊语境里了解自己的产品是值得的。一旦人们在愉快的经历中反复遇到特定的品牌，他们很有可能对这个品牌产生赞许的态度。此外，体验中的风格特点(例如现代的、清新的、感人的)也会与品牌关联在一起。生活中，体验所涉及的人只关心使用和享受产品，这些是产品体验的重点。例如看到新 iPad 时的欲望；手中螺丝刀舒适的感觉；对水壶烧开时友好哨音的觉察；使用劣质在线帮助系统的挫折感；新鲜烤苹果馅饼的香味；把车平稳地停放在狭窄的空间后的轻松感等。只有理解了这些体验，才可能更好地设计体验。

2.3.2 产品体验的研究体系

对产品体验的研究涵盖了对人们如何体验产品的所有方面：持久的、非持久的或虚拟的。从人、产品和交互三大方面切入，结合心理学应用，尝试从各种视角去理解交互感觉的形成机理、揭示产品对用户体验影响的规律，是产品体验研究的核心。

图 2-6 给出了产品体验的研究体系。

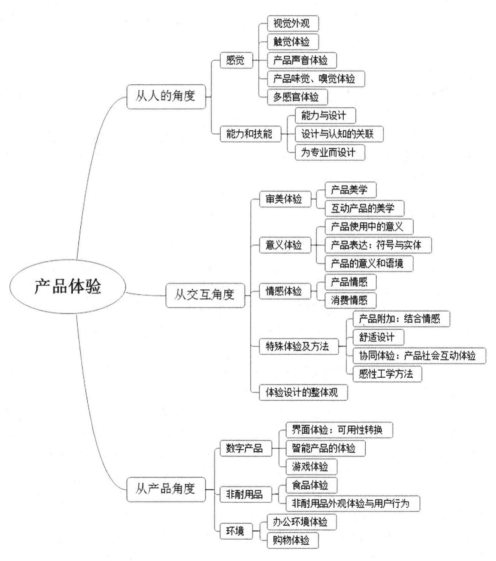

图 2-6　产品体验的研究体系

1. 从人的角度

这方面的研究注重考查产品的感觉及产品与人的能力、技能匹配两方面。前者包括产

基础篇　用户体验的科学基础

品的视觉外观、触觉、声音、嗅觉、味觉，以及多感官体验；后者关注人的能力与设计、设计与认知的关联，以及为专业而设计带给产品的体验结果等。

2．从交互角度

这方面的研究包括产品的审美体验、意义体验、情感体验、特殊体验及方法和体验的整体观。其中审美体验着重产品美学与互动产品的美学研究；意义体验包括使用中的意义、符号与实体的意义表达及产品的意义与语境；情感体验包括产品情感及消费情感；特殊体验及方法则涉及产品附加、舒适设计、协同体验和感性工学方法等；体验设计的整体观是从整体视角考察功能与表达之间的关系，认为成功的体验设计是当工具被激活时，其功能指示就消失在它的感官品质和空间形态中，即形式表明功能，这给人一种整体的感觉和良好的体验方式，是隐喻手法的应用。

3．从产品角度

这方面的研究包括实物产品、数字产品、非耐用品的交互体验，以及各种空间、社会文化环境对用户行为的影响。

对产品体验的研究不仅架起了心理学中几个研究领域之间的桥梁(例如知觉、认知和情绪)，也将这些领域与更为实用的科学领域联系了起来，例如产品设计、人机交互、工艺与新材料，以及市场营销等。

2.3.3 产品体验研究的学科构成

产品体验研究处于若干学科的交叉点。对这些不同学科的了解，有助于人们弄清楚人与产品之间的相互作用的很多问题。譬如人们是如何利用自己的感官体验产品的？是如何理解产品的使用的？为什么喜欢某些产品而不喜欢其他产品？凭什么认为产品是聪明的、愚蠢的或是豪华的？产品唤起的记忆、联想和情感是什么？人们因何与产品建立了联系？这些问题的答案离不开心理学和应用学科的知识。大多数应用学科在社会和行为科学方面有自己的传统，例如心理美学、人的因素、市场营销和消费科学等，而另一些则植根于自然和工程科学。这些学科共同确立了这个相对较新的研究领域——产品体验，形成了产品体验研究的学科构成，如图2-7所示。

哲学家和心理学家广泛地研究了人们对艺术作品的反应，以从中获得体验的线索。例如从哲学美学的视野看，美国哲学家约翰·杜威(John Dewey，1859—1952)的工作对产品体验领域的影响最大，在其《作为体验的艺术》(*Art as Experience*)中从现象学的角度分析了人的感受与艺术作品的关联。此外，自从心理学成为独立的学科领域以来，心理学家就一直对"对象"的审美和评价有着浓厚的兴趣。研究中，他们一般都在寻找支配人们感知的原则，通过运用更普遍的知觉、动机、认知和情绪理论来评估这些表现形式。最近，心理学家发现产品是一个有趣的、研究美学或快乐原理的主题，这就是产品体验。

传统的工效学或人因工程侧重于产品的可用性研究(产品本身就是一个经验目标)。长期以来，这些学科局限于产品理解中的知觉和认知，以及人体或运动技能和产品使用(或限制)过程，有必要进行拓展。譬如在感知系统和它们与产品交互的方式、认知能力及其与产品互动的影响，以及影响交互的人类运动能力和技能等方面，都亟须引入更先进的研究技术和方法。进入 20 世纪后期，人因工程的学科也开始越来越多地关注使用产品所产生的其他主观经验，包括对满意度、乐趣、舒适性和便利性等方面的研究。

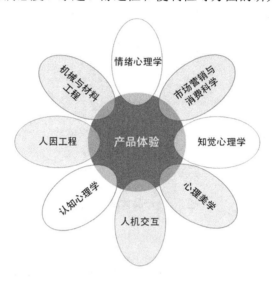

图 2-7 产品体验研究的学科构成

机械与材料工程学科已经从专门关注工件的技术/物理特性及其对耐久性、可靠性、生产和产品的技术表现的影响，发展到了对产品特性、知觉以及其他意义和美学方面主观反应的建模。这一转变在 20 世纪 70 年代出现在日本的工程学分支——感性工学中，表现最为突出。技术驱动的研究主要集中在融合使用新技术、创造对潜在用户有益的产品。这方面的研究主要包括数字技术和智能技术在人机交互中的应用等。设计者感兴趣的是探索这些新技术可以创造的新功能和新交互方式的可能性。此外，在人机交互领域也开始了从可用性研究到用户体验研究的转变，出现了对体验的不同看法，例如存在、乐趣、信任或参与。机电一体化产品的交互、功能界面、智能化产品以及计算机游戏的体验等，都是技术驱动带来的新的研究热点，其体验也都各具特色。

市场营销与消费科学研究如何有效地将产品销售给顾客。习惯上，营销人员可以利用营销组合中的四个工具将产品以一种赚钱的方式推向市场：产品、价格、推广和分销。营销中对产品体验的研究通常侧重于对实物产品或服务的主观评价。这可能涉及与商店中产品的初次相遇，或在产品使用过程中的重复遇见。在消费者研究领域，重点已经从着重实用价值和价格信息处理方法，转向了与产品消费相关的情感体验。

2.4 产品体验三要素

尽管在现象学上体验被作为一个整体来对待，但至少可以从中识别出产品体验的三个主要成分，这就是荷兰学者皮特·德斯麦特(Pieter Desmet)和保罗·海克特(Paul Hekkert)提出的美学体验(Aesthetic Experience)、意义体验(Experience of Meaning)和情感体验(Emotional Experience)。他们认为产品体验是由用户与产品交互诱发的所有效果，包括感官得到满足的程度(美学体验)、附加在产品上的意义(意义体验)及引起的感觉和情绪(情感体验)。我们把美学体验、意义体验和情感体验称为产品体验的三要素，如图2-8所示。

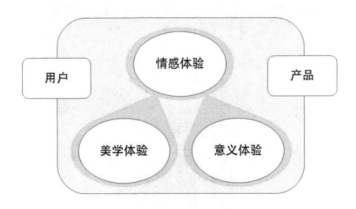

图 2-8　产品体验三要素

2.4.1　美学体验

美学体验是指感官的满足或感觉上的愉悦。"Aesthetics"一词源自希腊语"αισθητική"，指感官的感知和理解或感官的感受。早在18世纪，德国哲学家亚历山大·鲍姆加登(Alexander Gottlieb Bamgarten，1714—1762)率先提出了"美学"一词，其《美学》(Aesthetica)的出版，标志着美学作为一门独立学科的诞生。鲍姆加登认为美学是研究感觉与情感规律的学科，将美学定义为感官的满足和感觉愉悦，例如美学判断、美学态度、美学理解、美学情感和美学价值等，都被认为是美学体验的有机组成部分。尽管人们也去体验自然或人的审美，但美学更多的是与艺术特别是视觉艺术相关联。研究表明，美具有客观社会性、个别形象性、感染性和社会功利性等几个相互联系、不可分割的特征。

产品的美学体验贯穿于人们与艺术作品或产品交互的整个过程(见图2-9)：首先是观察者对艺术作品的知觉分析，将其与先前经验对比，并将作品分类为有意义的类别；接下来是对作品的判断和评价；最后得到审美评价和美学情感。在这些自动过程中，知觉在起作用；知觉系统对结构的检测和对作品新颖性、熟悉性评估的程度决定了产生的情感，这些阶段就是常说的感官快乐(或不愉快)；而在后期，认知和情感过程进入体验。

任何形式的体验，例如对产品、艺术品、风景或某个事件的体验，都可以是审美的一部分，但作为一个整体的体验不是审美的，因为除了审美部分，典型的体验还包括理解和情感经历。虽然构成体验的这三个部分在概念上是不同的，但它们互相交织、互相影响，有时很难加以区分。习惯上，经历是感官的愉悦、有意义的解释和情感参与的统一，人们也把这种统一笼统地称作体验。产品美学体验的特征是以对物体的感官感知为基础的快感(或不愉快)，不仅包括优雅的外观、令人愉悦的声音和舒适的触感，甚至也包括闻上去不错的气味。知觉系统通过检测产品的结构、次序、一致性以及对产生情感的新颖性和熟悉性的评估来确定美的程度。当然，对产品的美学体验的研究不只仅仅局限于视觉的范畴，也拓展到了对其他产品美学形式的探讨。例如"交互美学"着重使用的完美，研究如何使用户与产品进行物理交互时获得美好的体验，特别关注交互的触觉和动觉方面，提出了审美互动设计的概念(Design for Aesthetic Interactions)；另一些研究则关注交互中用户的感知运动技能(Perceptual-motor Skills)，以实现丰富的感官体验层次和更多的动作可能性。

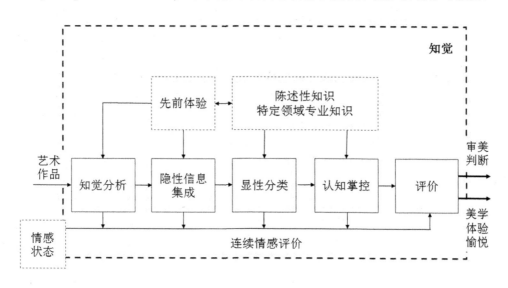

图 2-9　产品美学体验的过程

在方法上，产品的美学体验设计存在着以下和谐的美学愉悦原则。

原则一：利用最少的手段实现最大的效果。只要确保效果的影响力，并在"少即多"原则下评价所用手段的数量，结果的美学吸引力就会得到认可。

原则二：变化中的一致性和其相关的分组、对比、闭合性和隔离的分类原则，敏感性是其关键。有时只有具备足够敏锐的洞察力才能察觉到隐藏起来的结构。

原则三：非常先进，而又受欢迎(Most Advanced, Yet Acceptable，MAYA)原则。该原则易于看到人们对创意性和典型性上的偏好，常常会导致个体的差异。

原则四：适当性或适合性，也称匹配性原则。当所有的成分适当且被大众认可时，一致意见就会形成，否则就会产生分歧。例如在其强度上，一个产品的美学成分可以是适当的，但是当说到它的语义意义时，就有可能是不适当的。

2.4.2　意义体验

意义体验也就是对产品的经验，可视为个体感觉与知觉的整合。通过诸如解释、回忆和关联等认知过程，人们有能力识别隐喻、赋予产品人性化或其他解释性的特征，并评估产品的个性或象征的意义。早期认知语言学把意义看成是"心智"的"自动/自主"构建，且和"身体"本身的感知——运动活动毫无关联。20 世纪 80 年代，美国认知语言学创始人之一乔治·拉考夫(George P. Lakoff)的成果颠覆了语言学界传统的看法。他认为意义植根于人类与其环境之间的互动，其本质是对互动经历的体验，即意义不仅和身体所经历的感知——运动活动有关，且受制于这些活动；意义源于"身-心"一体化方式，它既不是"心理"的自发构建，也不是身体的机械产品，而是人们居住于世界的方式。基于此，马克·约翰逊(Mark L. Johnson)提出了"意义体验论"，主要观点如下。

(1) 意义与人类及其所处环境之间的各种互动相关。

(2) 在某些更广的、连续的经历中，某个特定维度的意义是那个维度与过去、现在或者未来(可能的)经历的其他部分相联系的方式。意义是相对的；意义关涉的是一件事情、一种质量或者一个事件和其他事物的关联；意义是人们居住于世界的各种方式的演进和发展。

(3) 有时候，意义是以概念或者命题形式编码的，但这仅仅反映了意义的一个方面，即其在连续的、无意识的过程中被意识到的可能性更强、选择性也更强的一方面。

(4) 意义处于一种经验流之中，是生物机体与其环境互动的结果。意义"自下而上"地经历多种由简到繁的组织活动层次而产生，但它不是非体验性心智产生的结构。虽然也存在一种"自上而下"的对何谓有意义以及如何才有意义的塑造和限制，但其在起源上还是"自下而上"的。

"意义体验论"本质上是一种非一维的、非简化主义的，且非二元对立的意义观，是对认知语义学的补充和发展。认知语义学在兴起之初，以颠覆性的面目示人，其针对的是当时语言学界"正统"的语义研究方法。今天，认知语义学方法论正在慢慢演变为语义学研究的"新正统"。

产品的意义体验源于对产品的认知，与语义和符号关联有关，这也称作"语义解释"和"符号联想"。人们总试图理解产品是如何运作的或提供什么样的动作行为，同时也将各种表达性、语义性、符号性或其他隐含的意义赋予了它；与产品的交互可以帮助一个人达到目标或阻碍他或她达到这个目标，从而导致各种情绪反应。对产品意义的研究不仅包括上述内容，也包括对由一些典型的形容词所限定的具体体验状态的研究，例如舒适(不舒适)、参与、品质或附件等。所有这些构成了产品意义体验研究的内涵。日常生活中，意义体验的例子有很多，例如讨价还价就是最常见的在交换价值之上附加意义价值的形式。研究还发现，与具有不同于用户个性的产品特性相比，用户更愿意接受那些与其个性特征相似的产品。

2.4.3　情感体验

情感体验通常指日常的爱与憎恶、恐惧与期望等情绪现象，是由感性带动心理变化的体验活动。心理学中，情感或情感状态一般是指所有类型的主观效价体验，即体验涉及感知的好坏、愉快或不愉快；实证研究中，效价往往被用来以双极性维度描述和区分情感状态。古希腊先哲亚里士多德对情感的定义是：嗜欲、愤怒、恐惧、自信、妒忌、喜悦、友情、憎恨、渴望、好胜心、怜悯心和一般伴随痛苦或快乐的各种感情。近代研究通常把情感(情绪)分为快乐、悲哀、愤怒、恐惧四种基本形式。

(1) 快乐：是指盼望的目标达到或需要得到满足之后、解除紧张时的情绪体验。

(2) 悲哀：是指与所热爱的对象的失去和所盼望的东西的幻灭相联系的情绪体验。

(3) 愤怒：是由于外界干扰使愿望实现受到压抑、目标实现受到阻碍，从而逐渐积累紧张而产生的情绪体验。

(4) 恐惧：是有机体企图摆脱、逃避某种情景，而又苦于无能为力的情绪体验。

与个体情感相应，高级的社会情感，是由人的社会性需要是否获得满足而产生的情感，主要有道德感、理智感和美感。

愉悦的情感能将人吸引到有益的产品，而不愉快的情绪会使人远离有害的物品。认知鉴别论(Appraisal Theory)指出，情感是由对事件或状态潜在的益处或害处的评估而引发的，它是对事件(或产品)的解释，而不是事件本身。与流行的认识不同，情感常常是自动的、无意识的认知过程的结果。鉴别是一个评估过程，它判断个体所处的状况是否具有相关性，如果是，就去辨别这一相关性的本质，并产生相应的情感。例如人们在得到一个手机时会感到快乐，是因为这有助于同朋友保持联系；对一辆新车充满期望，是因为这能满足流动性需求等。美国学者詹姆斯·拉塞尔(James Russell)将情感维度和生理觉醒相结合，构造了一个二维圆盘模型(见图 2-10)，并提出了"核心情感(Core Affect)"的概念。他认为核心情感的体验是这两个维度的一个单一的积分，对应着图 2-10 所示环形结构中的一个位置。核心模型横坐标代表用户的情感效价，从不愉悦的到愉悦的；纵坐标代表的生理唤醒程度，从平静的到活泼的；沿轮盘周向分布的是用户与产品交互中的各种情感反应。

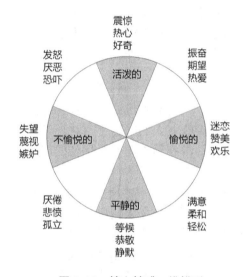

图 2-10　核心情感二维模型

产品通过与用户的交互，其外化的色彩、形态、气味与其内化的韵律、对比、隐喻等特征共同作用于产品的情感体验；由于人类情感的复杂性，产品的情感体验也注定是多种因素综合、共同作用的结果。

2.4.4　体验三要素之间的关系

尽管产品体验的三要素，即美学、意义和情感体验在概念上是不同的，但它们其实又是相互交织在一起，在现象学层次上是很难区分开的。换句话说，感官愉悦、有意义的理解和情感关联的综合统一是不可分割的整体，特定的体验可能会激活其他层次的体验。

1. 意义与情感

在认知鉴别论的基础上，荷兰学者皮特·德斯麦特提出了产品情感的基本模型，这一模型适用于人机交互中所有可能的情感反应。该模型确认了情绪诱发过程中三个关键的变量，即关注(Concern)、刺激(Stimulus)和评估(Appraisal)。他指出情感来自基于个体关注的、对产品是否有益或有害的评估，也即用户的主要目标、动机、福利或其他敏感的东西，产品只有在个体关注的情境下才与其情感发生关联。一些关注是带有普遍性的，例如对安全和对爱的关注；也有的关注是与文化和情境无关的，例如天黑前回家或在电影院为朋友订个好座位等。

在意义的层次上，可以认识隐喻、赋予个性或其他表达特征，并评估产品的个性或象征意义。例如一辆汽车模型可以像鲨鱼、泰迪熊，象征怀旧的价值；一台笔记本电脑可以是订制的、男性风格的、老式的、优雅的等。这种体验的意义成分可以引起情绪，因为产品的意义可以因个人的关注不同而被评价为有益或有害的。不同的人群，会给特定的产品赋予不同的意义，其情感反应也很可能是大不一样的。例如对不锈钢厨房用品的感觉是现代、高效的人，会被其吸引；而对此感觉是冰冷、非人性化的人，则会产生不满。与其他意义一样，关系意义可以与实际设计联系起来(如材料和造型)，也可以成为价格、广告、其他人的评价和使用前体验的决定因素。此外，意义也与预期使用所引起的情绪有关。人们总是对拥有或使用产品的后果有一定的期望，例如人们可能会被一只专用笔所吸引，因为这能使其与众不同。在这种情况下，独占的意义诱发了感情。

2. 审美与情感

审美体验包括快乐和不快乐，人们的动机通常是寻找能提供快乐的产品，避免那些不愉快的产品。市场上产品的设计影响着人们的感官，这也带来了各种各样的情感反应。比如一段感人的音乐催人泪下、一件没有预想的那般优雅的产品带来的失望，以及对美味食物的欲望。

对美的评价可以引发情感。一些学者认为审美体验是一种特定类型的评价，也称为"内在愉悦的评价"。它评估一种刺激是令人愉悦的、还是痛苦的，并确定基本的愉悦反应。例如鼓励接近的喜欢的感觉，以及导致避让或退出的不喜欢的感觉。这些利害关系通常被称为情感倾向、观点、品位或态度，都是相对持久的、带有情感色彩的信念、偏好、对某物的倾向、对人或事件的看法。例如偏爱甜味、厌恶辣味等都是倾向的例子。这种倾向具有清晰的进化逻辑，可以随着与物质世界的互动而发展。审美体验也具有某些共性，与是否将其看作情感或是情感的一部分无关。例如审美体验都是局限于此时此地的经验，一旦交互结束，体验也就随之终止。审美体验的共同之处还在于，它们都是独立于人的动机状态而引起的(即特定的目标或动机)。此外，在关注点相互冲突的情况下，审美有时可能会导致相互矛盾的情绪。有时候一种内在的愉悦的产品也会阻碍目标的实现。比如巧克力蛋糕虽好吃却会阻碍我们达到减肥的目标，由此产生的体验既有愉快的，也有不愉快的情感反应。

2.4.5 个体与文化差异

不同文化背景的人对给定产品的反应是不同的。体验不是产品的属性，而是人与产品交互的产物，因而它取决于用户在交互中所带有的习惯和性格特征。由于人们在关切、动机、能力、偏好、目标等方面可能彼此不同，所以其对给定事件的情感反应也不尽相同。比如，研究发现个人的生活价值观和汽车设计所引起的情绪反应之间存在着某种关联。在文化研究的背景下，产品体验和价值观之间的关系尤其有趣，因为内隐和外显价值常被视为文化的决定因素；在对由汽车设计引发的情感反应研究中，也发现了同一文化和文化之间情绪反应的差异。虽然这些研究表明文化和经验之间存在着关联，但其精确的关系仍然没有定论。与体验一样，文化也是一个复杂的、层次化的构建。有学者提出了文化的三个结构化层次，即外部的、有形的和可见的"外部层次"；人类行为、仪式及以语言文字形式描述的规章性的"中间层"；与人类意识形态相关的"内在层次"。鉴于产品开发和营销明显具有全球化的趋势，这些文化层次中的每一个都有可能影响到对产品的体验，其影响程度将会是产品体验研究议程中一个有趣的话题。

思　考　题

1. 试述菲利普·科特勒的产品的层次的两种定义，并阐述两种产品层次划分的关联与异同。

2. 试述产品的可接受性，并分析其构成。

3. 什么是产品体验？试述产品体验包含哪几个方面，并分别论述各方面的内涵。

4. 试述文化差异对产品体验的影响，并举例说明。

5. 以电冰箱产品为例，试分析其产品构成的层次(三层或五层)都包括哪些方面？

6. 试自选一款电子产品，结合产品体验和产品构成的层次理论，分析并提出通过体验设计提升其销量的方法与步骤。

基础篇　用户体验的科学基础

第 3 章

环 境 因 素

　　环境中的种种因素影响着每个人的生存。环境的作用也体现在对交互的体验上，很显然，即使对同一产品来说，使用环境的差异也会导致用户体验的不同。了解环境的构成、研究方法及其与交互的关联作用，对开展优良的用户体验设计具有积极的意义。

3.1 环境的定义

环境是指与体系有关的周围客观事物的总和。这里，体系是指被研究的对象，即产品或服务，也称中心事物。环境是相对于中心事物而言的，它随中心事物的变化而变化；二者之间既相互对立，又相互依存、相互制约、相互作用和相互转化，是一对对立统一体。

环境可以按不同的方法进行分类。按主体，环境可分为人类环境和生物环境；按空间规模，可划分为星际环境、全球环境、区域环境、室内/外环境等。人类环境按其成因，又可分为自然环境和人工环境；文化和社会环境是人工环境的一部分(见图 3-1)。就用户体验的研究范畴来看，环境是以人类为主体、与人类活动密切相关的外部世界，包括自然环境和人工环境。

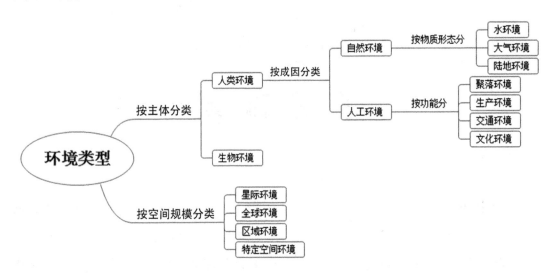

图 3-1　环境按不同方法的分类示例

3.1.1 自然与人工环境

1. 自然环境

自然环境是指人类赖以生存、生产和生活所必需的自然条件和自然因素的总和，包括太阳辐射、温度、气候、地磁、空气、水、岩石、土壤、生物(动植物和微生物)，以及地壳的稳定性等自然因素。换言之，自然环境是直接或间接影响到人类的一切自然形成的物质、能量和自然现象的总体。按物质形态，自然环境可划分为水、空气和陆地环境。自然环境是一切生物赖以生存的物质基础，而生物的活动又影响着自然环境。自然环境各要素之间相互影响、相互制约，通过物质转换和能量传递而密切地联系在一起(见图 3-2)。同时自然环境也是社会文化环境的基础，而社会文化环境则是自然环境的发展。

生态是指生物(包括原核生物、原生生物、动物、真菌和植物五大类)之间和生物与周围环境之间的相互联系、相互作用。从生态系统看，自然环境可分为水生环境(水环境)和陆生环境(陆地环境)。水生环境包括海洋、湖泊、河流等水域,按化学性质又分为淡水环境和咸水环境。陆生环境包含山川、草原、荒漠和高原等陆地,其范围小于水生环境,但其内部的差异和变化比水生环境大得多。这种多样性和多变性的条件,促进了陆生生物的发展。就目前掌握的资料看,陆生生物种属远多于水生生物,并且空间差异很大。陆生环境是人类居住地,生活资料和生产资料大多直接取自陆生环境。因此人类对陆生环境的依赖和影响亦大于对水生环境的依赖和影响。生态环境是指具有一定生态关联构成的系统整体,是自然环境的一种。生态环境与自然环境是两个在含义上十分相近的概念,但严格说来,生态环境并不等同于自然环境。

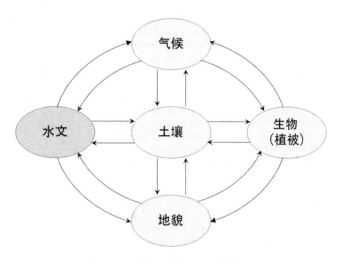

图 3-2　自然环境要素及其关系

　　从人类对它们的影响程度以及它们所保存的结构形态、能量平衡来看,也可把自然环境分为原生环境和次生环境。原生环境受人类影响较少,那里的物质的交换、迁移和转化,能量、信息的传递和物种演化基本上仍按自然界的规律进行,如原始森林地区、人迹罕到的荒漠、冻原、大洋中心区等。次生环境是指在人类活动的影响下,其中的物质的交换、迁移和转化,能量、信息传递等都发生了重大变化的环境,如耕地、种植园、城市、工业区等。

　　2. 人工环境

　　人工环境是指由于人类活动而形成的环境要素,包括由人工形成的物质能量和精神产品及人类活动过程中所形成的人与人的关系,后者也称为社会环境。人工环境是与自然环境相对应的概念。狭义的人工环境,是指由人为设置边界面围合成的空间环境,包括房屋围护结构围合成的民用建筑、室内/外环境、生产环境和交通工具外壳围合成的交通运输环境(车厢、船舱、飞行器环境)等。广义的人工环境,是指为了满足人类的需要,在自然物质的基础上,通过人类长期有意识的社会劳动、加工和改造自然物质、创造物质生产体系、积累物质文化等活动所形成的环境体系。从功能上看,它包括了聚落环境、生产环境、交通环境、文化和社会环境等。人工环境也可以按其空间特征或人的控制程度来进行分类。例如按空间特征,人工环境可分为点状环境、线状环境和面状环境。点状环境:如城市、乡镇等。线状环境：如公路、铁路、航线等。面状环境：如农田、人工森林等。按人对其控制程度，人工环境可分为完全人工环境和不完全人工环境，前者包括汽车、飞行器等人造物，后者包括居住环境、公园景观等(见图3-3)。

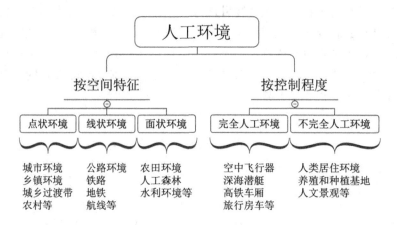

图 3-3　人工环境分类示例

值得注意的是，随着技术进步，网络空间、虚拟现实(VR)等新的环境形态，也可以被看作是人工环境的一部分。

3.1.2　社会环境

社会环境泛指人类生存及活动范围内的物质、精神条件的总和，包括经济基础、城乡结构及与各种社会制度相适应的政治、经济、法律、宗教、艺术、哲学的观念与机构等。社会环境包含了文化环境，是人工环境的重要组成部分。社会环境是人类在长期生存、发展的劳动中所形成的，也是在自然环境的基础上，通过长期有意识的加工和改造了的自然物质、所创造的物质生产体系以及所积累的物质和非物质文化的总和。群族的历史、地理、风土人情、传统习俗、工具、附属物、生活方式、宗教信仰、文学艺术、规范、律法、制度、思维方式、价值观念、审美情趣和精神图腾等内容，也称为人类文化，是智慧群族的一切群族社会现象及群族内在精神的既有、传承、创造和发展的总和。

按所包含要素的性质，通常把社会环境的内容分为物理社会环境，包括建筑物、道路、工厂等；生物社会环境，包括驯化、驯养的植物和动物；心理社会环境，包括人的行为、风俗习惯、法律和语言等。也有学者按环境功能把社会环境分为聚落环境，包括院落环境、村落环境和城市环境；工业环境；农业环境；文化环境和医疗休养环境等。社会环境一方面可以对人类社会进一步发展起促进作用，另一方面也可能成为束缚因素。例如近代环境污染的加剧正是由于工业粗放式发展所造成的后果，直接影响到了人民的生存和健康。

与产品使用的物理小环境相比，社会环境是一个更为宽泛、包罗万象的范畴。它通过间接、非物质化和潜移默化的形式作用于人们的日常生活，影响着体验的结果。不同社会阶层的用户对产品的品牌、品质的偏好、价值期望也有显著的不同，这直接影响到对产品的偏好；用户所处社会群体的不同，也会影响到对特定产品的评价和感受。例如巴黎时装对平民阶层来说，可能意味着贵、不合时宜、价格虚高，但对演艺明星来讲可能意味着个性、独特、身份地位的象征、物有所值；至于穿在身上的效果，则是因人而异、见仁见智的另一个话题了。

本书中所指的环境包含了自然环境、人工环境和社会环境三个部分。尽管社会环境也是人工环境的一部分，但由于其蕴含的非物质、精神文化层面的属性更为显著，所以将其作为与人工环境的物质属性相对应的非物质属性来看待，更有利于厘清各要素的作用。

3.2 人-环境交互及其特点

心理学研究认为个体的功能及其发展并非独立于其所处的环境，人与环境构成了一个整合、复杂和动态的系统；个体是一个积极和有目的的部分，其功能也表现为一个动态、复杂和整合的过程，该过程虽有规律可循，但无法做出精确的预测。以心理学科学性的标准来看，不在于对个体跨情境的行为能做出多么精准的预测，而在于可以对个体的功能及其发展过程做出多么完美的理解和解释。据此，心理学的科学目标被认为有两个：一是找出在人的功能及其发展中起重要作用的因素；二是发现并理解这些因素起作用的机制及其发展规律。

3.2.1 环境在个体功能发展中的作用

关于环境在个体功能进化中的作用，当前在心理学领域占主导地位的经典交互作用论认为：个体与环境并非两个独立的实体，两者的关系也不是单向的因果关系，个体及其情境构成了一个系统的整体，其中个体的功能是一个积极、有目的的动因；因果关系的主要特点是双向的，而非单向的。与经典交互作用论的解释不同，瑞典心理学家戴维·马格努森(David Magnusson)和黑肯·斯塔廷(Hakan Stattin)主张整体交互作用论，认为个体是作为一个整合的机体起作用和发展的；个体当前的心理、生物和行为结构中的功能及其发展变化是一个复杂、动态的过程；个体的功能及其发展过程是个体心理、行为和生物三方面与环境的社会、文化和物质三方面连续的交互作用过程；包括个体在内的环境的功能和变化是社会、经济和文化因素之间连续的交互作用过程。

可见，整体交互作用论与经典交互作用论的界限并不十分明显。前者可以看作是后者的扩展，而后者则是前者的基础，具体表现在整体交互作用论更强调个体功能和整个人-环境系统的整体性和动态性，突出强调了两类交互作用过程，即人与情境连续的、双向的交互作用过程及个体内部的心理、生物和行为之间连续的、双向的交互作用过程，并将个体的生物过程和外显行为明确纳入系统整体之中。

3.2.2 人-环境交互作用的特点

无论是经典交互作用论，还是整体交互作用论，都属于采用人的方法对人-环境交互作用的解析。所谓人的方法，是指从对所要研究的现象进行仔细分析着手，把研究结果放到一个更大的结构、过程和系统中来理解和解释，以强调个体功能及其发展对社会、文化和物理环境的紧密依赖关系的研究方法。它有两个视角，即共时性视角和历时性视角，前者是根据个体当前的心理、行为和生物状态来分析和解释个体何以表现出某种功能行为；后者则是根据个体的发展史来分析和理解个体当前的功能作用。人-环境交互作用具有以下特点。

1．整体性

心理测量的间接性决定了心理变量(心理结构)在本质上是一种假想的结构，人们可以认为个体在这些假想的结构中具有某种特征、存在个体差异，但实际上这些"独立的"结构本身根本就不是独立存在的，它们只是反映了整体的某个(些)方面，是研究者出于研究的便利，从个体具有的整体性结构和功能中抽取出来的。因此，对这些变量的作用及其作用方式的分析和解释，必须放到其所属的子系统或整体系统中加以考察，因为个体、环境和人-环境系统是一个有组织的整体，它们作为一个整体发挥各自的功能，且个体和环境中的相关方面的结构和过程也将表现出一定的模式。

2．时效性

时效性也称时间性，是整体交互作用论特别强调的交互作用的过程属性。因此，时间也就成为个体功能的结构和过程模型中的一个基本要素。这里的过程可以理解为相关或相互依赖事件的连续的流(Flow)，其时间特点与系统的水平有关。一般而言，低水平系统过程所需要的时间要短于高水平系统所需要的时间。这也意味着作为成熟和经验结果的个体的结构和过程，其变化的速度随系统、特别是子系统水平的特点而变化。

值得指出的是，这种对系统时间性的重视，与当前认知心理学对反应时[①]技术的推崇有着完全不同的意义。后者试图将某一认知过程"肢解"，而前者却专注于对多结构、多过程、多系统之间及其内部交互作用过程的动态性加以描述和解释。

3．结构和过程的质变

个体的发展并不是一些元素附加到已有元素的简单累积过程，也不是相同元素的简单叠加，而是一个在子系统和整个系统水平上的连续的结构重组过程。某个子系统中某方面结构的变化将影响与其相关的部分，甚至会对整个系统产生影响。从结构和过程更一般的水平上看，个体水平上的结构重组隐含在整个人-环境系统的结构重组中，前者是后者的一部分。因此，个体的发展意味着对现有结构和过程模式的重组、并产生新的结构和过程。

4．交互作用的动态性

动态性是所有有机体在所有水平上都具有的特点，具体表现为以下两个方面。

(1) 交互性。从分子之间到社会化过程中人与人之间的互动，无一不具有双向影响的特点，而且这种交互作用是一个连续的环(Loop)。比如个体功能的知觉、认知、情绪和行

---

① 反应时(Reaction Time，RT)，也称反应时间、反应的潜伏期。它不是指执行反应的时间，而是指从刺激施于有机体后到明显反应开始的时间。在反应的潜伏期中包含着感觉器官、大脑加工、神经传入传出以及肌肉效应器反应所需的时间。反应时是心理实验中使用最早、应用最广的反应变量之一。

为与对环境的知觉和解释就是一个连续作用的环。在这个连续交互作用过程中，心理因素可以作为原因变量起作用，但生物因素又可以影响心理因素。

(2) 非线性。美国心理学家约翰·华生(John Broadus Watson，1878—1958)所倡导的S-R(刺激-反应)公式以及当前学界普遍信奉的心理变量之间存在的线性关系之所以不能对个体的行为做出较好的解释，原因就在于大多数心理过程都具有非线性的特点，而且这种非线性存在着极大的个体差异。其实，这种非线性恰恰是由于心理的多系统、多层次、多序列的特点所决定的。

5．组织性

在任何一个系统或子系统中，心理过程总是被有规律地组织起来，并通过同时起作用的诸多因素、组织成一定的模式来发挥作用，这就是组织性。个体差异和环境的组织性是其两个重要的方面。

(1) 个体差异。首先，在各子系统内，不仅仅是起作用的因素，而且包括子系统本身在内，其组织性和作用的方式也存在着差异。因此，可以根据子系统内起作用因素的模式和起作用的子系统的模式来描述其组织性。例如德国学者玛吉特·格拉默(Margit Gramer)和黑尔姆特·胡贝尔(Helmuth Huber)根据被试者在压力情境下的收缩压、舒张压和心跳的不同模式值(而不是单个变量之间的差异)，对被试者加以分类，深化了研究。为了使子系统在总体中发挥作用，在某子系统中起作用的因素被组织成模式的方式，各子系统又被组织成整体模式的方式，这对要素数目有限的系统是很有效的。

(2) 环境的组织性。物理和社会环境存在着结构性和组织性的特点，其中包含两个水平：物理和社会环境的组织性。例如年龄、性别和社会阶层内部就存在一定的组织性。被个体所知觉和解释的环境的组织性，如家庭、同伴关系和其他一些社会网络也存在组织性的特点。

6．过程的整合性

既然人-环境系统是一个整合的系统，那么在该系统的所有过程的所有水平上，各部分的功能就应该是协调的，为其所属的(子)系统的总目标服务，由此产生"整体大于部分之和"的功效。

7．最小值的放大效应

最小值的放大效应(Amplification of minimal effect)，这一特点强调个体的发展对初始条件的敏感性，它类似于混沌理论中的"蝴蝶效应"，即在动态和复杂过程的长期发展中，一个似乎很小、可以忽略的事件却产生了长期、有时是巨大的影响。在心理学上，放大效应指的是个体边际的越轨行为或表现未被判断为正常而导致的长期效应。这种边际的越轨行为可能是由于近端的社会环境引起的——通过个体与环境的多次互动，双方的反应越来越强烈，发生"共振"，从而导致对个体发展带来长期的、影响巨大的后果。

3.3　人-环境交互作用模型

人类在环境中所做的各种各样的活动，往往是先有意识而后产生行为。换句话说，人类有意识而行使的行为，其行为才具有意义。人的意识、行为及环境之间存在着的这种互动关系，导致了个体在体验上的差异。

图 3-4 所示为环境行为研究的概念模式。该模式反映了人的意识、行为以及环境之间的相互作用：环境会影响到身处其中的人的意识；意识又通过指导行为去改变环境；在新的环境下，又有新的意识产生。同时模型也显示，环境、意识和行为的相互作用是双向的，具有互动的特点。在实证研究方面，美国学者丹尼尔·斯托克尔斯(Daniel Stokols)依人类由一般性的环境到特定环境情景互动的本质，提出了人-环境互动模型，对人与环境交互的类型进行了细分。该模型有两个基本维度，即交互作用的认知和行为模式以及作用和反作用类型。将两个维度的分类两两匹配，就获得人-环境交互作用的四个模型：解释的(认知、作用)、评价的(认知、反作用)、操作的(行为、作用)和反应的(行为、反作用)模型，如图 3-5 所示。

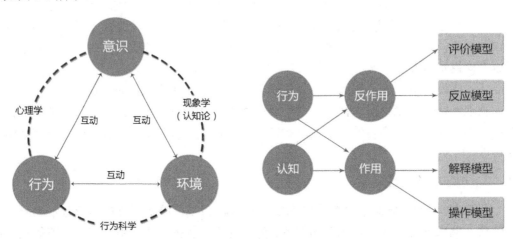

图 3-4　环境行为研究的概念模式　　　　图 3-5　人-环境交互作用模型

3.3.1　解释模型

解释模型与个体对环境的认知表征和结构有关，它涉及空间环境的认知表征、人格与环境等方面。长期以来，环境认知和环境知觉都属于环境心理学的基础研究内容，这方面的研究工作使大量的概念得到鉴别区分，例如环境认知与知觉、认知和情感过程、基本空间认知与宏观空间认知以及认知地图与认知图式等相近的概念；对人格与环境的研究，则关注特定个体在解释环境过程中独特组织的结构和表达。美国心理学家肯尼斯·克雷克(Kenneth Craik，1914—1945)指出，环境心理学中的人格研究至少有两个主要方面：一是环境倾向的概念和测量；二是利用已有的人格测验结果，来预测人们对物理环境的使用和改变及环境对人的影响。这里，环境倾向指的是个体对环境的偏好。

3.3.2　评价模型

评价模型是指人们针对预定的性质标准对情景进行的评价，包括以下两个方面。一是对环境的态度：对环境的态度的研究主要表现在公众对环境问题(如污染、资源损耗)的态度及了解和与改善环境条件有关的个体的态度、信念和行为的一致性程度；二是对环境的评价：环境评价不仅与人们对当时环境的态度有关，而且与其塑造未来环境的偏好有关。评价研究的一个基本假设是，人们根据环境质量的预定标准判断存在或潜在背景的适合度。随着公众对环境污染关注的增加，环境评价研究的范围也在扩展，但在评价的结果方面依然存在着个别和组别的差异。

3.3.3　操作模型

操作模型研究个体的活动对环境的直接影响，包括对与生态相关行为的实验分析和人类的空间行为，其中尤以人们的空间行为为重。空间行为的核心是如何运用空间来作为调整社会交互作用的方式，有四个基本方面，即私密性，指对他人靠近自己的控制；个人空间，指保持自己周围的区域不被侵入；领域，即个人化、所有权和被保护客体及其所属区域；拥挤，指减少与产生空间或者社会干扰的他人接触的愿望。

3.3.4　反应模型

反应模型研究环境对个体的行为和感觉的影响，包括物理环境的影响和生态心理学，关注环境压力源(如噪音、污染和高密度)、建筑环境(如房屋和城市设计)和自然环境(如气候和地形)中的行为对健康的影响及其后果等方面。

1．环境压力源

环境压力源研究中的一个主要方面是鉴别出调节压力源对人们产生影响的认知和心理因素。

2．建筑环境

建筑环境包括居住环境对人际关系的影响、空间的临近性对友情模式的影响等，如校舍的设计形式对拥挤感的影响。

3．自然环境

在环境心理学出现的早期，学者们很少注意到自然环境对人们行为的影响，但后来自然环境对人类行为的影响越来越受到广泛重视。例如，生态心理学中的基本分析单位是行为背景(Behavior Setting)，它强调特定的环境在人对环境的反应中所起的决定性作用。英国政治家厄内斯特·巴克(Ernest Barker，1874—1960)和他的同事鉴别出行为背景的诸多主要特征，提出了诸如行为模式、个人需求和物理环境等概念。他们发现，在某些活动中人员的过多或者不足都会对参加者的行为体验有直接且显著的影响。近年来也有研究建议，由于情境具有组织性、结构性和层次性的特点，因此，可以将不同水平的情境进行分类并划分为以下几个维度：即真实的物理和社会环境、作为信息和刺激源的环境、最佳的环境、长期影响事件与触发事件、重要事件、近端动态的人-情境系统和远端的环境、作为个体功能和发展阶段的环境等。对环境类型的划分，在某种意义上会影响人与环境交互作用研究的输出结果。

3.4 环境心理学简介

环境心理学(Environmental Psychology)是研究环境与人的心理和行为之间关系的一个应用社会心理学领域，又称人类生态学或生态心理学。这里所说的环境虽然也包括社会环境，但主要是指物理环境，如噪音、拥挤、空气质量、温度、建筑设计、个人空间等。环境心理学研究主要是为了使劳动者以积极的情绪、熟练的技术和改进操作方法，以防止生产事故的发生、提高工效；在人-机信息传递中，遵循人的心理活动规律，充分发挥主观能动性和创造性，避免单调、紧张、焦虑等环境不适反应，实现人与环境之间互动的最优化。

3.4.1 环境心理学的发展历史

1886 年，瑞士美学家和美术史家海因里希·沃尔夫林(Heinrich Wolfflin，1864—1945)在其博士论文《建筑心理学绪论》中，提出用心理学、美学的观点来考察建筑。德国包豪斯学院在魏玛时期(1919—1925)的校长汉斯·迈耶(Hans Meyer，1889—1954)也建议学习建筑心理学。这些都可以说是用心理学研究环境问题的开端。环境心理学一词最早出现在德国学者威利·海尔帕克(Willy Hellpach，1877—1955)于 1950 年出版的著作 *Geopsyche* 中，该书讨论了太阳和月亮对人类行为的影响、带来的极端环境的冲击以及色彩和外形的作用等问题。

20 世纪 60 年代初，从心理学角度对空间(环境)与人的相互作用的探索逐渐兴盛起来，有几个里程碑事件。1961 年在美国犹他州召开了第一次关于"建筑心理学及精神病学国际研讨会"，并出版了由罗伯特·凯兹(Robert Kates)和乔基姆·F. 伍尔威尔(Joachim F. Wohlwill，1928—1987)主编的《社会问题杂志》的论文专刊。1968 年，美国环境设计研究学会(Environmental Design Research Association，EDRA)成立，并举行了第一次年会。1969 年创刊了第一本以环境心理学为主题的科学杂志《环境与行为》(*Environment and Behavior*)。1970 年，由美国学者哈罗德·M. 普洛桑斯基(Harold M. Proshansky)、威廉姆·H. 伊特尔森(William H. Ittelson)和利安娜·G. 瑞文林(Leanne G. Rivlin)等共同编写的《环境心理学：人与他的自然环境》出版。1969 年英国也召开了首次建筑心理学国际研讨会，并在 1981 年成立了国际人与环境研究协会(International Association for the Study of People and Their Physical Surroundings，IAPS)。

进入 20 世纪 70 年代，人因(工效)学和工程心理学都得到了快速发展。工程心理学所研究的人与工作、人与工具之间的关系，推而广之，即成为人与环境之间的关系，环境心理学也由此开始了快速发展。在学术界，也有人把环境心理学看成是社会心理学的一个应用研究领域，这是因为社会心理学研究的对象是社会环境中的人的行为，而从系统论的观点看，自然环境和社会环境是统一的，二者都会对人的行为产生重要影响。

3.4.2　环境心理学研究的特点

作为一门边缘性和跨学科的领域,环境心理学的研究有以下特点。

(1) 具有浓厚的跨学科特性。它要从许多母学科中汲取知识和营养,如认知地图的研究要从格式塔心理学中汲取营养;环境-行为的研究借鉴了行为主义的理论和方法;儿童行为的研究则依赖于瑞士心理学家、儿童心理学和发生认识论的开创者让·皮亚杰(Jane Piaget,1896—1980)的理论等。

(2) 把环境和行为的关系作为一个整体来研究,即:

$$R=f(E, B)$$

式中:E 代表环境因素;B 代表用户行为;R 代表行为反馈与环境的交互作用;f 代表行为或反馈与环境因素之间的函数关系。

(3) 强调环境和行为交互作用的结果。

(4) 几乎所有的研究都以实际问题为取向。

(5) 研究方法以现场研究为主,实验室研究并不多,不仅带有很强的创新性和独创性,也表现出面向实际应用的导向。

从近年发展的趋势来看,环境心理学还具有另外一个重要的特点,就是其研究的主题一般具有很强的时代性和社会特色。

3.4.3　环境心理学研究的内容与方法

传统上,环境心理学主要研究物理环境对人心理的影响,如对人的行为、情绪和自我感觉的影响等。早期的研究主要是有关人工环境,如建筑物和城市对人心理行为的影响,特别是建筑环境导致的拥挤。例如美国社会心理学家斯坦利·米尔格拉姆(Stanley Milgram,1933—1984)所指的感觉超载(Sensory overload)。近代环境心理学的研究范围扩展到了自然环境对人的影响,例如丹尼尔·史托考尔斯把环境心理学的内容归纳为环境认知、人格与环境、环境观点、环境评价、环境与行为关系的生态分析、人的空间行为、物质环境的影响以及生态心理学等几方面。

从人的行为和环境交互作用的角度来看,环境心理学的研究内容可分为两大类:一是交互作用的形式,可分为认知和行为;二是交互作用的阶段,即人作用于环境和环境反作用于人。这些构成了现代环境心理学研究的基本内容。

环境心理学的具体研究方法主要有调查法、观察法、测验法、相关法、实验法、现场研究等。这些也都是普通心理学常用的研究方法,与体验设计中用户研究方法多有类似。

3.5　文 化 环 境

文化环境又称"文化内环境",属文化生态学概念,指相互交往的文化群体以此从事文化创造、文化传播及其他文化活动的背景和条件。

基础篇　用户体验的科学基础

3.5.1 文化因素

文化因素是社会因素的有机组成部分。广义的文化因素是人类作用于自然界和社会的成果的总和，包括一切物质财富和精神财富。狭义的文化因素是指人们在意识形态方面所创造的精神财富，包括宗教、信仰、风俗习惯、道德情操、学术思想、文学艺术和科学技术等，例如制度、宗族及艺术方面的小说、诗歌、绘画、音乐、戏曲、雕刻、装饰、服饰、图案等。北京的天坛，就是中国传统的建筑审美、皇权天授思想和卓越工艺技巧相结合的典型代表(见图 3-6)。图腾是记载神的灵魂的载体，也是一个民族的文化标志。它源自于古代原始部落迷信某种自然或有血缘关系的祖先、保护神等，进而用来作为本氏族的徽号或象征。龙是中华文化的符号象征，这一传说中的神兽经过文化的装点，被赋予了具有丰富内涵的具象。

思想和理论是文化的核心和灵魂，没有思想和理论的文化是不存在的。任何一种文化都包含其思想和理论，都是人类生存的方式和方法的客观反映。社会学家认为文化由六种基本要素构成，即信仰、价值观、规范和法令、符号、技术和语言。在对文化结构的解剖方面，学界有不同的说法，譬如二分说主张把文化分为物质文化和精神文化；三层次说，即分为物质、制度、精神三个层次；四层次说，即分为物质、制度、风俗习惯、思想与价值；而六大子系统说，则主张把文化划分为物质、社会关系、精神、艺术、语言符号、风俗习惯等几个方面。

图 3-6　建筑文化——北京天坛

广义的文化着眼于人类与一般动物、人类社会与自然界的本质区别，着眼于人类卓立于自然的独特的生存方式，其涵盖面非常广泛，所以又被称为大文化。广义的文化可分为物质(物态)文化、制度文化、行为文化和精神(心态)文化等四个层次。狭义的文化，排除了人类社会历史生活中关于物质创造活动及其结果的部分，专注于精神创造活动及其结果，主要是精神文化，又称"小文化"。1871 年，英国文化学家爱德华·泰勒(Edward Burnett Tylor，1832—1917)在其《原始文化》(*Primitive Culture*)中提出了狭义文化的早期经典学说，即文化是包括知识、信仰、艺术、道德、法律、习俗和任何人作为一名社会成员而获得的能力和习惯在内的复杂整体。一般来说，文化有以下特点。

(1) 超生理性和超个人性。超生理性是指任何文化都是人们后天习得的和创造的，文化不能通过生理遗传。超个人性是指个人虽然有接受文化和创造文化的能力，但是形成文化的力量不在于个人，个人只有在与他人的互动中才需要文化，才能接受和影响文化。

(2) 复合性。任何一种文化现象都不是孤立的，而是由多种文化要素复合构成的。

(3) 象征性。指文化现象总是具有广泛的意义，文化的意义要远远超出文化现象所直接表现的那个窄小的范围。

(4) 传递性。指文化一经产生就会被他人所模仿、效法和利用，这包括纵向传递(代代相传)和横向传递(地域、民族之间)两个方面。

(5) 变迁性与堕距(滞后)。变迁性是指文化不是静止不动的，是处于变化中的。一般认为大规模的文化变迁有三种因素引发：一是自然条件的变化，例如自然灾害、战争、人口变迁；二是不同文化之间的接触，例如不同国家、民族之间科学技术、生活方式、价值观念等的交流；三是发明与发现，各种发明、创造导致人类社会文化的巨大变迁。滞后性是指人类文化的各部分演变的速度往往不一样，导致各部分之间的不平衡、差距和错位。

3.5.2 文化功能与个体行为

文化功能也称文化价值，是指文化对个人(个体)、团体(群体)和社会等不同层面所起的作用。就个人而言，文化起着塑造个人人格、实现社会化的功能；就团体而言，文化起着目标、规范、意见和行为整合的作用；对于整个社会来说，文化起着社会整合和社会导向的作用。这三个层面的文化功能是互相联系的。从个体行为的角度来看，文化是由一个社会群体里影响人们行为的知识、信念、艺术、道德、风俗和习惯所构成的复合体。虽然在选择一个具体商品时，文化可能不是一个决定性因素，但它对该商品的用户体验及其能否在社会上被接受起着重要的作用。表 3-1 和表 3-2 分别给出了中、美两国文化的核心价值观及其对用户行为的影响。

表 3-1　美国文化的核心价值观及其对用户行为的影响

核心价值观	具体表现	对用户行为的影响
个人奋斗	自我存在(自力更生、自尊、自强不息)	激发接受"表现自我个性"的独特产品
讲求实效	赞许解决问题的举动(例如省时和努力)	激发购买功能好和省时的产品
物质享受	追求生活品质	鼓励接受方便和展示豪华的产品
自由	选择自由	鼓励对差异性产品的兴趣
求新求变	产品要更新、升级	鼓励标新立异
冒险精神	轻视平庸和懦弱，追求一鸣惊人	号召购买效果难以马上显示的产品
个人主义	自我关心、自尊自敬、自我表现	激发接受"表现自我个性"的独特产品

表 3-2　中国文化的核心价值观及其对用户行为的影响

核心价值观	具体表现	对用户行为的影响
集体主义、求同心理	合群精神，注重社会规范	用户较多地考虑社会的、习俗的标准，不喜欢脱离周围环境单独突出个人爱好的产品
勤俭节约	节制个人欲望，精打细算，知足常乐	偏好经久耐用、物美价廉的产品
家庭观念强	孝悌持家，敬老爱幼	鼓励接受适合整个家庭或老人、幼童需要的产品
稳重含蓄	内向、朴实、中庸之道	喜欢产品不过分标新立异，色调柔和、设计大方、庄重的产品
较保守	循规蹈矩、安分守己、不冒风险	固守品牌的概念

此外，作为文化的有机组成部分的亚文化对个体行为的影响也不容忽视。所谓亚文化，是指根据人口特征、地理位置、伦理背景、宗教、民族等对文化进行的细分。在亚文

化内部人们对待特定产品的态度、价值观和价值取向等方面与大范围文化的相比更加相似。亚文化的不同往往会导致个体对品牌偏好、功能需求、操作习惯、评判标准等产生明显的差异。

3.5.3　体验设计的文化因素分析

对体验设计来说，文化具有两重功效：一方面设计的行为受文化约束，设计的结果是文化的反映，而社会文化水平又制约着设计的结果，决定了设计的物质和非物质属性；另一方面，设计作为结果影响或创造了物质和非物质文化。设计带来的物质文明的提升，直接推动着人类社会文明整体水平的进步。一个为大众普遍接受的好的体验设计，需要以深入的文化因素分析作为基础，一般应从以下几个方面入手。

1．教育状况分析

受教育程度的高低，影响到用户对产品功能、款式、包装和服务的要求。例如，文化教育水平较高的国家或地区的用户通常要求商品包装或典雅华贵或环保自然，不仅需要从各方面展现产品的功能和品质，而且常常对附加功能也有较高的要求。

2．宗教信仰分析

宗教是构成社会文化的重要因素，对人们消费需求和购买行为的影响很大。不同的宗教有自己独特的对节日礼仪、商品使用的要求和禁忌；某些宗教组织甚至在教徒购买决策中有着决定性的影响。

3．价值观念分析

价值观念是指人们对社会生活中各种事物的态度和看法。不同的文化背景下，人们的价值观念往往有着很大的差异，对商品的色彩、标识、式样以及促销方式都有自己褒贬不同的意见和态度，这就需要在体验设计中兼顾用户不同的价值观念，提供相应的差异化服务。

4．消费习俗分析

消费习俗是指人们在长期经济与社会活动中所形成的消费方式与习惯。不同的消费习俗对商品的要求也不同。研究消费习俗不但有利于有针对性地去进行产品的体验设计、组织好生产与销售，而且有利于主动正确地引导健康的消费观念。了解目标市场用户的禁忌、习惯、避讳等是实现良好体验设计的重要前提。

文化因素就像是一只无形的手，潜移默化地左右着人们的行为与心理。在这个层次上探讨体验设计，其影响往往是深远的。所以有人说低层次的设计师设计产品，高层次的设计师设计文化，这种说法不无道理。一种超越功能概念范畴、引领消费文化潮流的产品，始终是体验设计所孜孜追求的目标。

3.5.4　流行与时尚

流行(Popular)与时尚(Fashion)是两种密切相关的社会现象，也是构成社会文化的重要元素。流行与时尚在一定程度上左右着人们的消费心理，有时也出乎意料地影响着产品的体验效果。

1．流行

流行是指某一事物在某一时期、某一地区广为大众所接受、所钟爱并带有倾向性色彩的社会现象。流行带有非常明显的时间性和地域性特征，它随着时代潮流和社会的发展而产生，也常常会随着时代的变迁而淡化、逝去。产品的流行就十分强调人们心理上的满足感、刺激感、新鲜感和愉悦感。例如苹果当初决定用白色耳机只是为了与其 2001 年发布的 iPod 的白色搭配。随着越来越多的人开始佩戴白色耳机，时任苹果总裁史蒂夫·乔布斯(Steve Jobs)敏锐地觉察出这是个打广告的好机会，因为 iPod 装在你的皮包或口袋里，没有人知道，但耳机是可以让人看到的。于是从第二代开始，苹果打出了 iPod 的新广告：一个全身黑色的人，拿着 iPod，戴着白色耳机，在忘我地跳舞，如图 3-7 所示。从此，苹果的白色耳机便成了 iPod 的象征，而 iPod 也成了全球流行的产品、年轻人的最爱。当然，拥有一款售价不菲的 iPod 不仅仅是流行，在某种意义上也是前卫和富裕身份的象征。

图 3-7　iPod 流行的广告

流行的心理因素是动机，具体表现为：要求提高自己的社会地位；获得异性的注目与关心；显示自己的独特性以减轻社会压力；寻求新事物的刺激，以及自我防御等。流行的特点包括新异性、短暂性、现实性、琐碎性、规模性和模仿性。就其社会功能而言，流行具有积极和消极两方面的作用，前者指其可以满足人们的需要，消除抑郁、焦虑，维持心理平衡，可促进新事物、新观念的不断出现，从而促进社会进步、使社会保持良好的秩序和活力；后者则反映在有时流行表现为不健康的生活方式和追求奢靡的倾向。

流行已经成为当代人类生活的一个基本特征，这一点在服装样式设计上表现得尤为突出。例如欧洲每年一度的高级时装发布会上，成衣制造商会从中发现和选择认为符合潮流、能够引起流行的服装信息，对其风格特点、造型特征、材质选择、流行色运用、配件搭配等进一步提炼、概括、简化和再设计，制作出不同档次的适合市场需要的成衣，作为新的流行款式投放市场，从而构成一定规模的流行。近年来，这种做法也被快速消费品行业所借鉴，例如手机厂商在推出新品时，都会组织召开规模宏大的发布会，对其产品特点、新功能、新概念等大肆宣传，借以制造流行、刺激用户的购买欲望。

流行好比青春，非常短暂，但能给人们留下美妙而又难忘的记忆。崇尚流行、热爱流行，在某种程度上折射着人们对终将逝去的青春的渴望和眷恋。

2．时尚

时尚指人们对社会某项事物一时的崇尚，是在特定时段内率先由少数人实验而后为社会大众所推崇和仿效的生活样式。顾名思义，时尚就是"时间"与"崇尚"的相加，是短时间里一些人所崇拜的生活方式，带有典型的个性化特点。人们对时尚的理解各不相同：有人认为时尚即是简单，与其奢华浪费，不如朴素节俭；也有人认为时尚只是为了标新立异。现实中很多与时尚不同步的人被指为老土、落伍、古董。可见，时尚是一个人为的相对标准。因为是相对的，所以有其适用范围：对一些人来说是时尚的，对另一些人来说可以不是。

时尚涉及人们生活的各个方面，如衣着打扮、饮食、行为起居，甚至情感表达与思考方式等。追求时尚常常被认为是一门"艺术"，不在于被动地追随，而在于理智而熟练地驾驭。一般来说，好的时尚带给人的是一种愉悦的心情和优雅、纯粹与不凡感受，它赋予人们不同的气质和神韵，能体现不凡的生活品位，精致、展露个性。时尚具有短暂性、阶层性、包容性和时代性的特点。例如在国内有着四十多年历史，售价仅 70 多元的解放鞋，80年代几元一双，现在却成了欧美潮人争相购买的

图 3-8　2017 年度欧美时尚——回力鞋

"尖货"——回力鞋，成了年轻人的最爱，如图 3-8 所示。在欧洲它的身价至少翻了近十倍，达到 50 欧元以上！不仅如此，欧洲最权威的时尚杂志 *ELLE*(法国版)还为它"著书立说"，它的死忠"粉丝"横跨演艺圈和时尚圈。继中国蛇皮袋被国外时尚品牌克隆后，中国球鞋再度创下时尚界的另一个奇迹。

流行与时尚是一对矛盾的对立统一体，两者相互制约、相互影响，又相生相克。时尚是流行的诱因，也是流行的前期准备。时尚的初衷不是流行，甚至可以认为是对抗流行的，但结果往往导向流行；流行是时尚的扩大和发展，流行形成的同时也常常意味着时尚的终结。例如 20 世纪 30 年代尼龙袜的问世，一时成为欧洲贵妇人时尚的时髦之选，但随着其批量生产和降价，很快在全世界流行起来，也理所当然地不再被看成是时尚之物。当然，时尚的也不一定都能流行，譬如奢侈品时尚，私人飞机作为亿万富翁的时尚品，无论怎么高调宣传也不能使之成为流行之物。

从体验设计的角度来看，时尚的产品不仅天然受到至少一部分用户的喜爱，在适当的条件下，更有可能引领流行的潮流。

思　考　题

1. 结合本章内容，试选一款产品，给出其设计所涉及的环境的分类。
2. 试述人-环境交互作用模型，并分析其要点。
3. 试述社会环境都包含哪些方面。
4. 什么是文化？试述文化对体验设计的影响。
5. 对比中美两国文化的核心价值观，试分析不同核心价值观对体验设计的影响。
6. 试分析东西方传统宗教信仰的差异，并论述这些差异对体验设计作用的结果。
7. 试分析时尚与流行的差异，并结合设计知识，尝试设计一款时尚的可穿戴电子产品，评估其流行的可能性。重点在于对体验设计及其要素的分析。

第 4 章

人的行为与交互

　　人的行为决定了交互的态度和模式，进而影响到交互的感受。行为具有多样性、计划性、目的性和可塑性，受意识水平的调节，受思维、情感、意志等心理活动的支配，同时也受道德观、人生观和世界观的影响。态度、意识、认知和知识是人的行为差异性出现的动因，这不可避免地反映在人与产品和环境的交互方面，最终带来个体感受上的差异和多样性。

4.1 人的行为与行为学研究

4.1.1 行为的定义

行为指人类或动物在生存活动中表现出来的态度及具体的方式，是对内外环境因素刺激所做出的能动反应。行为也是受意识支配的心理活动表现出来的外化的举止行动，是生物适应环境变化的一种主要的手段，主要表现为生存行为，如取食、御敌、繁衍后代等。在学术界，也有人把诸如意识和思维等他人无法直接观察到的心理活动作为行为的研究范畴。

从生理机制看，行为一般受神经和激素调节，需要有感受和应答的能力才能完成。原生动物的行为一般只有趋性，能感受到环境中的刺激并靠近或远离；腔肠动物有神经网、扁形动物以上的无脊椎动物已有神经节和感受器；脊椎动物更有中枢神经系统、周围神经系统等之分，感受器官也高度发达；无脊椎动物已有内分泌，而脊椎动物的内分泌系统更高级，也越来越复杂。神经和内分泌系统构成了动物行为产生的生理学基础(见图 4-1)。反射是指动物通过神经系统对内外环境刺激的规律性应答行为，分为非条件反射和条件反射：前者是先天的；后者则是出生后在非条件反射基础上通过训练形成的，又有经典式条件反射和操作式条件反射之分。条件反射使动物更能适应环境条件的变化，而本能则是一系列非条件反射。学习过程不仅是条件反射的建立过程，也对印随[①]、模仿、条件反射和判断推理行为有决定性的作用。

人的个体行为反映着一个人的品质，是人与环境相互作用的结果，并随人和环境的变化而改变。

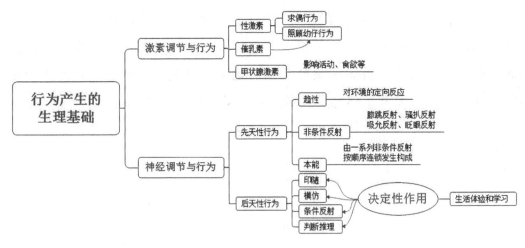

图 4-1 行为产生的生理基础

[①] 一些刚孵化出来不久的幼鸟和刚生下来的哺乳动物，学着认识并跟随它们所见到的第一个移动的物体，通常是它们的母亲，这就是印随行为。例如，刚孵化的小天鹅如果没有母天鹅，就会跟着人或其他行动目标走。印随学习是动物出生后早期的学习方式。

4.1.2　人类行为研究的起源

人类行为一词最早由法国思想家艾尔弗雷德·埃斯比纳斯(Alfred Victor Espinas，1844—1922)于 1890 年提出，但其真正被广为人知，则始于奥地利第三代掌门、经济学家路德维希·冯·米塞斯(Ludwig von Mises，1881—1973 年)的著作《人类行为学》(*Praxeology*)。

第二次世界大战后，在经济学界"制度学派(Institutional School)"渐趋衰落，而"实证主义(Positivism)"则如日中天。前者以美国经济学界托斯丹·B.凡勃伦(Thorstein B Veblen，1857—1929)、康蒙斯(John Rogers Commons，1862—1945)、米切尔(Wesley Clair Mitchell，1874—1948)等为代表，强调非市场因素(如制度因素、法律因素、意识形态、历史因素、社会和伦理因素等)是影响社会经济生活的主要因素，认为市场经济本身具有较大的缺陷，使社会无法在人与人之间的"平等"方面协调；后者则以法国哲学家奥古斯特·孔德(Auguste Comte，1798—1857)为代表，强调感觉经验、排斥形而上学传统，以现象论观点为出发点，拒绝通过理性把握感觉材料，认为通过对现象的观察、归纳就可以得到科学定律。实证主义认为通过观察人类行为中可计量、可统计的规律性，构造出一些规律，然后可据此对行为进行预测，并用更进一步的统计证据来验证。本质上，实证主义是一种哲学思想。广义而言，任何种类的哲学体系，只要囿于经验材料、拒绝先验或形而上学的思辨，都可被称为实证主义。

与推崇经验和观察研究方法的实证主义相反，冯·米塞斯驳斥了实证主义用物理的观点去观察人，反对把人当作石头或原子的机械的做法，其在《理论与历史》(*Theory and History*)及《经济学的最后基础》(*The Ultimate Foundation of Economic Science*)等著作中认为，人是行动着的人，是个体的人，而不是可以精确地用数量表示的、遵循物理学规律"运动"的石头或原子；人有其努力实现的内在意图、目标或目的，也会形成如何实现这些目标的想法。冯·米塞斯的这一观点在其《人类行为学》著作中得到了完善，并成为广为世人所接受的人的行为研究经典。其理论对行为研究的指导意义在于，摒弃了机械式研究人的行为的做法，还人的行为以"生物的人"、是有意图、可思考、能决策的人的本质。

4.1.3　行为学研究及行为的分类

人类行为学也称行为科学、行为学，它研究工作环境中人的行为产生、发展和相互转化的规律，以便预测和控制人的行为。行为科学是管理学中的一个重要分支，是一门综合性的边缘学科。

行为科学管理理论产生之前，在西方盛行的是古典管理理论。前者以美国著名经济学家、科学管理之父弗雷德里克·泰勒(Frederick Winslow Taylor，1856—1915)为代表，着重研究车间如何提高劳动生产率问题，代表作为《科学管理原理》；后者则以美国现代经营管理之父、管理过程学派的开山鼻祖亨利·法约尔(Henri Fayol，1841—1925)和德国经济学家马克斯·韦伯(Max Weber，1864—1920)为代表，着重探讨大企业整体的经营管理，突出的是行政级别的组织体系理论。行为科学管理理论克服了古典管理理论的弊端，其研究分为两个时期：前期以人际关系学说(或人群关系学说)为主，从 20 世纪 30 年代美国管理学家乔治·埃尔顿·梅奥(George Elton Mayo，1880—1949)的霍桑试验①开始，到 1949 年在美国芝加哥召开的跨学科会议上第一次提出行为科学的概念为止。霍桑实验的结果表明，工人的工作动机和行为并不仅仅为金钱收入等物质利益所驱使，他们不是"经济人"而是"社会人"，有社会性的需要；乔治·埃尔顿·梅奥据此建立了人际关系理论。行为科学早期也称为人际关系学；1953 年在美国福特基金会召开的各大学科学家参加的会议上，正式把这门综合性学科定名为"行为科学"。此后，对行为科学的研究正式步入了发展时期。

按研究的范围来看，人类行为研究可分为"宏观"和"微观"两大类。宏观行为学的主要内容：一是基础行为学，研究人类行为的基本规律，是每一个管理者都应具备的基础知识；二是社会行为学，研究社会群体行为的规律和后果，以及控制和监测的方法，为政府施政提供决策依据。微观行为学的研究内容则十分广泛，例如研究社会单位和组织行为规律的组织行为学，研究消费者行为规律的营销行为学，甚至研究罪犯行为规律的犯罪行为学等。人的行为还可以从不同视角划分为不同的种类(见图 4-2)。

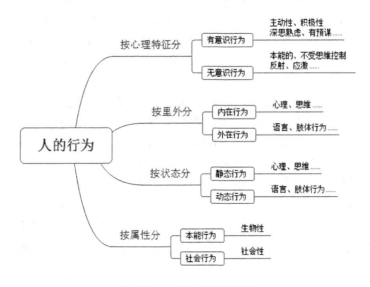

图 4-2 人的行为分类示例

(1) 从心理学角度看，人的行为可分为有意识行为和无意识行为两大类。前者受思维和目标导向控制，具有主动性和积极性，常常表现为一种基于自己的角色地位的社会确认行为，即深思熟虑的、有预谋的、有明确的目的性和有计划的角色行为；后者是一种本能的、不受思维控制的行为，即下意识行为，是对外界刺激的反应或情感的自然流露。

---

① 霍桑实验是一项以科学管理逻辑为基础的实验，是心理学史上的著名事件之一。由乔治·埃尔顿·梅奥主持的霍桑实验从 1927 年至 1932 年前后经过了四个阶段。阶段一：车间照明实验；阶段二：继电器装配实验；阶段三：大规模的访谈计划；阶段四：继电器绕线组的工作室群体实验。结论是：受试者对于新的实验处理会产生正向反应，即由于环境改变(例如新试验者的出现)而改变其行为。这种效果也称"霍桑效应"或"霍索恩效应"(Hawthorne Effect)。

（2）按里外来分，人的行为可分为内在的行为和外在的行为：心里想的和思维活动属于内在的行为，语言、肢体行为则属于外在行为。

（3）按是否运动来分，人的行为可以分成静态的行为和动态的行为。心里想的和思维过程是静态的行为，语言、肢体行为则属于动态行为。

（4）按属性来分，将人类行为分成本能行为和社会行为。前者由人的生物性所决定，是人类的最基本行为；后者则由人的社会性所决定，是通过社会化过程而确立的。

4.2　人的行为机制与行为规律

4.2.1　人的行为机制

行为机制是产生行为的生理和心理过程及其结构、功能和相互关系，包括以下四个方面。

1．需要

需要是个体在社会生活中缺乏某种东西在大脑中的反映，是一种主观状态。当需要达到一定强度时，则产生动机。

2．动机

动机是推动人去从事某种活动的力量，是个人行为的直接原因，也是一种内部刺激。动机本质上是个体行为的激活或唤起以及行为的强度与方向，是引起、维持和推动个体行为以达到一定目的的内部动力。

3．行为

行为指受意识支配而表现出来的外表活动。行为是由动机所引起的，并指向一定的目标。动机和行为的关系错综复杂，并不是一对一的关系，同一行为可能有不同的动机。类似地，同一动机也可能产生不同的行为。

4．反馈

反馈又称回馈，是控制论的基本概念，指将系统的输出返回到输入端，进而影响系统功能的过程。行为由动机所推动，而行为的结果——反馈又能使动机得到加强、减弱或消退。

4.2.2　人的行为规律

传统行为学认为，行为是生命的特征，而生命由躯体和灵魂所组成。人的灵魂包含性格和知识两大要素，每个人的灵魂都不尽相同，因为先天赋予的性格和后天习得的知识都不会完全一样，所以每个人都有自己行为的特征。在同一社会群体中，由于相同的习俗和文化，成员的个性之中会有较多的共同点，因此就形成了社群成员某些共同的行为特征，即所谓民族的民族性或国家的国民性。灵魂和环境是影响人类行为的两大重要因素，一切行为的后果或改变自己以适应环境，或改变环境以适应自己，又或是兼而有之。不能适应者就会被环境所淘汰。灵魂和环境的约束赋予了人的行为某种共同属性，即行为的规律性，包括八个方面。

1．目标律

任何行为都指向一定的目标，即主体之外的某一客观事物，如金钱、住房、职位、名誉等；目标是人们梦寐以求的预期结果，"拉动"人们付出努力去获得。

2．动机律

动机律指所有行为均由动机"驱动"。动机启动并维持人类行为的生理、心理状态，包括欲望、需要、兴趣、信念、情绪等。人的行为在动机的驱动下指向目标，目标获得后人会产生新的动机。

3．强化律

强化律，也叫结果律，指一旦某一行为达到了预期目标或获得了意想不到的好结果，则行为重复发生的可能性会增大，即预期目标或好结果能增大行为重复出现的概率。

4．遗传律

遗传律，指个体的行为特征部分取决于从父母双亲那里获得的基因的状况。如果遗传基因有缺陷，将导致人类行为的变异，例如先天愚型病人的智力障碍，是因为其第 21 组染色体不是正常的一对，而是三个。此外，行为遗传学选择性繁殖实验也证明了某些行为特征可以遗传给后代。

5．环境律

人类行为除受遗传基因制约外，还受环境因素的支配，行为特征取决于遗传与环境的共同作用。研究证明，人的行为不仅受出生后的家庭状况、教育过程、社会活动等环境的影响，而且与出生前的环境有关。不同的情景要求一个人表现内心不同的侧面，因此，不能仅仅根据一个人在某一场合的特殊表现推测他的全部行为特征。

6．发展律

个体出生后，随着年龄的增长，行为在不断地发生变化，如能力的提高、性格的改变、知识的积累等。美国新精神分析学派的代表人物爱利克·埃里克森(Erik Erikson，1902—1994)把人一生的行为发展分成八个阶段：基本信任-基本不信任(1 岁前)；自主-害羞、怀疑(1～3 岁)、创造-罪恶(4～5 岁)、勤奋-自卑(6～11 岁)、自我认同—角色混乱(12～20 岁)、亲密-孤立(21～24 岁)、关心后代-自我关注(25～65 岁)、自我整合-失望(66岁后)。每一阶段都存在一种危机，如果这些危机都得到积极的解决，则会产生良好的人格特质，反之亦然。

7．差异律

人与人之间在能力、人格特质、价值观、工作态度、信念、动机等方面存在显著个别差异，源自于遗传、情境、职业和家庭等方面的不同。这也是劳动力多样性的重要方面之一；劳动力多样性还包括年龄、种族、性别、教育、婚姻状况、工作经验和宗教信仰等方面。一般认为，劳动力多样化有利于组织绩效的提高。

8．本我律

虽然一个人在行动时会考虑法律与道德的约束，但个体在本质上只顾追求自己的利益和目标。如果一个人的法律意识、道德薄弱，甚至泯灭，就会表现出自己的本来面目；一个群体、一个组织的情况亦是如此。这就是本我律。"本我"一词借助了奥地利精神病医师、心理学家、精神分析学派创始人西格蒙德·弗洛伊德(Sigmund Freud，1856—1939)的概念，他认为人格由本我、自我、超我三部分构成；本我蕴藏着人们的本能冲动，以无意识的非理性冲动为特征，它按照快乐原则操作，不顾后果，寻求即刻的满足；自我处在现实与本我的非理性需要之间，起着中介的作用。它按照"现实原则"操作，为了在以后或者更合适的时间得到更大程度的满足，因此它往往推迟不合适的即刻的满足；而超我是受父母的教化和道德准则影响所形成的良心和理想自我，它对自我进行监视和统制。

人的行为规律也决定了其行为表现的基本特点，即在特定的环境中具有特定个性的人有特定的行为表现；在相似的环境中，具有相似个性的人或相似共性的群体有相似的行为表现。任何一种行为，都会相应产生一种以上的后果；任何一种控制行为的行为，也都会相应产生一种以上的后果；而任何一种行为的后果，都有其自身固有的客观演化规律，与行为者和实施控制行为者的主观愿望无关。

4.3　人的行为的要素与行为模式

行为是有机体在外界环境刺激下所引起的反应，包括内在的生理和心理变化。据此，美国心理学家罗伯特·伍德沃斯(Robert Woodworth)提出了环境-刺激-反应公式(S-O-R：Stimulus，刺激；Organism，有机体；Reaction，行为反应)。S-O-R 将心理活动与行为纳入同一系统，对之后出现的新行为主义产生了重要的影响。

4.3.1　行为的构成要素

狭义来看，人的行为由五个基本要素构成，即行为主体、行为客体、行为环境、行为手段和行为结果。

(1) 行为主体：指具有认知、思维能力，并有情感和意志等心理活动的人。

(2) 行为客体：指人的行为所指向的目标。

(3) 行为环境：指行为主体与行为客体发生联系的客观环境。

(4) 行为手段：指行为主体作用于行为客体时的方式、方法及所应用的工具。

(5) 行为结果：指行为对行为客体所导致的影响，也是主体预期的行为与实际完成行为之间相符的程度。

行为五要素之间存在着相互关联、相互作用的关系。例如当行为环境发生变化时，会对行为的结果产生影响；对相同的客体来说，行为的主体不同，在同一行为环境中所采用的行为手段会有所不同，其行为结果也会存在差异。

4.3.2　人的习性与习惯

1．习性

习性指长期在某种自然条件或者社会环境下所养成的特性。"习性"的概念与当代法国思想大师皮埃尔·布迪厄(Pierre Bourdieu，1930—2002)早期所从事的经验研究有直接的渊源。他试图从实践的维度消解在社会学乃至哲学传统中长期存在的二元对立，因而建构了习性、场域、资本等概念，提出了将个体与社会、主体与结构结合起来，从宏观视角分析问题的关系式方法。布迪厄关于习性的构想，受到了美国著名艺术史家埃尔文·潘诺夫斯基(Erwin Panofsky，1893—1968)的《哥特式建筑与经院哲学思想》的影响。潘诺夫斯基认为"心智习惯"不仅仅在制度、实践和社会关系中传递、渗透，它本身还对特定条件下人的思想、行为的生成图式(一种"形塑习惯"的力量)起作用。

习性拥有长期生产性系统的社会再生产功能，即在社会空间中不断将社会等级内化、铭刻在行为者的心智结构和身体之上，并通过行为者的实践，巩固和再生产这种社会等级区分。因此，习性是社会权力通过文化、趣味和符号交换使自身合法化的身体性机制，它使得行为者受制于塑造他们的环境，想当然地接受基本的生存境遇，从而使现存社会政治、经济不平等结构深入人心地合法化。行为者的习性包含两方面内容：一是社会空间的主导规则内在化和具体化为性情结构；二是习性作为生成性结构，能够生成具体实践行为的功能。因此，习性是"被建构的结构(Structured Structure)"和"建构中的结构(Structuring Structure)"，客观上是被规定的和有规律的，它们会自发地激活与之相适应的实践，就像一个没有指挥的乐队仍然可以集体地、和谐地演奏一样。

人的习性是人类适应环境的本能行为，是在长期的实践活动中，由环境与人类的交互作用而形成的行为，比如抄近路习性、识途性、左侧通行习性、左转弯习性、从众习性、聚集效应、人的距离保持等。

2．习惯

习惯是与习性不同的概念。从神经学角度看，习惯是脑神经形成的某种固定的链接，是一个认知—行为—反馈的固定回路。习惯是人长期养成的、不易改变的语言、行动和生活方式。人们常说的"习惯成自然"其实是说习惯是一种省时省力的自然动作，是不假思索就自觉、经常、反复地去做的动作。习惯分为个体习惯和群体习惯。群体习惯是指在一个国家或一个民族内部人们所形成的共同习惯，例如一个国家或一个民族内的人对器具的操作方向(前后、上下、左右、顺时针和逆时针等)有着共同认识，并在实践中形成了共同一致的习惯。群体习惯有的是世界各地都相同的，也有的是国家之间、民族之间不同的。

人的习惯具有简单、自然、后天性、可变和情境性等特征。根据习惯的特性，在进行交互设计时利用类似或熟悉的操作习惯，可以让用户更容易掌握、降低学习成本。比如对于较成熟和已经积累大量用户的产品，较保守的方法是在原有习惯的基础上增加或细微地改变操作流程，这样在产品不同的迭代和版本的更新后，新的操作流程和交互会被习惯于原有操作的用户自然而然地熟悉和掌握。但是一味地迎合习惯，有时也会降低产品的趣味性，有时适度的变化能凸显交互趣味，提升产品交互的差异，给用户带来更独特的深刻体验。

在交互设计中，迎合还是打破使用习惯，一直是困扰设计师的一个问题。这需要辩证地去思考，需要站在商业目的、体验创新、科技创新等更高层次上综合考虑，或许能找到更适合的答案。好的交互设计应该培养用户建立更好、更健康的行为习惯，实现更自然的交互。

4.3.3　人的行为特征

心理学研究表明，人的行为具有以下一般特征。

1．自发的

人的行为具有自发性的特点，外力能影响人的行为，但无法发动其行为。比如命令无法使一个人产生真正的效忠行为。

2．有原因的

任何一种正常人的行为的产生都是有其原因的。行为通常与人的需求相关，还同该行为所导致的后果有关；人的行为受其需求所激励，而不是受别人认为他应该有的需求所激励。对旁观者来说，有时一个人的需求也许是离奇而不现实的，但对这个人来说这些需求可能恰恰是处于支配地位的。

3．有目标的

人类的行为不是盲目的，它不但有起因，而且有目标。有时在旁人看来是毫无道理的行为，对其本身来说却是合乎目标逻辑的。

4．持久性的

任何行为在其目标达成之前，一般是不会自动终止的。也许会改变行为的方式，或由外显行为转为内在行为，但它总是会不断地向着目标进行的。

5．可改变的

人类为达到目标不仅常常改变其行为方式，而且还可以经过学习或训练而改变其行为的内容。这与受本能支配的动物的行为不同，反映出人类的行为具有可塑性。

人类行为具有上述特征的原因之一是人的行为都是有动机的行为；无动机的行为是没有意义的。此外，人的行为还有适应性、多样性、变化性、可控制性和整合性等特点。

4.3.4　行为模式及其分类

行为模式指将人类行为习性、特点进行归纳，概括出来作为行为的理论抽象与基本框架或标准。人类的行为模式一般有以下几种。

(1) 再现模式：指通过观察分析已建成空间里人的行为，尽可能真实地描绘和再现空间中个体行为的一种模式。常用于评价已建造空间的合理性，从而进一步优化空间的属性。

(2) 计划模式：指根据空间设计的内容，将人在其中可能出现的行为状态表现出来。

基础篇　用户体验的科学基础

主要用于分析评价将要建造的空间对象，一般的建筑和室内设计适用于这种模式。

(3) 预测模式：是将预计实施的空间状态表现出来，分析人在该空间中行为表现的可能性和合理性。可行性方案设计就属于这种模式。

(4) 数学模式：指利用数学理论和方法描述人的行为与其他因素的关系。主要用于科学研究，如前述的人类行为 S-O-R 公式就是人类行为的一种数学表现。

(5) 模拟模式：指利用计算机等手段模拟人的行为，主要用于实验。由于计算机技术的高速发展，用计算机进行空间和环境的模拟越来越真实且普遍。

(6) 语言模式：指用语言记述个人的心理活动和行为的模式。

也有学者建议，可按行为的内容将人的行为模式分为有秩序模式、流动模式、分布式模式和状态模式等。

4.4 交 互 行 为

交互行为是人类行为的一种，特指在交互系统中用户与产品之间的相互作用，主要包括两个方面：一是用户在使用过程中的一系列行为，例如信息输入、检索、选择和操控等；二是产品的行为，例如语音、阻尼、图像和位置跟踪等对操作的反馈以及产品对环境的感知等。对个体来说，交互行为可以划分为目标、执行(如实现目标的意图、动作的顺序)以及评估(如感知、解释和比较外部变化)阶段，这也是以用户为主体有意识的交互行为的一般过程。

4.4.1 人机交互

人机交互，也称人机互动(Human-Machine Interaction，HMI)，是研究系统与用户之间的交互关系的学科。系统可以是各种各样的机器，也可以是计算机化的系统和软件；用户界面(User Interface，UI)是人与机器之间传递、交换信息的媒介和对话接口，也是人机交互技术的物质表现形式。

人机交互是与认知心理学、人机工程学、多媒体技术、虚拟现实技术等密切相关的综合性学科(见图 4-3)，主要包括交互界面表示模型与设计方法、可用性分析与评估、多通道交互技术、认知与智能界面、群件及 Web、移动界面设计和虚拟交互、自然交互等内容。现有的人机交互技术可分为基本交互技术(如鼠标、键盘交互)、图形交

图 4-3 人机交互技术的构成

互技术(如图形界面、虚拟交互技术等)、语音交互技术、体感交互技术(如姿态、手势、眼动等方式)、多通道、多媒体及智能意识(脑)交互技术等。

4.4.2　人机交互技术的历史

人机交互技术的发展经历了四个时期。

1．初创期(1970 年前)

最早期的人机交互可以追溯到由指示灯和机械开关组成操作界面。1959 年美国学者布赖恩·沙克尔(Brain Shackel)发表了人机界面第一篇论文《关于计算机控制台设计的人机工程学》。1960 年，美国心理学家、计算机专家约瑟夫·理克莱德(Joseph Carl Robnett Licklider，1915—1990)首次提出人机紧密共栖(Human-Computer Close Symbiosis)的概念，被视为人机界面学的启蒙观点。1969 年在英国剑桥大学召开了第一次人机系统国际大会，同年第一份专业杂志《国际人机研究》(*International Journal of Man-Machine Study*，IJMMS)创刊，被称为人机界面学发展史上的里程碑。

2．奠基期(1970—1979)

1970 年国际上成立了两个 HCI 研究中心，一个是英国的拉夫堡(Loughborough)大学的 HUSAT 研究中心，另一个是美国施乐公司(Xerox)的帕罗·奥图(Palo Alto)研究中心，该中心提出了以 WIMP(Windows、Icons、Menu、Pointing Devices)为基础的图形用户界面。从 1970 年到 1973 年国际上出版了四本与计算机相关的人机工程学专著，为人机交互界面的发展指明了方向。

3．发展期(1980—1995)

20 世纪 80 年代初期，学术界又相继出版了六本相关专著，人机交互学科逐渐形成了自己的理论体系和实践范畴的架构。在理论体系上，交互技术从人机工程学中独立出来，更强调认知心理学、行为学和社会学等人文科学的理论指导；在实践范畴上，从人机界面(人机接口)拓延开来，强调机器对于人的反馈。人机界面一词也被人机交互所取代，HCI 中的 I 也由 Interface(界面)变成了 Interaction(交互)。

4．提高期(1996 年以来)

20 世纪 90 年代后期以来，随着高速处理芯片、多媒体技术、互联网和信息技术的发展，人机交互的研究重点转向了智能化、多模态(多通道)、多媒体、虚拟以及人机协同交互等方面，也即"以人为中心"的交互技术方面。特别是近年更出现了脑、眼等新型交互模式，对智能化、自然交互技术的研究已蔚然成风。

4.4.3　交互行为六要素

一个"动作"及其相应的"反馈"构成了一个交互行为。有意识的交互行为离不开实施行为的主体(人)、行为的客体(对象)、动作、行为的目的、行为的方式或工具、行为发生的场景，这些构成了交互行为六要素。

(1) 行为的目的：指交互行为产生的诱因，是导致交互行为萌发的深层次内在的因素。比如人在有了某种想法后才会开始谋划、行动。

(2) 交互行为的主体：指实施交互行为的主动的一方，是交互动作发生的关键。

(3) 交互行为的客体：指交互活动中的受体，即行为的对象。客体通常具有被动、从属的特征，如电子产品、服务设施等。

(4) 动作：指主体实施交互时的行为。

(5) 行为的媒介：指交互实施中使用的工具或介质等因素。

(6) 交互场景：指交互行为发生的环境，包括物质及非物质环境。

与传统意义上的行为要素相比，交互行为更强调行为的目的性。

4.4.4 交互行为的特点

人的行为受人的需求和环境的共同影响，是需求和环境的函数。这就是美籍德裔著名心理学家库尔特·列文(Kurt Lewin，1890—1947 年)提出的人类行为公式：

$$B = f(P \cdot E)$$

这里 B 代表人的行为(Behavior)；f 代表行为函数；P 代表人的需求(Personal needs)；E 代表环境因素(Environment)。

20 世纪 60 年代后期，美国心理学家阿尔伯特·班杜拉(Albert Bandura)在库尔特·列文研究的基础上，提出了人的行为三元(三向)交互作用理论，即交互决定论(Reciprocal Determinism)，如图 4-4 所示。这里，三元是指人的因素(Person)、行为(Behavior)和环境因素(Environment)。交互决定论建立在吸收行为主义、人本主义和认知心理学的有关部分的优点，并批判地指出它们各自不足的基础上，具有自己鲜明的特色。班杜拉指出："行为、人及环境因素实际上是作为相互连接、相互作用的决定因素而产生作用的。"他把交互这一概念定义为"事物之间的相互作用(Reciprocal)"，把决定论(Determinism)定义为"事物影响的产物"。交互决定论把人的行为与认知因素区别开来，指出了认知因素在决定行为中的作用，在行为主义的框架内确立了认知的地位。此外，这种观点视环境、行为及人的认知因素为相互作用的因素，注意到了人的行为及认知因素对环境的影响，避免了行为主义机械环境论的倾向。交互决定论表明，主客体的角色并非固定的、一成不变的，从施加与接受上看，主客体的角色是可以相互转换的。

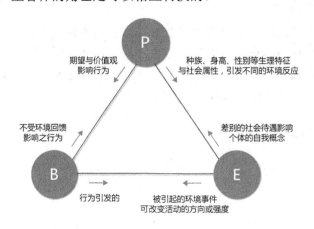

图 4-4 班杜拉的交互决定论

可见，交互行为具有两个特点：一是互换性。与一般意义上的行为相比，交互行为的主体和客体是可以相互转变的，主体和客体既可以是用户也可以是产品。对个体来说，其行为可能是主动的，也可能是被动的；对群体来说，个体与个体、个体与产品之间同样存在主体与客体之间的转换问题。二是和谐性。一般意义上的行为主要是单方面的或单向的，交互设计中考虑的行为则强调的是用户与产品之间的互动，二者的行为需要以协调为基础，即交互行为的和谐必须以相互理解为条件，否则必然存在冲突。同样地，构成三元交互的主体——人、产品和环境之间也存在行为和谐性。

4.4.5　人机交互技术的发展趋势

自 1982 年国际计算机学会(Association for Computing Machinery，ACM)成立人机交互专门兴趣小组 SIGCHI(Special Interest Group on Computer-Human Interaction)以来，人机交互已走过了近三十年历程，期间经历了三次重大革命。

1．鼠标

1983 年苹果公司推出了世界第一款大众普及电脑"丽萨(Lisa)"和鼠标。鼠标比键盘更加人性化，在位置指示上也更加精确，是"自然人机交互"的最初尝试，随后逐步成了个人电脑的标配。

2．多点触控

苹果将多点触控推向大众，颠覆了传统基于鼠键的"交互模式"，带来全新的基于手势的交互体验，如图 4-5 所示。

图 4-5　iPad 多点触控

3．体感技术

微软公司的 Kinect(见图 4-6)被誉为第三代人机交互的划时代产品，它利用即时动态捕捉、影像识别、语音识别等多通道交互技术，实现了不需要任何手持设备即可进行人机交互的全新体验。

近年来，返璞归真的自然交互技术逐渐受到业界重视，包括语音、姿态、头部或视觉跟踪、脑电波等非精确、智能交互及多通道整合的交互输入方式等，极大地提升了交互的体验。

基础篇　用户体验的科学基础

图 4-6　Kinect 体感交互

未来人机交互技术的发展将体现在交互理念的变化和交互设备的升级方面。前者包括从被动接受到主动理解信息，从满足基本功能到强调用户体验；后者主要反映在输入输出的变化，包括交互方式的自然化和交互内容的多样化。智能交互技术，例如基于人工智能、大数据、虚拟现实和云计算推动下的人机交互，是交互技术发展的方向；意识(脑)交互将逐步从实验室走向实用。利用各种新设备、新技术，实现自然交互的卓越体验，将是未来人机交互研究的重点。

4.5　影响行为的因素

人类的行为是"生物进化"与"文化进化"的双重产物，前者是缓慢的，后者是短暂而迅速的。与生物进化相比，人类的文化进化虽然短暂，但具有强大的选择压力和效率，从而使得自然选择常常"退避三舍"。比如在"人工生殖技术"的选择干预下，人类的生殖方式在短短几十年内发生了巨变，尽管尚存诸多伦理争议，但 2010 年度的诺贝尔生理学或医学奖仍是颁给了"试管婴儿之父"——罗伯特·爱德华兹(Robert Edwards，1925—2013)。"计划生育"作为人类社会特有的生殖法则，迫使许多人放弃了"繁衍过剩"的自然法则，这些都是文化选择的例证。人类的"双重进化"并非"生物与文化"简单相加。同理，其行为的"双重属性"也不是两者各占多少比例，而是依不同时空两者间表现出"互助、交替、重叠与动态"等复杂多样的相互关系，这也构成了人类行为的多态性。

4.5.1　行为遗传因素

遗传学研究认为遗传影响人类的行为，代表性的观点有三个，即遗传决定论、环境决定论和遗传与环境共同决定论。

1. 遗传决定论

遗传决定论认为人的行为是由遗传决定的，这是 19 世纪后半期到 20 世纪初西方关于儿童心理发展的主要观点之一。早在 1883 年，遗传决定论的创始人、英国生理和心理学家弗朗西斯·高尔顿(Francis Galton，1822—1911)就提出：人的体质、相貌、气质以及智能的高低都是由遗传因素决定的。他在《遗传的天才》中说："一个人的能力乃由遗传得来，其受遗传决定的程度，如同一切有机体的形态及躯体组织之受遗传的决定一样。"外界环境在这里只起促进或延缓的作用，而不能改变这个过程。随着现代遗传学研究的进展，科学家已经发现了在犯罪行为、利己或利他行为与染色体变异之间存在某种联系。英国行为生态学家克林顿·道金斯(Clinton Dawkins)把对人类行为的研究深入到了分子水平，认为人的自私行为来自基因的"自私"性。

遗传决定论把人类的行为差异，例如智力、犯罪、攻击、自私行为以及由精神病导致的异常行为等，都归之为遗传差异。其论点可归纳为人的本性与生俱来，固定不变。

2．环境决定论

环境决定论，又称机械决定论，把环境条件看成是决定人类行为的主要因素，环境的不同决定了人类的行为差异。它认为人类的身心特征、民族特性、社会组织、文化发展等人文现象受自然环境、特别是气候条件的支配。环境决定论也是 19 世纪后半期到 20 世纪初西方关于儿童心理发展的主要的观点之一。环境决定论的萌芽，可以上溯到古希腊时代。古希腊哲学家希波克拉底(Hippokrates)认为人类特性产生于气候；柏拉图(Plato)也认为人类精神生活与海洋影响有关。

美国行为心理学创始人约翰·华生(John Watson，1878—1958)是环境决定论这一理论的主要倡导者，他认为人的智力、才能、气质、性格等是不遗传的，这些东西连同本能都是后天习得的，是环境决定的。他曾说过："给我一打健康和天资完善的婴儿，并在我自己设定的特殊环境中教育他们，那么我就敢担保任意挑选其中一个婴儿，不管他的才能、嗜好、趋向、能力、天资及其祖先的种族如何，都可把他们训练成我所选定的任何一种专家：医生、律师、艺术家、商界首领乃至乞丐或盗贼。"华生认为环境的作用是无所不能的。美国是行为主义的发源地和大本营，从 19 世纪 20 年代到 50 年代，环境决定论在美国占据了统治地位。

3．遗传与环境共同决定论

对于人的行为，在有人强调遗传重要性的同时，也有人强调环境的重要性，形成了所谓天性和教养的长期争论。争论的核心是：人类行为究竟是先天遗传的还是后天习得的，或者是两者兼而有之。事实上，这两种观点都具有片面性。近年来的很多研究普遍采取了折中的立场，认为在决定动物和人的行为发展的关键因素中，遗传和环境因素的作用往往是难以绝对分离的。这就是所谓的遗传与环境共同决定论。

20 世纪初期，在遗传学发展的早期，一些学者就曾注意到行为与遗传的关系。50 年代中期，美国遗传学家杰瑞·赫什(Jerry Hirsh，1922—2008)和多布然斯基·狄奥多西(Dobzhansky Theodosius，1900—1975)发现了多基因控制的果蝇趋光性行为的遗传学现象。20 世纪 60 年代后期，行为遗传学(Behavioral Genetics)逐渐发展成了一门独立的学科。现代生物遗传学又把行为形成时的先天遗传与后天环境的相互作用及反应规范等因素综合起来考虑，为行为科学的研究开辟了新的天地。例如美国生物学家爱德华·威尔逊(Edward Wilson)的研究指出：人类行为受两个方面因素的影响，即遗传与环境(后者主要是

基础篇　用户体验的科学基础

指文化)，从而使人们在认识人类行为的过程中，将其自然属性与文化属性融为一体，强调了遗传与环境共同决定人的行为这一理论。

4.5.2 心理行为因素

心理学认为人的行为是心理活动的外化表现，它受情绪、气质和性格等个性心理的影响。

1. 情绪

情绪：是指人有喜、怒、哀、乐、惧等心理体验，是对客观事物的态度的反映。情绪为每个人所固有，是受客观事物影响的一种外在表现，是体验又是反应，是冲动又是行为。人的情绪分为六大类：第一类是原始的基本情绪，往往具有高度的紧张性，例如快乐、愤怒、恐惧、悲哀；第二类是与感觉刺激有关的情绪，如疼痛、厌恶、轻快等；第三类是与自我评价有关的情绪，主要取决于个体对于自己的行为与各种标准关系的知觉，如成功感与失败感、骄傲与羞耻、内疚与悔恨等；第四类是与别人有关的情绪，常常会凝结为持久的情绪倾向与态度，如爱与恨；第五类是与欣赏有关的情绪，如惊奇、敬畏、美感和幽默等；第六类是根据所处状态来划分的情绪，如心境、激情和应激状态等。

现代情绪理论把情绪分为快乐、愤怒、悲哀和恐惧这四种基本表现形式。行为学派的情绪理论认为，情绪只是有机体对待特定环境的一种反应或一簇反应，因此，经常从反应模式和活动水平这两方面去描述情绪与行为。例如当情绪处于兴奋状态时，人的思维与动作较快，反之亦然；而处于强化阶段时，往往会有反常的举动，可能导致思维与行动不协调、动作之间不连贯；积极的情绪可以提高人的活动能力，而消极的情绪则会降低人的活动能力。

2. 气质

气质，是人的个性的重要组成部分，是个体所具有的典型的、稳定的心理特征。气质使个体的行为表现为独特的个人色彩。例如同样是积极工作，有的人表现为遵章守纪、动作及行为可靠安全，有的则表现为蛮干、急躁、行为效果较差。

气质的体液学说(Humorism 或 Humorae Theory)起源于古希腊的医学理论。古希腊著名医生希波克拉底(Hippokrates)最早提出了气质的概念，他设想人体内有血液、黏液、黄胆汁、黑胆汁四种液体，认为个体气质的不同是由人体内不同的液体水平所决定的。古希腊哲学家泰利斯(Thales)曾提出，水是组成万物最根本的元素；亚里士多德(Aristotle)则提出了四元素说——以火、水、土、气为万物的根本。体液学说受到这两种说法的影响而产生，它以血液、黏液、黄胆汁和黑胆汁分别代表这四大元素，称为四体液；认为个人的气质受个体体液所占比例的左右，分为四种类型，即多血质型、胆汁型、黏液型和抑郁质，不同的气质，其行为表现出不同的特点，如图4-7所示。

图 4-7　体液类型及其行为特征

3．性格

性格，又称个性或人格，是个体对现实的态度和行为方式中较稳定的个性心理特征。人的性格不是天生的，而是在长期发展过程中所形成的、稳定的方式，具有可塑性。性格是每个人所具有的、最主要、最显著的心理特征，它不仅表现在人的活动目的上，也表现在达到目的的行为方式上。性格具有复杂的结构，其特征有四个维度，即对现实和个体的态度特征，如诚实或虚伪、谦逊或骄傲；意志特征，如勇敢或怯懦、果断或优柔寡断；情绪特征，如热情或冷漠、开朗或抑郁；理智特征，如思维敏捷、深刻、浅薄或没有逻辑性。

性格具有稳定的特点，因此不能用一时偶然的冲动作为衡量人的性格特征的依据。人的性格表现大体可分为理智型、意志型、情绪型等类型，其对行为的影响表现为：理智型用理智来衡量一切，并支配其行动；情绪型的情绪体验深刻，其行为受情绪影响大；意志型有明确目标，其行为表现是行动主动、责任心强。

4.5.3　环境行为因素

环境对人的行为的影响是多方面的。历史上，对究竟是环境影响行为，还是行为影响环境问题的争议由来已久。弗洛伊德认为，一个人的意识(包括潜意识与无意识)才是最重要的，一个人现在会做什么，将来会做什么，什么时候会做对，什么时候会做错，都是人们的意识、潜意识与无意识的外在表现，而你的表现就形成了你的环境；行为是不会无端地产生的，同一件事情对于不同的人就会有不同的反应，受一个人的内在想法和意识的支配。约翰·华生却提出了相反的理论，认为人的意识导致其行为、行为影响环境、环境造就性格，而性格则支配行为；归根结底，是环境影响了行为。

从体验设计的角度，环境对人的行为的影响大体上可以归纳为三个方面。

1．物质环境的影响

这里，物质环境指物理实在的自然环境。物质环境的状况对人的行为影响很大，其变化会刺激人的心理，影响人的情绪，甚至打乱人的正常行动。例如由于物的缺陷对人机信息交流的不良影响，造成操作协调性差，从而引起不愉快刺激、烦躁知觉，产生急躁等不良情绪，容易引起误动作，导致不符合预期的行为的发生，反之亦然。

2. 社会心理因素的影响

社会心理因素指个体的社会知觉、价值观及其社会角色，其对人的行为的影响反映在三个方面：一是社会知觉的影响。知觉是眼前客观刺激物的整体属性在人脑中的反映。客观刺激物既包括物，也包括人。人在对别人感知时，不只停留在被感知的面部表情、身体姿态和外部行为上，而且还会根据这些外部特征来推测他的内部动机、目的、意图、观点意见等。人的社会知觉与客观事物的本来面貌常常是不一致的，这就会使人产生错误的知觉或偏见，使其本来面貌在自己的知觉中发生歪曲。产生偏差的原因通常有第一印象作用、晕轮效应、优先效应与近因效应和定型作用等。二是价值观的影响。价值观是人的行为的重要心理基础，它决定着个人对人和事的接近或回避、喜爱或厌恶、积极或消极。对事物价值认识的不同，会从其对待事物的态度及行为上表现出来。三是角色的影响。在社会生活的大舞台上，每个人都在扮演着不同的角色，都有一套自己的行为规范，只有按照自己所扮演的角色的行为规范行事，社会生活才能有条不紊地进行，否则就会发生混乱。角色实现的过程是个人适应环境的过程，也常被用来预测交互体验的效果。

3. 社会因素的影响

社会因素指社会舆论、风俗与传统文化等要素，其对行为的影响主要体现在两个方面。一是社会舆论的影响。社会舆论又称公众意见，它是社会上大多数人对共同关心的事情，用富有情感色彩的语言所表达的态度、意见的集合，从道德层面约束着每个人的行为。譬如排队上车、礼让三先、老弱病残优先等都属于这一范畴。良好的社会舆论环境是建立精神文明不可或缺的手段之一，而高素质的行为举止也是社会进步、文明进步的标志。二是风俗与时尚的影响。风俗是指一定地区内社会多数成员比较一致的行为趋向。风俗与时尚对人的行为的影响既有有利的方面，也有不利的方面，通过文化的建设可以实现扬其长、避其短。比如尊老爱幼、礼让节俭的风俗就值得提倡，而奢靡、粗鲁的举止就应该避免。这些都可以通过加强社会精神文明的建设来实现。

思 考 题

1. 简述人类行为学研究的发展历史。
2. 试述人类行为的要素及其特点、在交互过程中所起的作用。
3. 行为遗传学研究的内容是什么？试述行为遗传学对交互设计的作用。
4. 简述影响人的行为的因素，并尝试画出影响人的行为的相关因素的思维导图。
5. 试以洗衣机为例，分析其人机交互过程。在此基础上，结合人的自然行为(习惯)，尝试改进其交互模式、流程或方法，以提升用户体验。

原理篇

用户体验设计的原理与方法

自从用户体验概念被提出后，得到了业界的日益重视，从不同视角对各种方法的研究和探讨始终没有停止过。人的因素的复杂性、交互方式的多样性和环境因素的多态性，带来了体验设计方法的复杂多面性，任何一种过分强调某种因素的方法都是不全面和不恰当的。譬如过度关注用户心理因素和过度关注生理因素带来的后果会是一样的，那就是偏离了对用户体验整体的把握。这里所说的整体是指包括生理、心理、行为与交互和环境的综合作用。从格式塔心理学到用户体验质量的测试与评价，作为一个新兴的交叉学科，用户体验设计的科学方法和理论在创立、争议、验证、完善与提高中得以深化和发展。

虽然目前流行的各种用户体验设计理论尚存在这样或那样的不足，但毫无疑问的是，这些理论都在特定的设计领域得到了验证或认可，同时这些理论也为新方法的产生奠定了科学的基础。研究表明，现有体验设计理论有这些特点：其一，单一的理论或方法往往专注于特定领域的应用，适用面较窄；其二，高水准的体验设计往往是多种理论或方法综合应用的结果。基于这些原因，本篇将对体验设计的主要原理和方法进行全面梳理，引导读者再次追随前辈和大师们的思路，去洞察每种理论方法的精髓、剖析每种方法的局限性和不足，"博闻约取，知宗而用妙"，提升自己的创造性体验设计思维能力。

第 5 章

KANO 模型

从产品的设计、生产到销售的全生命周期，企业的成功需要在各个环节全力以赴地满足顾客的需求，并尽量提供更多的方便。仅仅局限于对基本需求的满足，常常会导致竞争对手间的产品和服务趋同，无法脱颖而出。挖掘顾客需求的广度和深度、帮助企业了解顾客需求的层次、识别提升满意度的关键因素、为改善产品体验提供科学依据，正是 KANO 模型所要解决的问题，这为体验设计带来了极具启发价值的新的设计思想。

5.1   认识 KANO 模型

消费者的满意度，取决于他们对企业所提供的产品和服务的事前期待与实际效果之间比较的结果以及对结果形成的开心或失望的感觉。若在消费中的实际效果与事前期待相符合，则会感到满意；若超过事前期待，则很满意；若未能达到事前期待，则不满意。实际效果与事前期待的差距越大，不满意的程度就越高，不良感受也就越强烈，反之亦然。

5.5.1   KANO 模型的定义

KANO 模型是一种对用户需求进行分类和优先级排序的工具。它以分析需求对满意度的影响为基础，体现了产品性能和用户满意之间的非线性关系。KANO 模型是日本东京理工大学教授狩野纪昭(Noriaki Kano)提出的，也由此得名。

KANO 模型将产品服务的质量特性分为五类，即基本(必备)型需求(Quality / Basic Quality)、期望(一元)型需求(One-Dimensional Quality / Performance Quality)、兴奋(魅力)型需求(Attractive Quality / Excitement Quality)、无差异型需求(Indifferent Quality / Neutral Quality)、反向(逆向)型需求(Reverse Quality)。其中，前三种需求根据绩效指标分类就是基本因素、绩效因素和激励因素。这里，"Quality"也可以翻译成"质量"或"品质"，在KANO 模型语境里，与"需求"等同。而质量，特别是对提升客户满意度贡献显著的质量因素的识别，正是 KANO 理论研究的核心。

一般来说，产品质量指的是在商品经济范畴，企业依据特定标准，对产品进行规划、设计、制造、检测、计量、运输、储存、销售、售后服务、生态回收等全程的必要的信息披露，是产品适合社会和人们需要所具备的特性，包括产品结构、性能、精度、物理性能、化学成分等内在特性，以及外观、形状、手感、色泽、气味等外部特性，可以概括为性能、寿命、可靠性、安全性、经济性、外观质量及生理和心理反馈等方面。从价值角度看，质量的含义是效益导向的，体现在追求高质量的旨在实现更高的客户满意，从而期望实现收益的增加。产品质量的好坏可以通过对特定的质量要素或质量整体的优劣程度进行定性或定量的描述和评定，这称为质量评价。质量评价是质量管理体系的一个重要组成部分。

KANO 模型首次提出了满意度的二维模式，有效地解决了在当时的日本如何提高产品和企业服务品质这一难题。狩野纪昭发现，当提供某些产品或服务因素时，未必会获得用户的满意，有时还可能会造成不满意；有时提供或不提供某些因素，用户认为根本无差异。这与满意或不满意的一维满意度形成对照，也因此被称为满意度的二维模式。KANO 模型在产品质量评估、质量特性设计与改进等方面都产生了重大影响。

5.5.2   KANO 模型的起源

美国行为心理学家弗雷德里克·赫茨伯格(Frederick Herzberg，1923—2000)于 1959 年提出了双因素理论①。受此启发，狩野纪昭及同事于 1979 年 10 月发表了《质量的保健因素和激励因素》(*Motivator and Hygiene Factor in Quality*)一文，第一次将满意与不满意标准引入到质量管理领域。1982 年在日本质量管理大会第十二届年会上狩野纪昭又宣读了《魅力质量与必备质量》(*Attractive Quality and Must-be Quality*)的报告，发表了对由特性满足状况表征的客观质量和由客户满意度表征的主观质量之间相互关系的研究成果，阐述了质量分类的 KANO 模型。该文于 1984 年 1 月 18 日正式发表于日本质量管理学会(JSQC)的《质量》杂志第十四期上，标志着 KANO 模型(也称狩野模式)的确立和魅力质量理论的成熟。

5.2 KANO 模型的内涵

所谓满意是一种心理状态，是客户的需求被满足后的愉悦感，它标志着客户对产品或服务的事前期望与实际使用或服务后得到的开心或失望感觉的程度。满意是客户忠诚的基本条件。KANO 模型中影响顾客满意度的因素如图 5-1 所示。

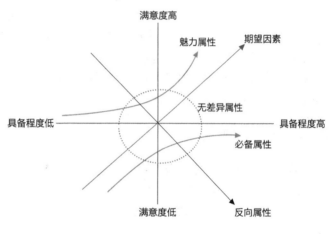

图 5-1 KANO 模型

5.2.1 基本型需求

基本型需求，也称理所当然需求，是顾客对企业提供的产品或服务的基本要求，也是顾客认为产品或服务"必须有"的属性或功能。如果此类需求没有得到满足或表现欠佳，客户的不满情绪会急剧增加；当满足了此类需求后，可以消除客户的不满，但并不能带来满意度的增加。换言之，对于基本型需求，即使超过了期望，顾客充其量感到满意，不会对此表现出更多的好感；不过只要稍有疏忽，未能达到期望，则顾客满意度将一落千丈。对于顾客来说，这些需求是理所当然要满足的。例如夏天家庭使用空调，如果运行正常，顾客不会为此而对空调质量感到特别满意；反之，一旦制冷出现问题，那么顾客对该品牌空调的满意水平则会明显下降，投诉、抱怨将随之而来。

与基本需求相对应的是产品的基本品质，也叫理所当然品质、必备属性。产品基本品

———————
① 双因素理论，又称"激励保健理论(Hygiene-motivational Factors)"，是激励理论的代表之一，该理论认为引起人们工作动机的因素主要有两个：一是激励因素，二是保健因素。只有激励因素才能够给人们带来满意感，而保健因素只能消除人们的不满，但不会带来满意感。换言之，满意的对立面并不是不满意而是没有满意；不满意的对立面并不是满意而是没有不满意。这也是 KANO 模型最重要的思想基础。

质的优劣能消除用户的不满，但不能提升产品的满意度；企业应着重的仅仅是不要在这方面失分，过度地强化基本品质会带来无谓的成本上升，对产品体验的提升作用却不明显。

5.2.2 期望型需求

期望型需求，也称一元型需求，是指顾客的满意状况与需求的满足程度成比例关系的需求。此类需求得到满足或表现良好的话，客户满意度会显著增加。企业提供的产品和服务水平超出顾客的期望越多，满意状况就越好；反之，不满也会显著增加。相比之下，期望型需求没有基本型需求那样苛刻，其要求提供的产品或服务虽然比较优秀，但并不属于"必须有"的产品属性或服务行为。事实上，有些期望型需求连顾客自己都不太能说得清楚，但是他们希望得到的。因此，期望型需求也被称作用户需求的痒处、痛点。在市场调查中，顾客谈论最多的通常就是期望型需求。

与期望型需求相对应的是期望品质，也称一元品质、期望因素。期望型需求是处于成长期的需求，是客户、竞争对手和企业自身都关注的需求，也是体现产品竞争能力的品质。对于这类需求，企业的做法应该是要注重提高这方面的质量，力争超过竞争对手。例如在国内对质量投诉处理的现状始终不能令人满意，该服务也可被视为期望型需求，它常常被许多企业所忽视；如果对质量投诉处理得越圆满，那么顾客的满意度就越高，相应的体验感和忠诚度就会得到提升。

5.2.3 魅力型需求

魅力型需求，又称兴奋型需求，是指不会被顾客过分期望的需求。由于其通常不被顾客所过分期待，当特性不充足时，特别是无关紧要的特性，则顾客无所谓，一旦产品提供了这类需求中的服务时，顾客就会受到激励，从而满意度急剧上升，忠诚度也会随之提高。

魅力型需求对应的是产品的魅力品质、魅力属性。即便是表现并不完美的魅力品质，所带来的顾客满意程度的提升也是非常明显的。在魅力品质期望不满足时，顾客并不会因而表现出明显的不满意。魅力品质往往代表顾客的潜在需求、带给用户的是惊喜，企业应该寻找和发掘这样的需求，达到大幅提升用户满意度、领先竞争对手的目的。例如一些著名品牌的企业都能够定时进行产品的质量跟踪和回访，发布最新的产品信息和促销内容，并为顾客提供最便捷的购物方式。对此，即使另一些企业未提供这些服务，顾客也不会由此表现出明显不满意。这就形成了服务上的差异，一旦这些服务都能做得到位，客户会感到出乎预料的惊喜，对品牌的好感和忠诚就会油然而生。

5.2.4 无差异型需求

无差异型需求，是指不论提供与否对用户体验均无影响的品质，对应无差异属性。无差异型需求是质量中既不好也不坏的方面，它们通常不会导致顾客满意或不满意。例如航空公司为乘客提供的没有实用价值的赠品，由于免费很少有人去关注，也很难说能带给乘客什么样的感受。而且一旦顾客发现赠品粗制滥造，反倒会起到不良的影响。鉴于无差异型需求对用户满意度的作用可有可无，企业应该不提供或慎重提供。

5.2.5　反向型需求

反向型需求，也称逆向型需求，是指能引起强烈不满或导致低水平满意度的质量特性，对应产品的反向属性。对某些产品品质来说，一方面并非所有的消费者都有相似的喜好，另一方面，许多用户可能根本就无此需求，这类品质的提供反而会使用户满意度下降，而且提供的程度与用户满意程度成反比。例如，一些顾客喜欢高科技产品，而另一些人更喜欢传统产品，对于后一类人来说，过多的额外功能就意味着增加无谓的成本、增加使用的复杂度，这些都会引起顾客不满。有时，额外功能越多可能导致的不满就越大。由于反向型需求的这些特点，企业应该仔细筛查用户需求、突出重点，尽量减少这类产品质量特性。

5.2.6　KANO 模型的启示

依据 KANO 模型的思想，在改善产品和企业服务时，应遵循以下原则。

首先，要全力以赴地满足顾客的基本型需求，保证其提出的问题得到认真的解决，重视顾客认为企业有义务做到的事情，尽量提供方便，以实现顾客最基本需求的满足。

然后，企业应尽力去满足顾客的期望型需求，这是质量上传统的竞争性因素。提供顾客喜爱的额外服务或产品功能，使其产品和服务优于竞争对手，并有所不同，从而形成差异化优势，引导顾客强化对本企业的良好印象，使其达到满意。

最后，企业应争取实现顾客的魅力型需求，以期带给用户惊喜，达成完美的体验，为企业建立最忠实的客户群。

KANO 模型的思想给体验设计带来了全新的启发：传统体验设计往往面面俱到，无差别地追求所有交互属性的完美。这样的做法不仅徒劳无功，有时还会适得其反。正确的做法是：应准确辨识交互的基本、期望型和魅力型等需求，并依 KANO 模型的思想区别对待；在满足基本需求的基础上，力争带给用户惊喜，以达到大幅提升体验效果的目的。

5.3　KANO 模型的分析方法

KANO 模型的分析方法是基于对顾客需求的细分原理开发的一套结构型问卷分析方法。严格地说，该模型并不是一个测量满意度的模型，而是一个典型的定性分析模型，主要用于识别顾客需求，通过对不同的需求进行区分处理，帮助企业确定影响满意的关键要素，找出提高产品或服务的切入点。通常在满意度评价工作的前期作为辅助研究模型来使用。

产品或服务效果的评价可以从两个方向来考虑：一是从客户让渡价值的角度，即从客户获得的价值和客户付出成本的差值大小来评价；二是从客户需求的角度。然而，根据可行性、可衡量性、可比较性和可操作性等四原则及项目实际要求，无法对客户的时间、体力和精神成本进行准确的衡量，而服务的提供也多表现为非货币成本。因此，从客户让渡价值的角度建立评价模型的难度较大；从客户需求角度提出服务有效性评价模型，则具有较高的可操作性。客户角度的有效服务要满足两点：一是满足不同客户群的不同需求；二是使客户感到满意。具备这两点的服务就是有效的服务，反之就是无效服务或低效服务。通常，无效或低效服务应予以取消或者改进。由此，可以剥离出三个维度的指标来建立有效服务的评价体系，即需求层次识别、客户细分和客户满意度测评，如图 5-2 所示。

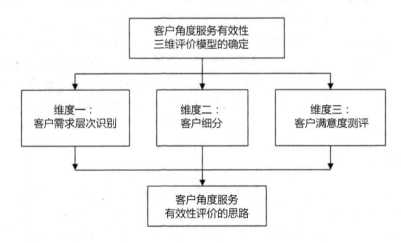

图 5-2　客户角度服务有效性评价

5.3.1　客户需求层次的识别

通常，不同的服务满足客户不同层次的需求，客户对服务质量和内容也有着不同的心理预期。因此，对客户需求层次的划分，会使服务效果的评估更准确、更容易完善和改进。为了能够将质量特性区分为不同层次，KANO 问卷中每个质量特性都由正向和负向两个问题构成，分别测量顾客在面对存在或不存在某项质量特性时所做出的反应。问卷中的问题答案一般采用五级选项，分别是"我喜欢这样""它必须这样(理应如此)""我无所谓""我能够忍受"和"我讨厌(不喜欢)这样"，如表 5-1 所示。

表 5-1　XXX 服务(功能)有效性评价表

正向评价	如果具有×××功能，您如何评价？				
	我喜欢这样	它必须这样	我无所谓	我能忍受	我讨厌这样
负向评价	如果不具有×××功能，您如何评价？				
	我喜欢这样	它必须这样	我无所谓	我能忍受	我讨厌这样

根据表 5-2 形式的问卷实施调查，按照正向问题和负向问题的回答对质量特性进行分类：当正向问题的回答是"我喜欢"，对负向问题的回答是"我不喜欢"，那么在 KANO 评价表中，这项质量特性就分类为 O，即期望型需求；如果对某项质量特性正向回答为"理应如此""无所谓""能忍受"，但负向回答为"不喜欢"，则分类为 M，即基本型需求；如果对某项质量特性正向回答为"喜欢"，但负向回答为"理应如此""无所谓""能忍受"，则分类为 A，即魅力型需求；同样，可得出分类 R，表示顾客不需要这种质量特性，甚至对该质量特性有反感；I 表示无差异需求，顾客对这一因素无所谓；Q 表示

有疑问的结果，顾客的回答一般不会出现这个结果，除非这个问题的问法不合理或是顾客没有很好地理解问题，又或者是在填写问题答案时出现了错误。

表 5-2　KANO 评价结果分类对照表示例

产品/服务需求	负向问题				
正向问题 量　表	喜　欢	理应如此	无 所 谓	能 忍 受	讨　厌
喜欢	Q	A	A	A	O
理应如此	R	I	I	I	M
无所谓	R	I	I	I	M
能忍受	R	I	I	I	M
不喜欢	R	R	R	R	Q

将被试对象的所有回答进行统计，并将统计得到的结果填入表 5-2 中，然后按各质量特性对应被试人数的多少将其分类成基本型、期望型和兴奋型等需求。

5.3.2　客户细分

客户细分，是指企业在明确的战略模式和特定的市场中，根据客户的属性、行为、需求、偏好及价值观等因素对客户进行分类，并提供有针对性的产品、服务和销售模式。客户细分的概念是由美国营销学家温德尔·史密斯(Wendell R. Smith)于 1956 年提出的，其理论依据在于顾客需求的异质性和企业需要在有限资源的基础上进行有效的市场竞争。

客户细分是按不同属性将客户分成一些特定的群，每个群中客户的需求或其他一些和需求相关的因素非常相似，而且每个客户群对于一些市场营销的手段的反应也非常相似(见图 5-3)。这样就可以分别采取相应的市场营销手段，提供差异化的产品和服务，大大提高产品体验和营销效率，起到事半功倍的效果。客户细分通常由五个步骤来实现。第一步，客户特征细分，包括地理(如居住地、行政区、区域规模)、社会(如年龄范围、性别、经济收入、工作、职位、受教育程度、宗教信仰、家庭成员数量)、心理(如个性、生活形态)和消费行为(如置业情况、动机类型、品牌忠诚度、对产品的态度)等要素。第二步，客户价值区间细分。例如对客户进行从高价值到低价值的区间分隔，以便根据二八原理，锁定高价值客户。第三步，客户共同需求细分。第四步，选择细分的聚类技术。常用的聚类方法有 K-means、神经网络等，对数据初始化和预处理。第五步，评估细分结果。评估规则包括与业务目标相关的程度、可理解性和是否容易特征化、基数是否大到能保证一个特别的宣传活动，以及是否容易开发独特的宣传活动等。

在进行客户细分时，首先要选择合适的维度。常见的客户细分维度包括行为、价值、客户历史数据、人口统计、地理统计、态度/倾向、制约条件、认知/印象、场合和需求等(见图 5-4)。当然，有时根据具体情况也可以产生新的维度。象限法是进行维度筛选常用的方法(见图 5-5)，具有容易实现且非常直观的特点。当客户分群的目的不同时，象限法所采取的横纵坐标轴也不一样。即便是为同一种目的，仅用一种二维的分析也不一定全面。所以可以多考虑几种横纵坐标轴的定义，进行不同的组合，对得出的结果加以综合考虑。有时候为了更好地通过分群来获取对客户内在需求的洞察力，细分维度会多于一个。一般来说，维度越多，获取的洞察力就越多，但同时复杂性也就越大。实践中，细分维度可依据实际对象的特点进行选择。

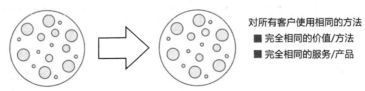

图 5-3　客户细分的基本思想

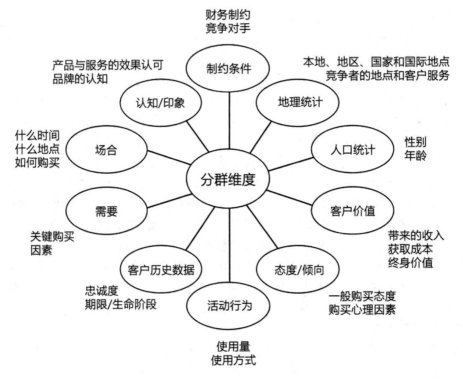

图 5-4　一些常见的客户细分维度

建立客户细分群，实现知识分析平台，将客户数据转化为对客户需求的了解，并由此产生出有针对性的产品或服务品质提升方法，这一过程就是客户细分模型建模。图 5-6 给出了一个客户细分模型的具体建模过程，重点反映了客户价值、客户周期价值、客户流失的原因分析等因素与客户细分的关联。由于每种细分方法都有其优缺点，因此根据实际情况的需要，比较各种客户细分方法的优劣，评估其实施难度及有效程度，是确定合适细分组合的关键。同时也要牢记增加企业股东价值和满足决策目标是客户细分所要达到的最终目的。

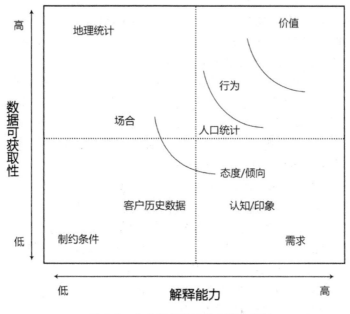

图 5-5　客户细分维度选择的象限法

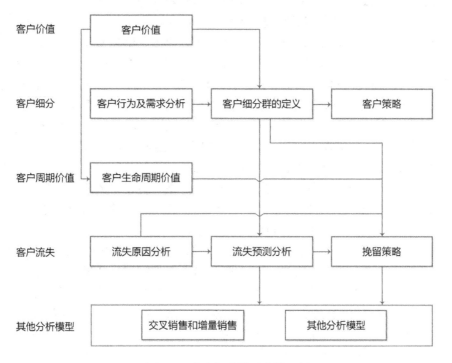

图 5-6　客户细分模型建模示例

原理篇　用户体验设计的原理与方法

5.3.3 客户满意度

客户满意度(Satisfaction Index，SI)，也叫客户满意指数，是客户期望值与其体验的匹配程度，即客户通过对一种产品可感知的效果与其期望值相比较后得出的结果，是一种愉悦或失望的感觉状态。与客户满意度相对的是客户不满意度(Dissatisfaction Index，DSI)。美国学者查尔斯·博格尔(Charles Berger)等在 1993 年提出了 Better-worse 系数指标，表示某功能对增加满意或者消除很不喜欢的影响程度。

(1) Better 系数：即增加后的满意系数。其值通常为正，代表如果提供某功能属性用户满意度会提升；正值越大(越接近 1)，表示提升的影响效果越强，上升的也就更快。

(2) Worse 系数：即消除后的不满意系数。其值通常为负，代表如果不提供某功能属性用户的满意度会降低；负值越大(越接近-1)，表示降低的影响效果越强，下降得越快。

增加后的满意系数：Better(SI)=(A+O)/(A+O+M+I)   (5-1)

消除后的不满意系数：Worse(DSI)=(-1)(O+M)/(A+O+M+I)   (5-2)

研究发现，客户的满意度通常受到以下四个方面因素的影响。

(1) 产品和服务让渡价值的高低。如果客户得到的让渡价值高于他的期望值，他就倾向于满意，差额越大越满意，反之亦然。产品或服务的质量是让渡价值的重要组成部分。

(2) 客户的情感。非常愉快的时刻、健康的身心和积极的思考方式，都会对所体验的服务的感觉有正面的影响。反之，恶劣的情绪会给体验带来负面影响。消费过程本身引起的一些特定情感，也会影响客户对服务的满意度。

(3) 对服务成功或失败的归因。当产品服务比预期好得太多或坏得太多时，客户总是试图寻找原因，这就是归因，而对原因的评定能够影响其满意度。比如一辆车没有能在期望的时间内修好，结果可能会是这样：如果客户认为原因是维修站没有尽力，那么就会不满意甚至很不满意；如果认为原因在自己一方，不满程度就会轻一些，甚至认为维修站是完全可以原谅的。相反，对于一次超乎想象的好的服务，如果被归因为"维修站的分内事"或"现在的服务质量普遍提高了"，那么这项好服务并不会提升顾客的满意度；如果归因为"他们特别重视我"或"这个品牌特别讲究与顾客的感情"，那么这项好服务将大大提升顾客的满意度，并进而将这种高度满意扩张到对品牌的信任。

(4) 对平等或公正的感知。客户经常会问自己："我与其他客户相比是不是被平等对待了？别的客户得到比我的更好的待遇、更合理的价格、更优质的服务了吗？我为这项服务或产品花的钱合理吗？以我所花费的金钱和精力，我所得到的比人家多还是少？"公正的感觉往往是客户对产品或服务满意与否的感知的中心。

客户满意度具有两个特征。一是主观性。满意度是建立在对产品或服务的体验之上的，感受对象是客观的、结论却是主观的，既与自身条件如知识和经验、收入、生活习惯和价值观念等有关，还与传媒、新闻和市场中假冒伪劣产品的干扰等因素有关。二是层次性。美国社会心理学家亚伯拉罕·马斯洛(Abraham Maslow)指出：人的需要有五个层次，处于不同层次的人对产品或服务的评价标准是不一样的。这也解释了处于不同地区不同阶层的人或同一个人在不同的条件下对某个产品的评价可能不尽相同的原因。

可见，KANO 模型是通过对各质量特性的满意或不满意影响力的分析，来判断顾客对质量特性水平变化的敏感程度，进而确定改进那些质量特性敏感性高、更有利于提升顾客满意度的关键因素。这里，通过一个简单的例子来说明 KANO 模型分析方法的使用。

【例 5.1】　为了了解顾客需求层次，确定改进方向，某电子企业针对所生产的 MP4 选取了四个质量特性(FM 收音机、录音、容量、播放格式)，设计了 KANO 问卷并进行调查。

首先，应用 KANO 模型分析方法识别顾客需求，并通过调查获得每个质量特性的数据，得到表 5-3。在分类时不用考虑 I、R、Q 的数据，可直接根据每个质量特性在 A、O、M 中出现的次数来确定质量特性的分类结果。由表 5-3 可以得到，"容量"和"播放格式"是基本型需求，"FM 收音机"和"录音"功能为期望型需求。

表 5-3　MP4 的 FM 收音机功能评价结果(%)

质量特性	A	O	M	I	R	Q	分类结果
FM 收音机	19.2	32.5	22.5	24.5	0.2	1.1	O
录音	14.2	26.4	11.5	45.2	0.8	1.9	O
容量	15.8	30.1	49.8	2.5	0.6	1.2	M
播放格式	13.8	26.6	55.8	2.1	0.7	1.0	M

其次，应用 KANO 模型分析方法确定关键因素，完成对质量特性的需求分类。

然后，就可以进行 KANO 模型分析了。应用式(5-1)和式(5-2)进行满意指数(SI)和不满意指数(DSI)，对功能评价结果表 5-3 中的数据进行计算，得到结果如表 5-4 所示。

表 5-4　MP4 的 FM 收音机功能敏感性分析结果

质量特性	SI	DSI	质量特性	SI	DSI
FM 收音机	0.52	−0.56	容量	0.47	−0.81
录音	0.42	−0.39	播放格式	0.41	−0.84

将各质量特性以 SI 值为横坐标、DSI 值为纵坐标纳入敏感性矩阵中，如图 5-7 所示。在半径圈(以 O 为圆心、OP 为半径的圆，OP 是过纵横 0.5 处交点的线段长度)以外，并且离原点越远的因素，敏感性越大。据此可以确定 FM 收音机、容量和播放格式是关键要素。分析结果表明，企业首先应该关注顾客的基本型需求，即 FM 收音机、容量和播放格式，这是顾客认为企业有义务做到的事情。在此基础上企业尽力去满足顾客的期望型需求，例如录音功能，这是质量的差异性、竞争性因素。最后争取实现顾客的魅力型需求，例如外观、续航、良好的售后服务等，力争带给用户惊喜，建立用户的忠诚度。

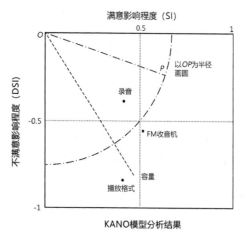

图 5-7　KANO 模型敏感性矩阵示例

原理篇　用户体验设计的原理与方法

5.4 KANO 模型的应用

本节将结合实例详细介绍 KANO 模型的具体应用过程。

【例 5.2】 淘宝网的用户体验设计(UED)在卖家客户关系管理工具的项目中，运用了 KANO 模型，辅助业务方评判相关功能对满意度的影响，以确定关键功能。KANO 模型分析的整个操作流程包括需求沟通、问卷编制、数据收集、清洗与分析等步骤。

5.4.1 需求沟通——为什么要用 KANO 模型

为了适应卖家日益增长的客户管理需求，淘宝官方客户关系管理工具需要引入一些新功能。业务方希望知晓在众多用户需要的功能中，哪些是基本的、哪些是增值的及功能的优先级如何排布，以便在进行功能开发优先级排期的同时，考虑哪些功能应该由淘宝官方做、哪些更适合与第三方合作完成。KANO 模型很好地贴合了此业务的需求。从具备程度和满意程度这两个维度出发，将客户关系管理工具中的功能进行细致、有效的区分和排序，帮助了解哪些功能是一定要有，否则会直接影响用户体验的(必备属性、期望属性)；哪些功能是没有时不会造成负向影响，但拥有时会给用户带来惊喜的(魅力属性)；哪些功能是可有可无，具备与否对用户都不会有太多影响的(无差异因素)。

5.4.2 KANO 模型问卷编制——正、反两面的 KANO 问题模式

用 KANO 模型在设置题目时，对于每一个想要探查的问题都要了解两个方面，即用户对于具备该功能时的评价和不具备时的评价。例如，在探讨"信息管理——购买行为信息"功能时，会分正反两种情况询问用户对产品是否具备该功能的评价，如图 5-8 所示。

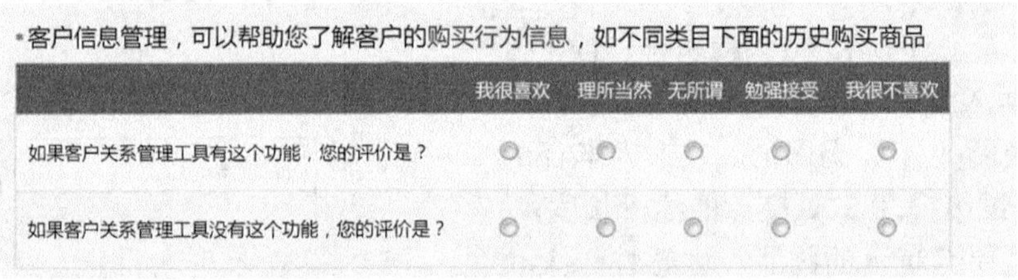

客户信息管理，可以帮助您了解客户的购买行为信息，如不同类目下面的历史购买商品					
	我很喜欢	理所当然	无所谓	勉强接受	我很不喜欢
如果客户关系管理工具有这个功能，您的评价是？	○	○	○	○	○
如果客户关系管理工具没有这个功能，您的评价是？	○	○	○	○	○

图 5-8 KANO 模型题目设置举例

为保证用户对问卷中各功能点的准确理解，保证数据质量，需要做两件事：一是对于每个功能点进行举例说明(见图 5-9)；二是预访谈三名卖家，请卖家做完问卷后提出疑惑的地方，检验功能点的阐述是否容易理解，对不清晰的部分加以修改和完善。另外，由于每个用户对于"我很喜欢""理所当然""无所谓""勉强接受"和"我很不喜欢"的理解不尽相同，因此需要在问卷填写前给出统一的解释，让用户有相对一致的标准，方便填答。

下面列出了客户关系管理中的17个功能点，请您根据自己的真实感受进行相应的评价。

说明：
【我很喜欢】：指会让您感到满意开心、令人惊喜的。
【理所当然】：指您觉得是应该的、必备的服务。
【无所谓】：指您不会特别在意，可有可无。
【勉强接受】：会让您不至于喜欢，但还可以接受。
【我很不喜欢】：指会让您感到不满意。

图 5-9　问卷填答说明

5.4.3　数据的收集、清洗与分析

投放了足够的问卷后，接下来开始进行数据的收集、清洗和分析，具体如下。

1. 数据收集

调查的样本为 3～4 月有成交的卖家，通过邮件营销系统(Email Direct Marketing, EDM)进行问卷投放，共回收 5906 份数据。

2. 数据清洗

目的是剔除明显不合逻辑或不合理的数据。例如在 KANO 问卷中，筛除了全选"我很喜欢"和全选"我很不喜欢"的数据(即全部是极端选择)。经过筛选得到有效数据 4395 份。

3. 数据分析

重点针对近一个月发单量大于 20 单的 139 个用户进行分析。具体分析方法为"KANO 二维属性归类"和"Better-worse 系数分析"法。

(1) KANO 二维属性归属分类。KANO 评价结果分类对照表如图 5-10 所示，具体含义为：A 代表魅力属性，O 代表期望属性，M 代表必备属性，I 代表无差异属性，R 是反向属性，Q 为可疑结果。由图 5-10 中可以看出，每一个功能在 6 个维度上(魅力属性、期望属性、必备属性、无差异因素、反向属性、可疑结果)上均可能有得分，将相同维度的得分百分比相加后，可得到各个属性维度的占比总和，总和最大的那个属性维度便是该功能的属性归属。如图 5-11 所示，在对"信息管理——购买行为信息"这一功能进行统计整理时，发现魅力属性的占比总数最高，进而得到"信息管理——购买行为信息"功能属于魅力属性。

KANO评价结果分类对照表

产品/服务需求		负向（如果*产品*不具备*功能*，您的评价是）				
量表		我很喜欢	它理应如此	无所谓	勉强接受	我很不喜欢
正向（如果*产品*具备*功能*，您的评价是）	我很喜欢	Q	A	A	A	O
	它理应如此	R	I	I	I	M
	无所谓	R	I	I	I	M
	勉强接受	R	I	I	I	M
	我很不喜欢	R	R	R	R	Q

图 5-10　KANO 评价结果分类对照表

(2) Better-worse 系数分析。除了对于 KANO 属性归属的探讨，也可以通过对于功能

属性归类的百分比，计算出 Better-worse 系数。Better-worse 系数分析的四分位图如图 5-12 所示，散点被划分到了四个象限。

客户信息管理：可以帮助您了解客户的购买行为信息，如不同类目下的购买历史等						KANO属性：魅力因素
不具备 \ 具备	很喜欢	理所当然	无所谓	勉强接受	很不喜欢	■ 魅力　　36.7%
很喜欢	●9.4%	■5.0%	■11.5%	■20.1%	*28.8%	* 期望　　28.8%
理所当然	▶0.7%	‖5.8%	‖2.9%	‖1.4%	✔2.9%	✔ 必备　　2.9%
无所谓	▶0.0%	‖0.0%	‖9.4%	‖0.0%	✔0.0%	‖ 无差异　21.6%
勉强接受	▶0.0%	‖0.0%	‖0.7%	‖1.4%	✔0.0%	▶ 反向　　0.7%
很不喜欢	▶0.0%	▶0.0%	▶0.0%	▶0.0%	●0.0%	● 可疑　　9.4%

图 5-11　功能属性结果举例

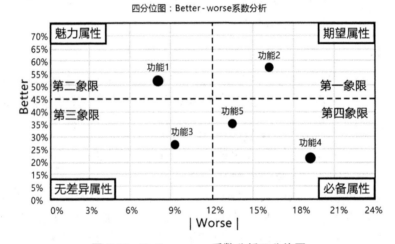

图 5-12　Better-worse 系数分析四分位图

① 第一象限表示期望属性：Better 系数值高，Worse 系数绝对值也很高的情况。这是质量的竞争性属性，应尽力去满足。例如提供用户喜爱的额外服务或产品功能、使其产品和服务优于竞争对手并有所不同、引导用户加深对本产品的良好印象等。

② 第二象限表示魅力属性：Better 系数值高，Worse 系数绝对值低的情况。

③ 第三象限表示无差异属性：Better 系数值低，Worse 系数绝对值也低的情况。这些功能点是用户并不在意的功能。

④ 第四象限表示必备属性：Better 系数值低，Worse 系数绝对值高的情况。落入此象限的功能是最基本的功能，这些需求是用户认为有义务做到的事情。

根据 Better-worse 系数，对绝对分值较高的功能/服务需求应当优先实施。例如将图 5-11 中"信息管理——购买行为信息"数据代入式(5-1)、式(5-2)，得到 Better-worse 系数如下：

Better=(0.367+0.288)/(0.367+0.288+0.029+0.216)=0.73；

Worse=(0.288+0.029)/(0.367+0.288+0.029+0.216)×(−1)=−0.35。

图 5-13 中反映的是日发货 20 单以上的 139 名卖家的选择结果分布情况，可以看到，

在客户关系管理工具的 17 个功能点中，大多数为魅力因素，而本次调研中并没有发现必备因素。从 Better-worse 系数这一衡量指标中不难发现，"忠诚度-C2""忠诚度-C3""信息传达-F1""信息传达-F4"都是 Better、Worse 均值很高(大于平均数)的要素。客户关系管理工具一旦加强了这些功能，不仅会消除客户的不满意，还会提升满意水平。

客户关系管理工具功能点	属性归属	better	worse
信息管理 - A1	魅力	0.70	-0.34
信息管理 - A2	魅力	0.73*	-0.35
客户分层 - B1	魅力	0.66	-0.35
客户分层 - B2	魅力	0.66	-0.29
客户分层 - B3	无差异	0.55	-0.33
忠诚度 - C1	魅力	0.67	-0.33
忠诚度 - C2	期望	0.80*	-0.42
忠诚度 - C3	魅力	0.72*	-0.38
忠诚度 - C4	魅力	0.68	-0.37
活动设置 - D1	魅力	0.68	-0.37
活动设置 - D2	魅力	0.65	-0.33
活动效果 - E1	期望	0.67	-0.39*
活动效果 - E2	期望	0.66	-0.36*
信息传达 - F1	期望	0.72*	-0.44*
信息传达 - F2	魅力	0.64	-0.34
信息传达 - F3	魅力	0.69*	0.34
信息传达 - F4	魅力	0.78*	-0.39*

注：*表示大于增加满意度指标及小于消除不满意度指标之平均数

图 5-13　KANO 属性结果

5.5　KANO 模型应用的思考与讨论

上节介绍的应用案例中，给出了利用 KANO 模型进行功能优先级排序的过程，也暴露出具体应用 KANO 模型时需要思考和注意的问题。

5.5.1　KANO 属性的优先级排序问题

辅助进行业务的优先级排序，是 KANO 模型的一大功能特点。业务方在进行功能优先级排序时，可参考"必备属性>期望属性>魅力属性>无差异因素"的顺序进行排序。

通过上述应用案例，可总结出如下的建议：一是期望属性的功能点对于工具的意义重大，建议优先考虑开发或强化；二是对于魅力属性的功能点，建议优先考虑 Better 值较高的功能，有事半功倍的效果；三是无差异因素可以成为节约成本的机会。

5.5.2　如何看待结果中的 KANO 属性

上述案例中多数功能属于魅力属性，由此看出卖家对客户关系管理工具中待推出功能的积极态度，因此可将客户关系管理工具认为是魅力型工具。客户关系管理虽不能直接影响卖家进销存的主流程，但若管理得好会为卖家带来极大的利益，能让卖家感到满意甚至惊喜。此外，上例的调查中没有发现必备属性，这一结果与客户关系管理的市场现状有

原理篇　用户体验设计的原理与方法

关。目前，卖家进行客户关系管理的意识还在成长阶段(例如 2012 年 4 月的一次调研结果显示，在日发 20 单以上的活跃卖家中仅有 18.7%的卖家已进行客户关系管理，其余多处于有意愿进行管理但还未执行或准备执行)，同时案例中涉及的功能点还未能得到真实检验。所以在这个阶段卖家对于这些功能的缺失还没有强烈的负面情绪体验，也不存在满意度的大幅下降。

需要注意的是，KANO 属性的划分并非一成不变，随着时间的变化，卖家对客户关系管理的概念会日益清晰，各功能的属性归属很有可能会发生变化。比如对于早期的电视机来说，遥控器也许是魅力属性，而放在当代，遥控器则应该是人人需要的必备属性了。

5.5.3 KANO 模型的优势和不足

案例应用实践表明，KANO 模型的优势包括可以细致、全面地挖掘功能的特质；可以帮助用户进行优先级排序、辅助项目排期；可以使用户摆脱"误以为'没有抱怨'就等于满意"的想法。

同时，KANO 模型也有它的不足，包括 KANO 问卷通常较长且从正反两面询问，可能会导致用户感觉重复，并引起情绪上的波动。若用户情绪受到影响而没有认真作答，则会导致数据质量的下降。用 KANO 问卷针对产品属性进行测试时部分属性也许并不很好理解，导致选择结果出现模糊。KANO 模型属于定性的方法，以频数来判断每个测试属性的归类，这可能会导致同一属性出现在不同归类(频数相等或近似)的情况。一旦这种情况出现，就需要对这一属性进行单独的重新考察。

由于这些不足的存在，在用 KANO 模型分析数据的时候就要注重数据收集前的准备工作。譬如在问卷设计时应尽量把问卷设计得清晰易懂，语言尽量简单具体，避免语意产生歧义，同时可以在问卷中加入简短且明显的提示或说明，方便用户顺利填答。

思 考 题

1. 什么是 KANO 模型？试述 KANO 模型的起源。

2. 试述 KANO 模型中需求的类型及其与品质的关系。

3. 试述 KANO 模型分析方法的步骤及各步骤要做的工作。

4. 试应用客户细分的原理，针对流行的手机产品，给出一个客户细分维度图，并阐述各个维度的含义。

5. 试针对个人电脑类产品，给出其客户细分的多维度图，并阐述各个维度的含义。通过多维度客户分析，试指出该类产品的发展趋势。

6. 假设现在需要做一个儿童科教音乐机器人，那么哪些功能需求是魅力型的？哪些功能是必备的呢？请通过调研，给出你的 KANO 模型分析步骤，并确定关键功能排序。

第 6 章

格式塔原理

　　格式塔(Gestalt)学说的哲学基础源于现象学，同时它也用大量的研究成果丰富和充实了现象学。格式塔理论使当时的欧洲逐渐形成了一股现象学的心理学思潮，在心理学史上留有不可磨灭的痕迹。它使心理学研究人员不再囿于构造主义的元素学说，而是从另一角度去研究意识经验，为后来的认知心理学埋下伏笔。它通过对行为主义的有力拒斥，使意识经验成为心理学的一个合法的研究领域。尽管对格式塔理论还存在这样或那样的争议，但毋庸置疑的是，其影响迄今犹在。

6.1　格式塔的概念

长期以来，心理学家们一直想确定在知觉过程中人的眼和脑是如何共同起作用的。这种围绕知觉所进行的研究以及由此而产生的理论，被称为格式塔心理学(Gestalt Psychology)。通俗地说，格式塔就是知觉的最终结果，是人们处在心不在焉和没有引入反思的现象学状态时的知觉。这种有着"第一印象"特征的知觉，体现着人对事物最直观的感受。这也是设计师的兴趣点之一，因为与视知觉密切关联的视觉传达，例如平面设计，归根结底是给别人看的。

6.1.1　格式塔的定义

格式塔，是德语"Gestalt"的音译，意思是组织结构或整体，它有两层含义：一是事物具有特定的形状或形式；二是一个实体对知觉所呈现的整体特征，即完形的概念。格式塔心理学(Gestalt Psychology)，也称完形心理学，是西方现代心理学的主要学派之一。它认为人们的审美观对整体与和谐具有一种基本的要求，视觉形象首先要作为统一的整体被认知，而后才以部分的形式被认知，也即人们总是先"看见"一个构图的整体，然后才"看见"组成这一构图整体的各个部分。格式塔心理学派既反对构造主义心理学的元素主义，也反对行为主义心理学的"刺激-反应"公式，主张研究直接经验(即意识)和行为，强调经验和行为的整体性，认为整体不等于且大于部分之和，主张以整体的动力结构观来研究心理现象。

格式塔心理学断言：人们在观看时，眼脑共同作用，并不是在一开始就区分一个形象的各个单一的组成部分，而是将各个部分组合起来，使之成为一个更易于理解的统一体；在一个格式塔(即单一视场或单一的参照系)内，眼睛的能力只能接受少数几个不相关联的整体单位；这种能力的强弱，取决于这些整体单位的不同与相似及它们之间的相互位置；如果一个格式塔中包含了太多互不相关的单位，眼脑就会试图将其简化，把各个单位加以组合，使之成为一个知觉上易于处理的整体；如果办不到这一点，整体形象将继续呈现为无序状态或混乱，从而无法被正确认知，也即看不懂或无法接受。格式塔理论也指出：眼脑作用是一个不断组织、简化、统一的过程，正是通过这一过程，才产生出易于理解、协调的整体。格式塔心理学的核心可归结为：人们总是先看到整体，然后再去关注局部；人们对事物的整体感受不等于对局部感受的简单累积，整体感受大于局部感受之和；视觉系统总是在不断地试图在感官上将图形闭合。一般来说，在一个格式塔中的各个对象，通常存在以下几种视觉关系。

(1) 和谐(Harmony)：是指组成整体的每个局部的形状、大小、颜色趋近一致，并且排列有序，这时产生的整体视觉观感就是"和谐"。如图 6-1 中的单反相机镜头就具有类似的构成，整体观感和谐一致。可见和谐来自所有局部的感官元素视觉特征的接近，这减轻了人的视觉认知负担。

(2) 变化(Changes)：在"和谐"的基础上，对象局部产生了形状、大小、颜色的变化，但这种变化并没有改变所有局部观感的同一性质，这就是"变化"。图 6-2 中的变化是来自和谐基础上局部的外观改变；白色镜头的加入使局部色彩、形状发生了改变，但其整体感官知觉仍属于同一类性质的物体。

图 6-1　视觉和谐的影像

图 6-2　变化来自和谐基础上局部的外观改变

(3) 冲突(Conflict)：在"和谐"的基础上，对象局部不仅有形状、大小、颜色的"变化"，而且有性质上的改变，与整体中的其他局部"格格不入"，此即为冲突。图 6-3 中由于水瓶的加入使某个局部与整体其他部分的性质格格不入，在视觉感官上形成了冲突。

(4) 混乱(Confusion)：当整体中包含太多性质不相关的局部时，视觉系统很难判断出整体到底是什么，这个时候就产生了"混乱"。如图 6-4 中大量局部对象互不相干，使得视觉系统看不懂整体要表达的意思，无法接受整体的感官印象，由此造成了视觉上的混乱。

图 6-3　对象冲突的影像

图 6-4　混乱的影像

6.1.2　格式塔理论的起源与发展

格式塔一词最早是由奥地利哲学家克里斯蒂安·冯·埃伦费尔斯(Christian Von Ehrenfels，1859—1932)于 1890 年提出的。1912 年，德国心理学家马克斯·韦特海默(Max Wertheimer，1880—1943)在法兰克福大学做了似动现象(Phi Phenomenon)实验，并发表了《移动知觉的实验研究》来描述这种现象，被认为是格式塔心理学学派创立的标志。由于初期的主要研究是在柏林大学的实验室内完成的，所以也称柏林学派。格式塔心理学之所以出现于 20 世纪初的德国，在很大程度上应归因于当时德国的社会历史背景。德国的资产阶级革命进行得相对比较晚，但自 1871 年德国统一后，经济得到了迅速发展，到了 20

原理篇　用户体验设计的原理与方法

世纪初德国经济已经赶上并超过英、法等老牌的资本主义国家，一跃成为欧洲强国。当时德国整个社会的意识形态也都强调统一、强调主观能动性，政治、经济、文化、科学等领域也都受到了这种意识形态的影响，倾向于整体研究，心理学自然也不例外。

在哲学层面，格式塔心理学受到了德国哲学家伊曼努尔·康德(Immanuel Kant，1724—1804)和埃德蒙德·古斯塔夫·阿尔布雷希特·胡塞尔(Edmund Gustav Albrecht Husserl，1859—1938)的现象学思想的影响。康德认为，客观世界可以分为"现象"和"物自体"两个世界，人类只能认识现象而不能认识物自体，而对现象的认识则必须借助于人的先验范畴。格式塔心理学接受了这种先验论思想的观点，只不过它把先验范畴改成了"经验的原始组织"，这种经验的原始组织决定着人们怎样知觉外部世界。康德还认为，人的经验是一种整体现象，不能分割为简单的元素，心理对材料的知觉是赋予材料一定形式的基础并以组织的方式来进行的。康德的这一思想成了格式塔心理学的核心思想源泉以及理论构建和发展的主要依据。胡塞尔认为，现象学的方法就是观察者必须摆脱一切预先的假设，对观察到的内容作如实的描述，从而使观察对象的本质得以展现。现象学的这一认识过程必须借助于人的直觉，所以现象学坚持只有人的直觉才能掌握对象的本质，并提出了具体的操作步骤。这也给格式塔心理学的研究方法提供了具体的指导。

19 世纪末 20 世纪初，科学界的许多新发现，例如物理学的"场论"思想，也给格式塔心理学家们带来了启迪。科学家们把"场"定义为一种全新的结构，而不是把它看作分子间引力和斥力的简单相加。格式塔心理学家们接受了这一思想并希望用它来对心理现象和机制做出全新的解释。他们在自己的理论中提出了一系列的新名词，例如赫特·考夫卡(Hurt Koffka，1886—1941)就提出了"行为场""环境场""物理场""心理场"和"心理物理场"等多个概念。此外，奥地利心理学家、哲学家恩斯特·马赫(Ernst Mach，1838—1916)和形质学派心理学理论也对格式塔心理学产生了重要影响。马赫认为感觉是一切客观存在的基础，也是所有科学研究的基础，感觉与其元素无关；物体的形式是可以独立于物体的属性的，可以单独被个体所感知。冯·埃伦费尔斯进一步深化了马赫的理论，倡导研究事物的形、形质，形成了具有朴素整体观的形质学派。

20 世纪初，心理学的中心开始由欧洲向美国转移，格式塔心理学也在其列。此后格式塔心理学在美国得到了发扬光大，其发展大体上可分为三个阶段。

1．初步接纳阶段(1921—1930)

这一阶段格式塔心理学的理论观点初步被美国心理学界所接受。早在 1921 年考夫卡和沃尔夫冈·苛勒(Wolfgang Kohler，1887—1967)先后前往美国许多大学讲学，考夫卡还于 1922 年在美国《心理学评论》杂志上发表文章阐述格式塔心理学理论，他与苛勒的一些著作也被翻译出版，如于 1929 年早期英文版苛勒的《格式塔心理学》等。此外他们对行为主义的批评也得到了不少研究者的赞同。

2．迁移阶段(1927—1945)

在这一时期格式塔学派的创立者和他们的一些学生相继移居美国，在美国担任大学教职、从事科研工作。然而由于所在的大学都没有学位授予权，因此无法培养自己的接班人。同时又因为格式塔学派的著作多为德文版，这在无形之中阻碍了其理论的传播，削弱了其影响。

3. 艰难的综合阶段(1945 年至今)

尽管美国心理学界对格式塔学派的接纳是很缓慢的，不过它最终还是吸引了众多的追随者。他们发展着这一理论并把它运用到了一些新的领域，这表明"这一学派是比较富有生命力的，并且在美国心理学界确立了自己的地位"。

格式塔心理学派的主要代表人物有韦特海默、考夫卡和苛勒等。

6.2　格式塔心理学的主要观点

格式塔心理学认为心理学研究的对象有两个，一个是直接经验，另一个是行为。前者是主体当时感受到或体验到的一切，是一个有意义的整体，它和外界直接的客观刺激并不完全一致；后者指个体在自身行为环境中的活动，也称明显行为。格式塔心理学利用整体观察法和实验现象学研究方法形成了自己的理论观点，特别是其强调整体论的观点，对人本主义心理学的发展有很大的影响，例如人本主义心理学的创始人之一亚伯拉罕·哈罗德·马斯洛(Abraham Harold Maslow，1908—1970)就曾在韦特海默的指导下学习整体分析方法，并最终推动了人本主义心理学的整体研究方法论原则的形成。

6.2.1　同型论

同型论(Isomorphism)也叫同机论，指一切经验现象中共同存在的"完形"特性，是格式塔心理学提出的一种关于心物和心身关系的理论。例如在物理、生理与心理现象之间具有对应的关系，所以三者彼此是同型的。格式塔心理学认为，心理现象是完整的格式塔，是完形，不能被人为地区分为元素；任何自然而然地经验到的现象都自成一个完形；完形是一个通体相关的有组织的结构，且本身是有意义的，可以不受以前经验的影响；物理现象和生理现象也有完形的性质。正因为心理、物理和生理现象都具有同样的完形性质，因而它们是同型的，换句话说，不论是人的空间知觉还是时间知觉，都是和大脑皮层内的同样过程相对等的，这也意味着环境中的组织关系在体验这些关系的个体中产生了一个与之同型的脑场模型。这种解释心物关系和心身关系的理论就是同型论。

6.2.2　完形组织法则

完形组织法则(Gestalt Laws of Organization)也称组织律，是对知觉主体是按什么样的形式把经验材料组织成有意义的整体的诠释，也是格式塔学派提出的一系列有实验佐证的知觉组织法则。在格式塔心理学看来，真实的自然知觉经验正是组织的动力整体；感觉元素的拼合体则是人为的堆砌。因为整体不是部分的简单总和或相加，不是由部分决定的，整体的各个部分是由这个整体的内部结构和性质所决定的。所以完形组织法则意味着，人们在知觉时总会按照一定的形式把经验材料组织成有意义的整体。

完形组织法则包括五种类型，即图形-背景法则、接近法则、相似法则、闭合法则和连续法则。这些法则既适用于空间，也适用于时间，既适用于知觉，也适用于其他心理现象，而且其中许多法则不仅适用于人类，也适用于动物。格式塔心理学认为，完形倾向就是趋向于良好、完善，完形是组织完形的一条总的法则，其他法则是这一总法则的不同表现形式。

6.2.3 学习理论

以组织完形法则为基础的学习理论，是格式塔心理学的重要组成部分之一。它包括三部分内容。

1. 顿悟学习

顿悟学习(Insightful Earning)是格式塔心理学所描述的一种学习模式，即通过重新组织知觉环境并突然领悟其中的关系而发生的学习。换句话说，学习和解决问题主要不是经验和尝试错误的作用，而在于顿悟。例如在著名的黑猩猩学习实验[①]中，就表现出学习包括知觉经验中旧有结构的逐步改组和新的结构的豁然形成。顿悟是以对整个问题情境的突然领悟为前提的，动物只有在清楚地认识到整个问题情境中各种成分之间的关系时，顿悟才会出现。换言之，顿悟是对目标和达到目标的手段与途径之间的关系的理解。

2. 学习迁移

学习迁移(Learning Transfer)是指一种学习对另一种学习的影响，也即将学得的经验有变化地运用于另一情境。对于学习迁移产生的原因，美国动物心理学的开创者、心理学联结主义的创始人爱德华·李·桑代克(Edward Lee Thorndike，1874—1949)认为是两种学习材料中的共同成分作用于共同的神经通路的结果；格式塔心理学则认为是由于相似的功能所致，也即源于对整个情境中各部分的关系或目的与手段之间关系的领悟。例如在笼中没有竹竿时，黑猩猩也能用铁丝和稻草代替竹竿取到香蕉，就是相似功能的迁移。

3. 创造性思维

创造性思维(Productive Thinking)是格式塔心理学颇有贡献的一个领域。韦特海默认为创造性思维就是打破旧的完形而形成新的完形。在他看来，对情境、目的和解决问题的途径等各方面相互关系的新的理解，是创造性地解决问题的根本要素，而过去的经验也只有在一个有组织的知识整体中才能获得意义并得到有效的使用。因此创造性思维都是遵循着旧的完形被打破、新的完形被构建的基本过程进行的。

---

① 在黑猩猩学习系列实验中，苛勒把黑猩猩置于放有箱子的笼内，笼顶悬挂香蕉。简单的问题情境是只需要黑猩猩运用一个箱子便可够到香蕉，复杂的情境则是需要黑猩猩将几个箱子叠起方可够到香蕉。在复杂问题情境实验中，有两个可利用的箱子。当黑猩猩 A 看到笼顶上的香蕉时，它最初的反应是用手去够，但够不着，只得坐在箱子 1 上休息，毫无利用箱子的意思。后来，当黑猩猩 B 从原来躺卧的箱子 2 上走开时，黑猩猩 A 看到了这只箱子，并把这只箱子移到香蕉底下，站在箱子上伸手去取香蕉，但由于不够高，仍够不着，它只得又坐在箱子 2 上休息。突然间，黑猩猩 A 跃起，搬起自己曾坐过的箱子 1，并将它叠放在箱子 2 上，然后迅速登箱取到了香蕉。三天后，苛勒稍微改变了实验情境，但黑猩猩仍能用旧经验解决新问题。

6.2.4　心理发展

格式塔心理学也把完形理论应用到了发展心理学的研究中。行为主义用联结的观点解释学习，而格式塔心理学则用知觉场的改变来解释学习，认为意义的改变就是心理的改变或发展，这是用"刺激-反应的联结"公式无法解释的；行为是由相互作用的力组成的动力模式所支配的；个人操作的场是内部和外部的力积极活动的心理物理场，这种场既可以在物理场的基础上从局部或分子的观点进行研究，也可以在涵盖经验和行为各方面的整体或大分子水平上进行研究。在格式塔心理学看来，分子行为应由物理学家和生理学家来研究，而整体行为则更适合由心理学家来研究。

6.2.5　人格理论

从心理学上看，每个人的行为、心理都有一些特征，这些特征的总和就是人格。人格特征可以是外在的，也可以是隐藏在内部的。人格似乎是一个很有学术性的名词，但如果对人格略有所知的话，我们就能在日常生活中观察到它。例如一个孩子乐观自信、不怕失败、活跃而有创造力，我们会说："这个孩子具有健康人格"；若一个孩子没有安全感、常常自卑或常主动攻击他人，我们会说："这个孩子可能有人格障碍。"格式塔心理学把人格看作是一个动态的整体，认为行为场有两极，即自我(人格)和环境。格式塔心理学认为紧张是人体在精神及肉体两方面对外界事物反应的加强，它源自对未知的恐惧。对一个行为场中的人来说，当其目标一旦达成，紧张就会消失；在目标未达成时，场内的力处于不平衡状态，就会产生紧张。这种紧张可以在自我和环境之间形成，从而加强极性、破坏两极的平衡，造成个人自我与环境之间的差异，使自我处于更加清醒的知觉状态；紧张也可以在自我内部或在环境内部形成，然后导致新的不平衡。

格式塔建议，人应充分体验自己的情感，各种情感都去真切地体验一遍；不去压制，不去逃避，让能量在体内自由流动，让我们产生的能量依旧成为我们的一部分，而不是被压抑或是遗弃。由此可以说，人的一切情绪、一切性格都是自然的、完整的、真实存在的，而囿于某些性格都可以说是"不健康"的。因此，大家对自己的性格方面也无须做过多强求，我们青睐于完善的人格或说是完整的人格，也即我们青睐于什么性格都有的人，或者也可以说是什么性格都没有的人。这或许就是所谓完整的人格。

6.3　格式塔心理学原理

作为格式塔心理学的代表人物之一，考夫卡在《格式塔心理学原理》一书中采纳并坚持了两个重要的概念：心物场(Psycho-physical Field)和同型论。观察者知觉现实的观念称作心理场，被认知的现实称作物理场。心物场认为世界是心物的，经验世界与物理世界是不一样的。尽管心理场与物理场之间并不存在一一对应的关系，但是人类的心理活动是两者结合而成的心物场。人们自然而然地观察到的经验，都带有格式塔的特点，它们均属于心物场和同型论的范畴。以心物场和同型论为格式塔的总纲，由此派生出了知觉律和记忆律。

6.3.1　知觉律

知觉律，也称知觉组织律，在韦特海默看来，学习即知觉重组，因此知觉与学习几乎是同义词。换言之，人们有一种心理倾向，即尽可能地把被感知到的东西以一种最好的形式呈现——完形。如果一个人的知觉场被打乱了，他马上会重新形成一个知觉场，以便维持被感知东西的完好形式。需注意的是，这种"完好形式"并不是指"最佳的形式"，而是指具有某种"完整性"的、有意义的形式。这一过程就是知觉重组的过程，在这个过程中伴随着接近律、相似律、闭合律、连续律和成员特性律五条知觉规律。

1．接近律

接近律(Law of Proximity)，也称接近性原理，是指在时间或空间上接近的事物容易发生联想。人们对知觉场中客体的知觉是根据它们各部分彼此接近或邻近的程度而组合在一起的；各部分越是接近，组合在一起的可能性就越大。物体之间的相对距离会影响人们感知它们是否为一个整体以及如何将它们组织在一起；距离较短或互相接近的部分容易被组成整体。例如图 6-5 中圆的排列方式在知觉上使人更倾向于这是"3 组圆"的意识，而不是"6 个圆"。

图 6-5　接近性

2．相似律

相似律(Law of Similarity)，也称相似性原理，是指人们在知觉时，对刺激要素相似的项目，只要不被接近因素干扰，会倾向于把它们联合在一起，也即相似的部分在知觉中会形成若干组。例如图 6-6 中即使输入框与主体内容相隔甚远，但是用户依然会将它们一一对应地联系在一起。

图 6-6　表单设计的相似性

接近律和相似律都与人们试图给对象分组的完形心理倾向有关。

3．闭合律

闭合律(Law of Closure)，也称封闭性原理，是指人类认知意识中一种完成某种图形(完形)的行为。这种知觉上的特殊现象也称"闭合"，即不在视场中展现的全貌，只凭关键的局部让人们通过完形去延伸和理解整体，类似"一叶知秋"。人的完形心理使彼此相属的部分容易组合成整体，反之，则容易被隔离开来。比如人们的视觉系统会自动尝试将敞开的图形封闭起来，从而将其感知为完整的、有意义的物体而不是分散的、无意义的碎片(见图 6-7)。当元素不完整或者不存在的时候，依然可以被人们所识别。又如近年来虚拟现实(Virtual Reality，VR)发展迅猛，其中基于双目视差的立体成像技术就利用了人的完形心理，在大脑中把两个相关平面影像"解释"成了有意义的三维立体影像。完整和闭合倾向在所有感觉通道中都起作用，它为知觉图形提供完善的定界、对称和形式，这也是人类知觉的一大特点。

4．连续律

连续律(Law of Continuity)，也称连续性原理，是指在知觉过程中人们往往倾向于将可形成直线或平滑曲线的点连接起来，形成具有平滑路径的线条形态。也就是说，人们倾向于使知觉对象的直线继续成为直线、使曲线继续成为曲线，意识会根据一定规律做视觉上的、听觉上的或是位移的延伸，使得大脑对感知的对象有了关联的、富于意义的解释而不是离散的碎片。如知觉上会弱化图 6-8 中的分割所带来的"块"，依然意识到"直线、圆和曲线"。

图 6-7　完整和闭合倾向

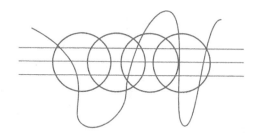

图 6-8　连续性

类似地，对称性和主题/背景等现象可以理解为连续律和封闭律的延伸，它们都与人们的视觉系统试图解析模糊影像或者填补遗漏来感知整个物体"完形"的倾向相关。

5．成员特性律

成员特性律(Law of Membership Character)，也称共同命运原则、同方向运动原则，是指一个整体中的个别部分并不具有固定的特性，个别部分的特性是从它与其他部分的关系中显现出来的，也即一起运动的物体会被感知为属于一组或者彼此相关的整体。如图 6-9(a)中的部分正六边形一起向上移动变成图 6-9(b)所示形式时，这些共同移动的部分更容易被理解为属于一组或一个整体。

考夫卡认为，每一个人，包括儿童和未开化的人，对于所感知的现象都是依照组织律经验到有意义的知觉场的。事实上，按照同型理论，由于格式塔与刺激形式同型，格式塔法则可以经历广泛的改变而不失其本身的特性。比如一个曲调变调后仍可被感知为保持了同样的曲调，尽管组成曲子的音符全都不同。又如一个不大会歌唱的人走调了，但听者通过转换仍能知觉到他在唱什么曲子。也有人把格式塔的这一特点称为转换律。

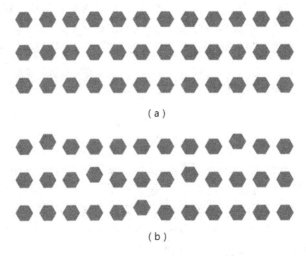

（a）

（b）

图 6-9　共同方向运动

6.3.2　记忆律

德国格式塔心理学家克里斯蒂安·沃尔夫(Christian Wolff，1679—1754)曾对视觉图形——简单线条画——的遗忘问题做过深入的研究。在实验时，他要求被试者观看样本图形，并尝试记住它们，然后在不同的时间段里要求他们根据记忆把图形画出来。他发现当初呈现的样本图形与被试者后来相继复制的图画之间存在着许多不同：在有些情况下再现的图画比原来的图画更简单、更有规则；有些情况下原来图画中的某些显著的细节在再现时被更加突出了；在另一些情况下再现的图画比最初的样本图形更像某些熟悉的物体了。沃尔夫把这三种记忆组织倾向称为"水平化(Leveling)""尖锐化(Sharpening)"和"常态化(Normalizing)"，这也是格式塔的记忆律。

(1) 水平化：是指人们在记忆中往往趋向于减少知觉图形小的不规则部分，使其对称或趋向于减少知觉图形中具体细节的现象。

(2) 尖锐化：是指在记忆中人们往往强调知觉图形的某些特征而忽视其他具体细节的现象。尖锐化是在记忆中与水平化过程伴随而行的。格式塔心理学认为，人类记忆的特征之一，就是客体中最明显的特征在再现过程中往往被夸大了。

(3) 常态化：是指人们在记忆中往往会根据自己已有的记忆痕迹对知觉图形加以修改，使之以正常的、有意义的状态呈现，也即人们在记忆中一般会趋向于按照自己认为它似乎应该是什么样子来加以修改。

在沃尔夫的记忆试验中，尽管样本图形并不总是清楚地表示某一物体，但被试者都看到了它们与自己所熟悉的物体的相似之处，也即记忆的图形往往趋向于形成一个更好的完形。可见被记住的东西并不始终是学习知觉到的东西，记忆物常常比原来图形更完整。同样地，遗忘也不仅仅是失去某些细节，在某种意义上，遗忘是把原来的刺激连续不断地转变为具有更好完形的其他某种东西。

6.4　格式塔原理的应用

对设计而言，表现作品的整体感与和谐感是十分重要的。直觉的观察和对视觉表现的自觉评价表明，无论是设计师本人或是观察者都不欣赏那种混乱无序的形象。比如一个格式塔很差的形象缺乏视觉整体感、和谐感，产生的视觉效果缺乏联系、支离破碎而无整体性，会破坏人们的视觉安定感，给人以"有毛病""杂乱无章"的印象，势必带给人不良的感受，被人们所忽视、不喜欢乃至拒绝接受。因此，格式塔原理在设计，特别是在视觉传达设计中得到了广泛的应用。

6.4.1　删除

删除是指从构图形象中排除不重要的部分，只保留那些绝对必要的组成部分，从而达到视觉上的简化。删除的效果符合水平化的格式塔记忆律特征。比如德国大众公司的广告就采用了删除手法，形成大面积留白的极简设计，带给人强烈的视觉冲击，如图 6-10所示。

简洁来自删除，而视觉的删除则来自对内容的精选，判断哪些是必要内容，哪些是非必要内容，保留与必要内容有关的视觉单元，其他的都可以删除。通过对一些设计大师作品的研究发现，通常一个有效的、吸引人的视觉表达并不需要太多复杂的形象，一些经典作品在视觉表现上往往都是很简洁的。

图 6-10　删除带来的视觉效果

6.4.2　贴近

贴近是指各个视觉单元一个挨着一个，彼此离得很近的状态，通常也被称作归类。例如在版面设计中，为了区分不同的内容，经常采用近缘关系的方法来进行视觉归类，如图 6-11 所示。

贴近是格式塔接近律的一种应用，以贴近而进行视觉归类的各种方法都是直截了当的，并且易于施行。贴近会产生近缘关系，运用近缘关系无论对少量的相同视觉单元，还是大量不同的视觉单元进行归类都同样容易。例如将表达同一信息或者意义相近的设计元素按照

图 6-11　贴近的效果

原理篇　用户体验设计的原理与方法

贴近关系进行设计，可以突出整体中的小集合，让重点内容更受关注。

6.4.3　结合

结合是指在构图中单独的视觉单元完全联合在一起，无法分开。结合的表现手法潜在地诱发人们的知觉闭合行为，达到形式与潜意识记忆完形的高度统一。如图 6-12 所示的广告招贴，将香蕉与橙汁结合在一起，说明佛罗里达橙汁含钾量与一只大香蕉一样，很难相信是吧？却好喝极了！

把两种或几种不同的形象结合在一起，在表达上自然而然地从视觉语义延伸到认知知识语义的设计手法也称异形同构。

图 6-12　结合的广告效果

6.4.4　接触

接触是指单独的视觉单元无限贴近，以至于它们彼此粘连，这样在视觉上就形成了一个较大的、统一的整体。接触应用了接近原理，达到了由视觉到认知关联的效果。

接触与结合的区别在于，接触的两个视觉单元仍然是相对独立的，而结合的两个视觉单元再也无法分开；接触的形体有可能丧失原先单独的个性，变得特征模糊。就如在图案设计中，相互接触的不同形状的单元形在视觉感受上是如此相近，完全融为一体(而实际上是相互独立的)。图 6-13 中的视觉表现，刺激人们产生佳洁士牙膏与健康、洁白牙齿的关联联想，其中牙膏瓶盖与口腔牙齿就采用了接触的设计表现手法。

6.4.5　重合

重合是结合的一种特殊形式，也是闭合律存在的

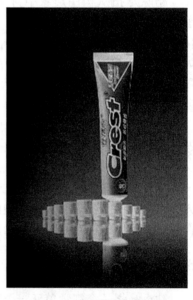

图 6-13　接触的表现效果

一种形式。当重合发生时，如果所有的视觉单元在色调或纹理等方面都是不同的，那么区分被联结的原来各个视觉单元就越容易。反之，原来各个视觉单元的轮廓线就会消失，从而形成一个单一的重合的形状。换言之，"重合"就是把墨水滴进水池中，形成彻底完全的"结合"，达到血浓于水的境界。绝对伏特加的广告(见图 6-14)将品牌与树木截面进行了视觉重合，透过截面的年轮和质感强化伏特加厚重历史质感的印象。

图 6-14　重合的效果

　　此外，重合也能创造出一种不容置疑的统一感和秩序性。在重合不同的视觉形象时，如果看到这些视觉形象的总体外形具有一个共同的、统一的轮廓，那么这样的重合设计就成功了。

6.4.6　格调与纹理

　　格调与纹理都是由大量重复的单元构成的。两者的主要区别在于视觉单元的大小或规模，除此之外它们基本上是一样的。格调是视觉上扩大了的纹理，而纹理则是在视觉上缩减了的格调。在不需要明确区别的情况下，我们可以同时解释格调和纹理。对格调或纹理的视觉格式塔的感知，总是基于视觉单元的大小和数量的多少。例如一个格式塔中视觉单元的总量就可以影响它的外观，当数量很大，以至不能明显地分辨出独立的视觉单元时，格调就变成了纹理(见图 6-15)。又如透过窗户看到的不远处的树林是足够大的，可以说构成了一种格调，如果在飞机上俯瞰一整片树林，恐怕就只能将其作为一种纹理来看了。

图 6-15　格调(左)和纹理(右)

通过控制视觉单元大小及数量，可以使格调显得像是一种纹理，也可以使纹理呈现为一种格调，或者创造出一种格调之内的纹理，以至格调和纹理同时并存。

6.4.7　闭合

闭合是指把局部形象当作一个整体的形象来感知的特殊知觉现象，属于人类的一种完形心理。从具体功能上分，闭合可以划分为形状闭合、内容闭合以及方向闭合等多种形式。例如图6-16所示的平面布局中，由于分组框的存在，会导致用户根据自身认知经验自动将每个线框内的元素作为一组属性，就利用了闭合的原理。

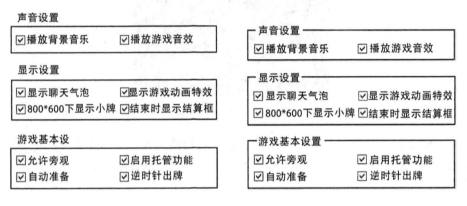

图 6-16　闭合示例

人们由一个形象的局部而辨认其整体的能力，是建立在头脑中留有对这一形象的整体与部分之间关系的认知印象这一基础之上的。也就是说，如果某种形象即使在完整情况下我们都不认识，则可以肯定在其缺失许多部分时我们依然不会认识。如果一个形象缺的部分太多，那么可识别的细节就不足以汇聚成为一个易于认知的整体形象，而假如一个形象的各局部离得太远，则在知觉上需要补充的部分可能就太多了。在这些情况下，人的习惯知觉就会把各局部完全按其本来面目，当作相互独立的单元来看待。无论闭合的形式如何，其本质都是利用人类的既有经验来实现感知事物完形的过程。

6.4.8　排列

排列是将构图中过多的视觉单元进行归整的一种方法，是格式塔原理的综合应用。常见的排列形式有整列法与格栅法。

1. 整列法

在视觉设计中，整列这个术语可以简单地理解为"对齐"。当两个或两个以上的视觉单元看起来是排列整齐的，那就是进行过整列了。整列有两种类型，即实际整列和视觉整列。比如书中的文字就是视觉整列的极好例证，人们所读到的这些排列整齐的文字段落，实际上就是由一些并不存在的共同线进行了整列的。这种知觉现象的发生，是由格式塔闭合原理以及贴近原理造成的。实际整列则是指存在着实际的对齐线的整列。图6-17中，左图是带对齐线的实际整列，右图是去掉对齐线的视觉整列。

图 6-17　实际整列(左)和视觉整列(右)

2．栅格法

栅格法，是一种使用栅格将多个交叉整列版面划分为若干块的方法。在视觉设计中，为了体现版面的秩序性和连续性，例如，设计师往往会将报纸的各版面、书籍、杂志连续的各页、展览会上展出的同一主题的连续展板等，使用同一种标准化的栅格系统，使一系列视觉内容具有关联性和连续性。与划分单独版面的栅格不同的是，用于连续设计的栅格系统可以是灵活多样的，以便于将各种形式的视觉材料(文字、照片、图画、表格等)，通过归类方法组合在一系列既统一而又富于变化的栅格系统中，如图 6-18 所示。

图 6-18　栅格法示例

值得注意的是，在使用栅格法来编排视觉材料时，由于实际或是审美的需要，有时会打破栅格的约束。比如在印刷设计中，图片的"出血"(见图 6-19)就是一种引人注目的变化用法，类似于平面构成中的非作用性骨骼。这种局部低限度违背栅格的情况，并不影响整体的连续性，相反还能增强趣味性，使版面更加生动、完美。

原理篇　用户体验设计的原理与方法

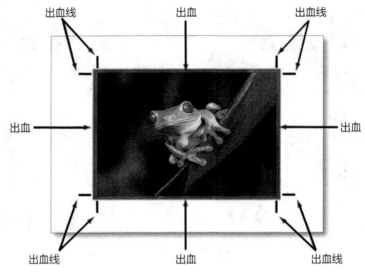

出血线　　　　　　出血　　　　　　出血线

出血　　　　　　　　　　　　　　　　出血

出血线　　　　　　出血　　　　　　出血线

图6-19　图片的"出血"线

6.5　针对格式塔理论的批评

迄今为止任何心理学理论都不是十全十美的，格式塔也不例外。事实上，对格式塔理论的批评从格式塔心理学问世之初便产生了，大体涉及以下几个方面。

1．简化问题

格式塔试图把各种心理学问题简化成公设(Postulate)。例如它不是把意识的知觉组织看作需要用某种方式加以解决的问题，而是把它们看作理所当然存在的现象；单凭同型论并未解释清楚组织原则的原因，两者之间不存在因果关系。这种回避问题存在与否定问题存在的做法具有同样的性质。

2．定义模糊

格式塔理论中的许多概念和术语的定义过于含糊，没有被很科学地界定。有些概念和术语，例如组织、自我和行为环境的关系等，只能意会，缺乏明确的科学含义。格式塔心理学家曾批评行为主义在否定意识存在时用反应来替代知觉、用反射弧来替代联结，其实由于这些替代的概念十分含糊，结果适得其反，反而证明了意识的存在。有心理学家指出，用格式塔模糊的概念和术语去拒斥元素主义，不仅缺乏应有的力度、有时反而会使人觉得后者的假设是有道理的。

3．不利于统计分析

尽管格式塔心理学是以大量的实验为基础的，但是许多实验缺乏对变量的适当控制，致使非数值化的实证资料大量涌现，而这些资料是不适宜于作统计分析的。诚然，格式塔的许多研究是探索性的和预期的，在对某一领域内的新课题进行定性分析时确实便于操作，但是定量分析更能使研究结果具有说服力，也更具科学性。

4．缺乏生理学基础

格式塔理论提出了同型论假设，这是在总纲的意义上而言的。在论及整个理论体系的各个具体组成部分时，却明显缺乏生理学的支持，也没有给出生理学的假设。任何一种心理现象均有其物质基础，即便是遭到格式塔拒斥的构造主义和行为主义也都十分强调这一点，遗憾的是格式塔理论恰恰忽略了这一点。这也是造成它的许多假设不能被深究的原因。

尽管如此，格式塔心理学卓有成效的实验现象学方法为后来的社会心理学的发展提供了方法论基础，其方法及变种已成为现代社会心理学研究中普遍采用且行之有效的方法。

思　考　题

1．试述格式塔理论的知觉律及其内涵。

2．试述格式塔理论中的记忆律及其内容。

3．试解释网页设计中签名档文字灰化的作用，分析其格式塔原理。

4．麻将游戏中，6 个一排的操作按钮看上去有点多，而且当"过"也混在其中时，就容易造成操作失误。于是设计师将 6 个按钮的距离分开一点点，就可以将按钮分为两组，从而解决了问题。请思考这是为什么？

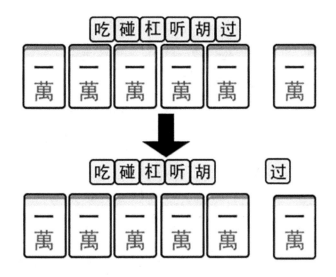

5．试举例说明网页设计中格式塔原理的应用。

6．试应用格式塔原理的连续律，设计网页的翻页效果，对比并思考什么样的翻页效果给用户的体验最好。

第 7 章

情感化设计

　　研究表明，消费者在购买产品时情感因素起着不容忽视的作用，这意味着如果产品具有相同功能、质量和价格，消费者会选择更能触动其情感的产品。以消费者为核心的买方市场的形成更加强化了"以人为本"的理念，在产品设计领域，其表现就是消费者情感方面的诉求日益受到前所未有的重视。好产品不仅要有好的实用功能，而且要能在带来情感刺激的同时，蕴含积极的情感意义。这也正是情感化设计所研究的核心问题。

7.1 情感与情感化设计

7.1.1 情感的定义与分类

所谓情感是指态度这一整体中的一部分，它与态度中的内向感受、意向具有协调一致性，是态度在生理上一种较复杂而又稳定的生理评价和体验。情感包括道德感和价值感两个方面，表现为爱情、幸福、仇恨、厌恶、美感等，是生活现象与人心的相互作用产生的感受。情感的产生离不开刺激因素、生理因素和认知因素等基本条件，同时它也受这三个条件制约，其中认知因素是决定情感性质的关键因素。

《心理学大辞典》对情感的定义为：“情感是人对客观事物是否满足自己的需要而产生的态度体验。”在普通心理学教材中：“情绪和情感都是人对客观事物所持的态度体验，只是情绪更倾向于个体基本需求欲望，而情感则更倾向于社会需求欲望。”

1. 情感一词的起源与各种阐释

中国古汉语中一般只用“情”字，到了南北朝(420—589)以后，才出现“情绪”一词。“绪”是“丝端”的意思，表示感情复杂多端，如丝有绪。西方心理学家也对情感一词有不同的解释，例如新西兰心理学家肯尼思·T.斯托曼(Kenneth T. Strongman)在其《情绪心理学：从日常生活到理论》中写道：“情绪这个概念既可用于人类也可用于动物，情感这个概念只用于人类。”情感是情绪过程的主观体验，是情绪的感受方面。美国哲学家、符号论美学代表人物苏珊·K.朗格(Susanne K. Langer)认为，艺术所表现的情感是一种广义上的情感，即人所能感受到的一切主观经验和情感生活。艺术中的情感，是某种诉诸感觉的概念，荷兰哲学家巴鲁赫·德·斯宾诺莎(Baruch de Spinoza)把情感理解为身体的感触；美国心理学家戴维·R.谢弗(David R. Shaffer)将个体基本情绪分为六种，即高兴(Joy)、悲伤(Sadness)、愤怒(Angry)、厌恶(Disgust)、惊讶(Surprise)和恐惧(Fear)。情感和情绪的区别在于，情感是指对行为目标目的的生理评价反应，而情绪是指对行为过程的生理评价反应。

2. 情感的分类与辩证

人的情感是复杂多样的，不同的观察角度得到不同的分类结果。由于情感的核心内容是价值，因而常常依据它所反映的价值关系的不同特点进行分类，例如按价值的变化方向，可分为正向与负向情感；按强度和持续时间，可分为心境、热情与激情；按价值的主导变量，可分为欲望、情绪与感情；按价值主体的类型，可分为个人、集体和社会情感；按事物的基本价值类型，可分为真感、善感和美感三种；按价值的目标指向，可分为对物、对人和对己情感及对特殊事物的情感等；按价值的作用时期，可分为追溯情感、现实情感和期望情感；按价值的动态特点，可分为确定性情感、概率性情感；按价值的层次，可分为温饱类、安全与健康类、尊重与自尊类和自我实现类情感等。美国教育家和心理学家本杰明·塞缪尔·布卢姆(Benjamin Samuel Bloom)认为，情感这一维度(变量)应视为按等级层次排列的连续体，在连续体的最低层次上，表现为人们仅仅觉察到某一现象，只能感觉它；在下一个较高层次上，人们开始主动留意该现象；接下来人们有感情地对现象做出反应；再接下来人们离开寻常生活方式来对现象做出反应；然后人们把行为和感受观念化并组成一个结构，这种结构成为一种人生观，即达到最高层次。据此可以将情感划分为接受(注意)、反应、价值评估、组织和价值或价值复合体之性格化等五类。

情感与价值的辩证关系是主观与客观、意识与存在的关系，后者也是哲学的基本问题。因此价值与情感的辩证关系也是价值理论和情感理论的基本问题，表现在情感以价值为基础、对价值的反作用、情感与价值的相对独立性、情感与价值的复杂对应性等方面。

7.1.2　情感产生的生理机制

关于情绪或情感的生理机制，主要有五种理论。

1. 詹姆士-兰格情绪学说

"詹姆士-兰格情绪学说"，也称情绪外周学说。美国心理学家、哲学家威廉姆·詹姆士(William James，1842—1910)和丹麦生理学家 C. G. 兰格(C. G. Lange)分别在 1884 年和 1885 年独立地提出了相似的学说，认为情绪只是机体变化所引起的机体感觉的总和，内脏反应提供了情绪体验的信号，即由生理变化激起的神经冲动传至中枢神经系统后产生情绪(大脑对身体反应的反馈)，其情绪反应序列为"情景→机体表现→情绪"。这种理论颠倒了情绪产生的内在根据与外部表现的关系。

2. 大脑皮层说

"大脑皮层说"，认为大脑皮层在情感的产生中起着主导作用，它可以抑制皮层下中枢的兴奋，直接控制情感。苏联生理和心理学家、高级神经活动学说的创始人伊凡·R. 巴甫洛夫(Ivan P. Pavlov，1849—1936)认为，大脑皮层的暂时联系系统的维持或破坏构成了积极的情感或消极的情感。美国心理学家玛格达·布隆迪奥·阿诺德(Magda Blondiau Arnold，1903—2002)于 20 世纪 50 年代提出，情绪的来源是对情景的评估，而认识与评估都是皮质过程，因此皮质兴奋是情绪的主要原因。与詹姆士-兰格不同，阿诺德认为反应序列应是"情景→评估→情绪"，也称为阿诺德的情绪"评定-兴奋学说"。然而，实验发现在切除大脑皮层后人和动物的情绪反应仍然存在，这表明大脑皮层在情感的产生中并不起主导作用。因此又产生了"丘脑说"。

3. 丘脑说

"丘脑说"，也称坎农-巴德情绪理论(Cannon-Bard Theory of Emotion)，由美国生理学家沃尔特·布拉德福德·坎农(Walter Bradford Cannon，1871—1945)于 1927 年提出，并得到了其弟子菲利普·巴德(Philip Bard，1898—1977)的完善。20 世纪二三十年代，坎农在批评詹姆士-兰格学说的基础上，提出了情绪的丘脑学说，认为丘脑在情绪的发生上起着重要作用，若丘脑受伤，动物的情绪现象就会基本消失；若大脑皮层割毁、丘脑完好，动物的情绪依然存在。这表明情绪反应是由丘脑释放出来的神经冲动所引起。进一步的实验发现，若同时切除大脑皮层和丘脑，怒的反应仍然存在；只有当下丘脑被切除后情绪反应才会完全消失。这说明情绪反应还与下丘脑有关。

4. 下丘脑说

"下丘脑说"，认为下丘脑在情绪的形成上起着最重要的作用。实验表明，下丘脑的某些核团在各类情绪性和动机性行为中占据关键地位：如果损坏下丘脑的背部，则怒的反应只能是片断的、不协调的；只有切除下丘脑结构后，情绪反应才会完全消失。

5．情绪激活说

"情绪激活说"，认为脑干的网状结构在情绪构成中起着激活作用，它所产生的唤醒(Arousal)是活跃情绪的必要条件，可以提高或降低脑的兴奋性，加强或抑制大脑对刺激的反应，代表人物有美国生理心理学家唐纳德·本杰明·林斯利(Donald Benjamin Lindsley，1907—2003)、神经生理学家杰姆斯·温塞拉斯·帕帕兹(James Wenceslas Papez，1883—1958)和美国神经学家保罗·D. 麦克莱恩(Paul D. MacLean，1913—2007)等。

其他还有美国心理学家斯坦利·沙赫特(Stanley Schachter，1922—1997)和杰罗姆·埃弗雷特·辛格(Jerome Everett Singer，1934—2010)于 1962 年提出的激活归因情绪理论(Attribution Theory of Emotion)以及美国心理学家理查德·S. 拉扎勒斯(Richard S. Lazarus，1922—2002)提出的"认知-评价理论"等。迄今为止，对于情感的生理机制的研究还不甚透彻，仍有许多待深入探查的地方。近年来世界各国纷纷设立的脑科学研究项目，或许能给出更清楚的科学解释。

7.1.3 情感反射及其生理机制

心理学研究指出，人类的一切认识来自条件反射和非条件反射，情感也不例外。

1．情感反射

情感反射是指动物和人对于外界刺激而产生某种否定或肯定的选择倾向性。实现情感反射的神经通路叫情感反射弧，包括六个部分：感受器、感觉神经元(传入神经元)、联络神经元(中间神经元)、情感判断与决策器、运动神经元(传出神经元)和效应器，如图 7-1 所示。情感反射有无条件情感反射、条件情感反射及关系情感反射三大类。无条件情感反射是先天的、不学而能的一种情感反射，无须附加任何条件。条件情感反射是在生活中形成的、随条件而变化的，是在无条件情感反射的基础上，由后天的学习而获得的。关系情感反射是对各个价值刺激物之间的时间、空间和逻辑关系产生的更复杂、更高级的条件情感反射，从而对各种事物的价值关系系统产生概括性或抽象性反映。

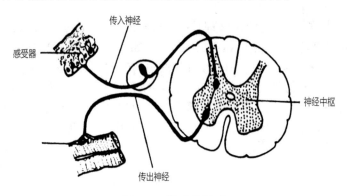

图 7-1 情感反射弧

2．情感反射的生理机制

情感反射活动可以通过神经调节和体液调节(含激素调节)来共同完成，并以神经调节为主导控制。

(1) 无条件情感反射的生理机制。无条件刺激物的刺激信号在大脑皮层的相应区域产生一个兴奋灶，其一方面自动接通与中枢边缘系统的"奖励"或"惩罚"区域的固定神经联系，使大脑产生愉快或不愉快的情绪体验。另一方面，自动接通与网状结构的固定神经联系，使大脑产生不同强度的情绪体验，然后再自动接通与脑神经、脊神经、内脏神经等周围神经系统的固定神经联系，以形成相应的内脏器官、血液循环系统、运动系统、内外分泌腺体、面部肌肉和五官的运动与变化，使人呈现出愉快或不愉快的外部表现，并对无条件刺激物实施一定的选择性(即趋向或逃避)反射行为。

(2) 条件情感反射的生理机制，无关刺激信号在大脑皮层的相应区域产生一个兴奋灶，其兴奋冲动不断向周围扩散，并被某个或某几个较强的无条件情感反射兴奋灶所吸引，从而建立了与它们的暂时神经联系，这种暂时联系随着条件情感反射活动的不断重复而巩固下来。当无关刺激信号重新出现时就会诱发这些无条件情感反射，自动接通相应的神经联系，使大脑产生不同性质、不同强度的情绪体验和外部表现，并对此实施一定的选择性反射行为。

7.1.4　情感、意识与三位一体大脑理论

意识是物质的一种高级有序组织形式，它是指生物的物理感知系统能够感知的特征的总和以及相关的感知处理活动。人的意识是人的大脑对于客观物质世界的反映，也是感觉、思维等各种心理过程的总和，是人对环境、自我的认知能力以及认知的清晰程度。到目前为止，学界关于意识的定义还仅是一个不完整的、模糊的概念。

1．意识与情感

意识是一种心理活动，分为有意识和无意识两种类型。前者类似于条件情感反射；后者则与无条件情感反射相关联。人的意识影响着情感及其对信息的处理和反应方式。有意识的心理活动往往有认知因素参与到它的"决策"过程中，人们通过针对遇到的不同情况、向自己提出的问题等，有意识地进行预估或评估，触发有意识的情感反应。无意识的情感反应是自动触发的，先验知识、经验和有意识思想对其不起作用，它往往来自生物的本能，不需要知识的参与。有意识与无意识之间也存在着对立统一的辩证关系。例如驾驶汽车时，刚开始就属于高度有意识行为，但时间一久，对大多数人来说驾驶就变成了一种习惯性的无意识行为。当压力增加很难再索求更多注意力时，平时简单无意识的动作可能会变得很困难，这时就需要有意识的思考来解决问题。

2．情感与三位一体大脑

美国神经科学家保罗·D.麦克莱恩(Paul D. MacLean，1913—2007)提出了三位一体大脑理论，即爬行动物脑、古哺乳动物脑和新哺乳动物脑(见图 7-2)，认为人类的大脑可以由这三种脑系统来描述。美国认知心理学家唐纳德·亚瑟·诺曼(Donald Arthur Norman)也从理论上阐明了情感的处理起源于所有这三种"大脑"中。

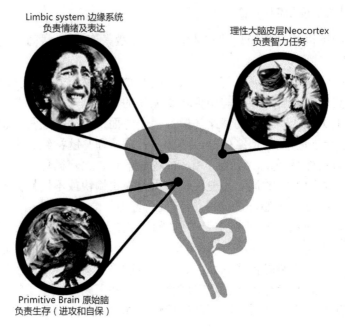

Limbic system 边缘系统
负责情绪及表达

理性大脑皮层Neocortex
负责智力任务

Primitive Brain 原始脑
负责生存（进攻和自保）

图 7-2　三位一体大脑

（1）爬行动物脑，又称原始脑、"基础脑"或旧脑，包括脑干和小脑，在它的作用下人与蛇、蜥蜴有着相同的行为模式：呆板、偏执、冲动、一成不变、多疑妄想，如同"在记忆里烙下了祖先们在蛮荒时代的生存印记"，从不会从以前的错误中学习教训(与印度"三圣"之一的斯瑞·奥罗宾多(Sri Aurobindo，1872—1950)所说的机械心灵相对应)。这个大脑控制着身体的肌肉、平衡与自动机能，诸如呼吸与心跳等，即使在深度睡眠中也不休息，也控制着生物的本能反应，产生无条件情感反射。这也是为什么身体的吸引是无意识的原因，例如人们一般不会去思考某事物是否漂亮，立刻就会凭直觉判断出它的美丑。

（2）古哺乳动物脑。麦克莱恩于 1952 年第一次创造了"边缘系统"这个词，用来指代大脑中间的部分，称作旧大脑皮层、中间脑或古哺乳动物脑，与情感、直觉、哺育、搏斗、逃避以及性行为紧密相关，还有助于人类感知不确定性因素、进行创造性活动，是有意识评价产生的源泉。古哺乳动物脑与新皮质有着千丝万缕的深入连接，二者联合操控着脑功能的发挥，任何一方都无法独立垄断人脑的运行。

（3）新哺乳动物脑。又称脑皮质、新皮层、高级脑或理性脑，它几乎将左右脑半球全部囊括在内，还包括了一些皮层下的神经元组群，其中所具有的高阶认知功能，令人类从动物群体中脱颖而出。人类一旦失去脑皮质，那么他将与蔬菜无异。麦克莱恩将脑皮质称作是"发明创造之母，抽象思维之父"。

三位一体大脑假设已经成了一个颇具影响力的脑研究范式，催生了对人脑功能机制的重新思考。许多带有神秘色彩、年代久远的灵性修行团体也宣扬过类似的观点，例如"意识的三种境界"，甚至有人提出过"三个不同的大脑"一说。俄国灵性导师乔治·伊万诺维奇·葛吉夫(George Ivanovich Gurdjieff，1866—1949)曾称：人类是"有三个大脑的生物"，分别掌控着人的意识、灵魂和身体。另外卡巴拉教、柏拉图主义以及其他一些地方也可以见到类似的观点。

3．脑意识与情感特点

爬行动物脑、古哺乳动物脑和新哺乳动物脑的关联是密切、不可分割的，它们和身体一起构成了持续的反馈循环。新哺乳动物脑可以调节来自较为原始的大脑的冲动，同时对于有意识和无意识的大脑活动，身体会通过感觉的形式给出相应的反应，随后这些感觉的特性又会影响之后的想法、行为和情感。事实上，人们总会为自己的感觉找到合理的解释，从而使决策与爬行动物脑和古哺乳动物脑所感受到的情感保持一致。在设计中，这三种大脑之间的交互作用往往会对人们感受到的"混合情感"产生很大的影响。例如爬行动物脑和古哺乳动物脑也许会驱使人们做出某种选择，但新哺乳动物脑则使人们更容易清楚地看到选择的结果，或许还有对选择结果的主观评判。

7.1.5 情感化设计的概念及渊源

随着"人本主义"思想的普及，在欧美发达国家，一些设计理论先驱率先在工业设计领域里提出了情感化设计的理念。

1．情感化设计的定义

情感化设计是指以心理学等理论为指导，秉承满足人的内心情感需求和精神需要的理念，旨在抓住用户注意、诱发情绪反应，以提高执行特定行为的可能性的设计，包括有形和无形产品的创新设计。英文中"情感化设计"一词有"Affective Design"和"Emotional Design"两种表达，通常可以互换，前者一般指带给消费者积极、正面情感的设计，后者则带有中性色彩。情感化设计通过设计手法的运用，对产品的颜色、材质、外观、几何以及功能等要素进行整合，使之可以通过声音、形态、寓意等刺激人的感受器官，从而产生联想，达到人与物的心灵沟通、产生共鸣。它是建立在"以人为本"的设计理念之上的一种更加人性化的解决问题的方式、一种人文精神，也是一个新的设计研究与应用领域。

2．情感化设计的根源

卡尔·海因里希·马克斯(Karl Heinrich Marx，1818—1883)认为，情感性是可以外化于物质的商品之中的，人与物质世界的感性关系对于这个世界而言具有意义。纵观设计史，哲学思想的变迁往往是设计思潮兴起的直接动因，情感化设计也不例外。

(1) 哲学思潮的变迁。如果说哲学的本质是思维与存在、意识与物质，那么情感化设计的哲学依据就是人存在的意义。在哲学家看来，理性是人类寻求普遍性、必然性及因果关系的能力。它推崇逻辑形式、推理方法，由此产生了以理性为基础的现代主义设计。在现象学思想的影响下，设计不再囿于物质层面，还考虑精神层面，使产品包含更多的人文、情感因素。近代文学艺术领域非理性倾向的兴起，理性文化逐渐衰竭，导致了设计对"精神"和"文化内涵"等的重视，文化成为消费对象，这正是情感化设计出现的重要诱因之一。

(2) 设计思维的演变。在工业设计上，设计思维发展经历了面向功能、面向可用性、面向意义和面向情感的设计思维等阶段。其演变贯穿着一条不变的主线，即设计使"日常生活审美呈现"，使美无时不在、无处不在，由设计所引发的愉悦成了真正打动消费者的力量，成为联结其与产品的纽带。在此背景下，情感化设计思维也就应运而生了。

原理篇 用户体验设计的原理与方法

3．情感化设计的发展

情感化设计兴起于 20 世纪 80 年代末，其发展轨迹如下。

(1) 概念的形成阶段。尽管"人本主义"思想可以追溯到法国哲学家勒内·笛卡儿 (René Descartes，1596—1650)的主客二分法，但在设计领域人本理念的提出是以 1986 年美国唐纳德·亚瑟·诺曼和史蒂芬·W. 德雷珀(Stephen W. Draper)合著的《以用户为中心的系统设计：人机交互的新视角》的出版为标志。该书首次提出了"以用户为中心"的计算机界面的设计，主张将设计重点放于用户，使其根据现有的心理习性自然地接受产品，而不是强迫用户重新建构一套新的心理模式。同时，它也描述了设计师、用户心理模型与系统的关系。用户情感——作为用户感性方面最显著的因素逐渐被设计界所重视。

(2) 概念的成熟阶段。经历了 20 世纪 80 年代的发展，情感化设计理论逐渐成熟起来。例如美国《哈佛商业评论》于 1998 年指出：在服务经济之后，体验式经济时代已经来临。罗尔夫·詹森(Rolf Jensen)在其《梦想社会》(*The Dream Society*)中写道：未来的产品必须能打动我们的心灵，而不是说服我们的头脑。美国企业识别管理专家贝恩特·赫伯特·施密特(Bernd Herbert Schmitt)于 1999 年出版的《体验式营销》指出，营销的最终目的是为消费者创造完美的体验。美国麻省理工学院媒体实验室的罗莎琳德·W. 皮卡德 (Rosalind W. Picard)于 1997 年出版的《情感计算》(*Affective Computing*)指出，情感计算是与情感相关、来源于情感或者能对情感施加影响的因素的计算。尽管这些成果并非来自设计领域，但它们都对情感化设计概念的发展起到了不可忽视的推动作用。学界普遍认为，2005 年唐纳德·亚瑟·诺曼的《情感化设计》(*Emotional Design：Why We Love (or Hate) Everyday Things*)[①]一书的问世，标志着情感化设计研究彻底地从幕后走向前台，从此成了设计界的流行"符号"。

(3) 概念的发展阶段。近年来情感化设计理念不断在研究和实践中得以深化和完善，前沿研究主要集中在四个方面(见图 7-3)，即消费者情绪形成机制、情感化设计方法、消费者情绪反应差异性和情感化设计应用拓展研究等。

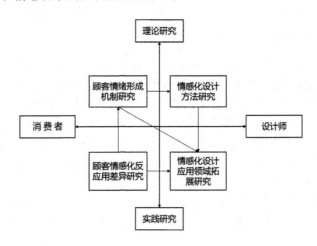

图 7-3　情感化设计研究体系

---

① 情感化设计思想受到了英国咨询师帕特里克·W. 乔丹(Patrick W. Jordan)提出的四种乐趣的影响。他在 2002 年出版的《产品的乐趣：超越可用性》一书中，将产品或服务的乐趣划分为四种，即生理乐趣、社会乐趣、心理乐趣和理想乐趣，认为动机模式能强化产品或服务，追求享乐是人的天性。

迄今为止，情感化设计依然是一个年轻、不断发展着的学科。在体验经济时代，生命的尊严和个体情感将会得到越来越多的重视，情感化设计也将步入其辉煌时期。

7.2　情感化设计的主要理论

现阶段情感化设计的理论主要有感性工学、三层次理论、情感测量及参数转换法等。

7.2.1　感性工学

感性工学(Kansei Engineering)是感性与工学相结合的技术，主要通过分析人的感性，将人们的想象及感性等心愿翻译成物理性的设计要素并依据人的喜好来设计、制造产品。其中的"感性"包括感觉、敏感性和情感等内容。它将过去认为是难以量化、只能定性的、非理性、无逻辑可言的感性反应，用现代技术手段加以量化以发展新一代的设计技术。

1. 感性工学的起源与发展

在认识论中，对感性与理性认识孰轻孰重的争论一直存在。自古以来，西方就将"理性"与"情感"二元对立的概念作为认识论的基础，直到 20 世纪 80 年代，美国管理学大师赫伯特·亚历山大·西蒙(Herbert Alexander Simon)《人工科学》的出版被认为是现代设计学科成熟的标志，为工程学的发展提出了新的路径和思考方向，这也是"感性工学"的理论基础和出发点。

最早将感性分析导入工学领域的是日本广岛大学的研究人员。1970 年日本学者开始研究如何将居住者的感性在住宅设计中具体化为工学技术，最初被称为"情绪工学"。当时34 岁的长町三生(Mituo Nagamachi)敏锐地感到"感性的时代"即将到来，经过近 20 年的研究，从 1989 年开始发表了包括《感性工学》(1989，海文堂出版)在内的一系列论文和著作。1988 年在悉尼召开的第十届国际人机工程学大会上，正式命名日文和英文结合的"Kansei Engineering"，"感性工学"一词被正式启用。

随着体验经济时代的到来，世界各国对感性工学的研究方兴未艾，如英国诺丁汉大学的人类工效学研究室是欧洲较早开展研究的机构；德国的保时捷(Porsche)和意大利的菲亚特公司(F.I.A.T.)都热衷于感性工学的应用；美国福特公司也运用该技术研制了新型的轿车。近年来我国学术界也逐渐开始了对感性工学的相关研究。

2. 感性工学的研究范畴与研究内容

感性工学研究人机交互之间认知的感性，其范畴包括对人类的感觉、情绪、知觉、表象、消费心理学、生理学、产品语义学、设计学和制造学等研究，按学科构成可以划分为感觉分子生理学、感性信息学和感性创造工学三大方向。

(1) 感觉分子生理学。研究人类感性的源头，脑的构造和机能，从人的因素及心理学的角度去探讨顾客的感觉和需求，偏重生理角度的研究，并通过感性的计测检验，运用统计学的方法和实验手段对人类的感性进行评估。评估的方法有两种：一是检测法，即对人的感觉器官作检测，对照被测者的感受变量和"辨别阈""刺激阈"的细微变化，做出生理与心理的快适性评估；二是语义差分(Semantic Differential，SD)解析法，即利用语言来表述官感，然后对之进行统计评估，并获得受验者的感受量曲线。

(2) 感性信息学。感性信息学主要对人类感性心理的复杂多样的信息作系统处理；以计算机为基础建立处理系统，对数据进行分析，将其转换为决策者所需的信息并建立信息输出的完整机制，然后进行感性量和物理量之间的转译；在定性和定量的层面上从消费者的感性意象中辨认出设计特性，再以适当的形式传输、发布，提供给设计者和制造者。按长町三生的建议，感性信息学的研究方法有三种：顺向性感性工学，即感性信息→信息处理系统→设计要素(见图 7-4)；逆向性感性工学，即感性诊断←信息处理系统←设计提案；双向混成系统。

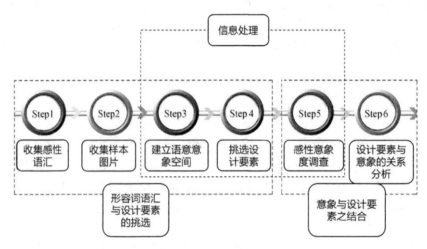

图 7-4　顺向性感性工学示例

(3) 感性创造工学。感性创造工学主要关注与消费者欲求的产品的设计和制造方面，研究感性与形态、材料、色彩、工艺、创新设计方法及制造学之间的关系。针对特定的使用目的，分别对以不同感性为主的应用工具进行界面、有效性、适用性、运算性与推广性的评估，以验证设计方式是否能满足产品的感性化诉求。

3. 感性工学的应用流程

应用感性工学系统的工作流程，包括以下四个阶段，如图 7-5 所示。

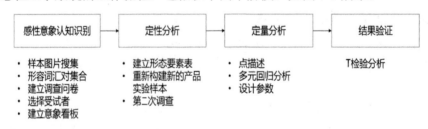

图 7-5　感性工学产品设计流程

(1) 感性意象认知识别。

具体步骤如下所示。

① 广泛搜集各种与要设计品同类的造型图片，进行初步分类、去除类似的图片；找出一组具有代表性的图片，分别制成问卷调查的样本，并进行编号，如图 7-6 所示。

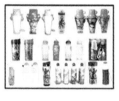

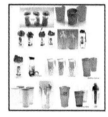

图 7-6　造型图片搜集及其代表性图片示例

② 测试被试者对上述图片中产品造型的感觉与偏好，用形容词汇对集合来表达所有可能的感性意象。先列出搜集的形容词汇对集合，从中剔除明显不合适的词汇对，再加上一对反映偏好程度的词组，即喜欢与不喜欢，作为初次调查的意象词汇集合，如图 7-7 所示。

可爱、甜美、童趣、活泼　　可爱
健康、好用、密封、方便、环保　　好用
普通、憨厚、专业、结实、坚固　　憨厚
动感、朋克、运动、炫酷、炫丽、热情、户外、个性　　动感

流线型、性感、聪明、圆润、优雅、精致　　柔和
快乐、新鲜、爽、漂亮、鲜艳、休闲、轻巧　　新鲜
时尚、特别、另类、独特、搞怪、好玩　　另类
简约、简洁、简单　　简约

可爱—朴实
憨厚—轻巧
柔和—硬朗
动感—安静
简约—繁复
好用—难用
新鲜—沉闷
另类—普通

图 7-7　意象词汇集合

③ 建立调查问卷。问卷由每一个被试者填写，内容设计包括被试者自身的情况(年龄、性别、职业等)及对应于每一个产品样本的感性意象词汇对集合及偏好程度；每个词汇对用 7 个等级来区分其偏好的程度，如图 7-8 所示。

④ 选择被试者。包括专家、一般用户和新手，被试者的年龄、性别及职业应分布合理。

⑤ 建立意象看板。鉴于每个人对感性意象词汇的理解有偏差，可采用意象看板来统一被试者的认识，看板是通过大量的调查和统计来建立的。

⑥ 最后进行调查和数据分析。每个被试者首先通过意象看板来确定各种意象，然后再填写调查问卷，调查问卷要达到一定的数量。

原理篇　用户体验设计的原理与方法

样品	可爱-朴实	简约-繁复	憨厚-轻巧	好用-难用	柔和-硬朗	新鲜-沉闷	动感-安静	另类-普通
	2.0	3.8	5.8	4.0	2.5	2.0	5.0	4.8
	1.3	3.8	1.8	2.5	2.0	2.0	5.7	3.6
	3.4	2.8	3.5	3.9	6.0	2.6	1.0	1.8
	6.0	1.4	6.0	1.6	5.4	1.5	5.9	6.0

图 7-8　意象偏好程度打分

产品的意象通常是由几个因素所解释的。根据各词汇对的因素数量，再进行统计学的数据聚类分析，即可识别出反映消费者感性意象认知的几对意象词汇。

(2) 定性/定量分析。

在步骤(1)的基础上进行分析，具体内容如下。

① 运用形态分析法，配合问卷调查及专家访谈，归纳出构成产品的主要因素及其形态分类，并据此建立形态要素表。

② 除参考之前的样本外，再依据上述所归纳出的产品要素，配合形态要素表，予以交叉变化组合，重新构建新的产品实验样本。依据前面提取的几对代表性感性意象词汇对，建立新的调查问卷，选择一定数量的被试者进行第二次调查。

③ 将问卷调查结果加以整理，并求出各个样本在各意象词汇对下的平均数，然后以感性意象词汇评价数据为因变量、形态要素类目为自变量，进行统计学的多元回归分析。由此获得的各个意象词汇对所对应的形态要素类目系数，被称为类目得分。根据类目得分可求得各个样本形态要素对感性意象的贡献，然后再进行统计学的偏相关分析，获得各个形态要素的偏相关系数得分。据此可以进一步了解意象词汇对与产品形态要素间所呈现的对应关系，归纳出在定性层面上的产品造型设计原则。

(3) 定量分析。

定量分析是以数值描述的方式寻求感性意向词汇与产品造型参数间的关联关系，并以此指导产品造型的改进。具体方法因产品的不同而不同。例如以点描绘手法逐一对先前的产品样本进行描绘，并记录每一个描绘点的坐标值，然后分别以每位被试者对每个产品样本的感性评价的平均值为因变量、产品样本的坐标描述变量为自变量，进行多元回归分析，达到量化分析的目的。

(4) 结果验证。

为验证上述方法的有效性，依据设计原则再选择一些样本，进行问卷调查；然后将所得调查数据与前述量化方程所计算的数据进行 T 检验分析[①]，分析的结果可用来评价所用方法的合理性和有效性。

---

① T 检验，亦称 Student's T test，主要用于样本含量较小(例如 $n<30$)，总体标准差 σ 未知的正态分布资料。T 检验是英国统计学家威廉·希力·戈斯特(William Sealy Gosset)为了观测酿酒质量而发明的。

7.2.2　三层次理论

唐纳德·亚瑟·诺曼在其《情感化设计》一书中，揭示了人脑信息加工的三种水平，即本能的、行为的和反思的，并认为这三种水平分别与本能、行为和反思水平的设计等不同的设计维度相对应，这一理论也被称为情感设计的三层次理论。它解决了长期以来困扰设计人员的问题，即物品的可用性与视觉性之间的矛盾、理性与感性之间的矛盾，如图 7-9 所示。

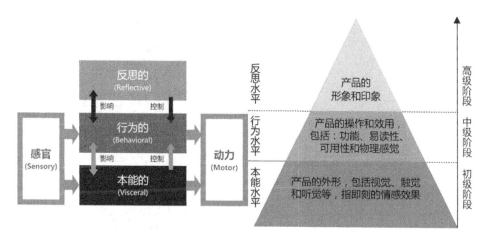

图 7-9　情感设计的三个层次

1．本能层

本能层，是一种生动的感受，指产品带给人的感官刺激，是基于产品的物理性的。本能可迅速地对好或坏、安全或危险做出判断，并向肌肉发出适当的信号。这是情感加工的起点，由生物因素所决定。例如一部 3D 动画，一眼就能让人感觉到其画面精美、多彩夺目，这就是动画的本能层设计所起的作用。本能层主要包括五种感知觉给人带来的不同感受。

2．行为层

行为层，指消费者通过学习掌握的技能，是大多数人类行为之所在。它在产品的使用中触发，获得成就感和喜悦感；也涉及产品的效用及使用感受，包括功能、性能和可用性等。例如在驾驶一辆跑车时，首先需要了解该车的性能和各种操作按键的位置及使用方式，在试驾体验的过程中得到爽快感和操纵感，就是设计的行为层在起作用。行为层的活动可由反思水平来增强或抑制，也受本能水平感受的控制调节。

3．反思层

反思层，是大脑加工的最高水平，它源于前两个层次的作用，是在消费者内心产生的更深度的，与意识、理解、个人经历、文化背景等多种因素交织在一起的复杂情感。例如意大利著名建筑师阿尔多·罗西(Aldo Rossi)为阿莱西(Alessi)公司设计的一些"微型建筑式"的茶具产品颇受欢迎，其中原因不仅仅是使用功能，更主要的是一种文化、一种从欣赏的角度对建筑历史的反思。

上述三个层面是相互联系、相互作用的整体，一件成功的情感化设计产品往往在这些层面上都会有所体现。

7.2.3 情感测量方法

有学者建议人的情感因素可以从三个方面来考察，即主观体验(自我感受)、表情行为(身体动作量化形式)和生理唤醒(生理反应)。相应地，对这些因素测量的方法通常有生理测量法和心理测量法两大类(见图7-10)。

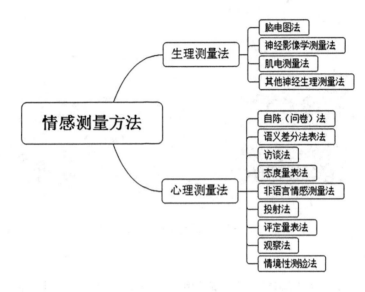

图 7-10　情感测量方法分类

1．生理测量法

生理测量法，指从生理角度研究消费者情感产生的生理神经信号，借助传感器等仪器，通过测量消费者的脑电波、心跳、皮肤汗液、电位、呼吸、表情、眼动等生理指标的变化了解人们的情感状态。常用的生理测量方法有脑电图(EEG)、神经影像学和肌电(EMG)测量法等。此外也有人用心血管指标来评定唤醒程度、用眼动仪测度用户浏览兴趣等。

2．心理测量法

心理测量法，指以问卷调查人们当前的情绪状态、心理感受或通过问卷分析获取消费者情感信息的方法。具体有自陈(问卷)法、语义差分法、非语言情感测量法、评定量表法等。例如语义差分量表法(Semantic Differential Scale)一般采用图片、幻灯片或者实物来向消费者展示不同造型或功能，收集并分析答案。态度量表法有瑟斯顿等距量表(Thurston Attitude Scale)、利克特总加量表(Likert Scale)、哥特曼量表(Guttmann Scale)等。非语言情感测量具有操作简单、趣味性强等特点：一个是 AdSAM(AD –advertisement；SAM- the Self-Assessment Manikin)方法，另一个是 PrEmo(Product Emotion)方法。PrEmo 由荷兰代尔夫特理工大学皮特·德斯梅特(Pieter Desmet)团队开发，能够有效测量由产品设计引发的正负面等 14 个等级的情感因素，如图 7-11 所示。

图 7-11　PrEmo 情感测试工具

7.2.4　情感参数转换方法

情感测量的结果通常需要转换为相应的产品结构参数或功能，很多论文应用了因子分析、聚类分析、多维尺度分析、神经网络、数据挖掘、灰色关联度分析、模糊数学和粗糙集等方法对数据加以提炼，最后得到可以实用的设计参数。这里以自行车造型设计为例来说明情感转换中模糊数学方法应用。模糊逻辑是由美国加州大学伯克利分校的卢菲特·泽德于 1965 年提出的，它模拟人脑的不确定性概念判断、推理思维方式，适用于常规方法难以解决的规则型模糊信息问题。

【例 7.1】　应用模糊逻辑进行折叠自行车意象造型设计。具体过程如图 7-12 所示。

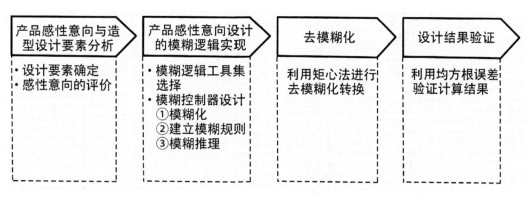

图 7-12　自行车意象造型的模糊设计过程

步骤一：产品感性意象与造型设计要素分析。

为专注于造型意象的认知，在此不考虑色彩因素。经分析，将折叠自行车的感性词汇确定为 10 个优美的、简洁的、精致的、高贵的、时尚的、有趣的、轻便的、休闲的、人性化的、实用等。本例仅以"优美的"为例进行研究。

(1) 设计要素确定。

搜集常见折叠自行车的图片，从中挑选 15 个典型的，再选择 3 个(星号标记的 16～18 号)用于模型的测验，如图 7-13 所示。

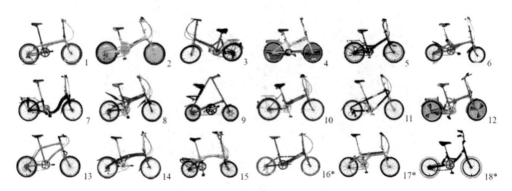

图 7-13　有代表性的折叠自行车图片

一辆折叠自行车有 1000 多个零件，可归纳为 25 个部件，主要部件的形态可分解为 8 个造型设计要素，分别为车架、车把、中轴、车座、衣架、挡泥板、车轮、传动形式，各设计要素可分解为若干类型(见表 7-1)。

表 7-1　折叠自行车造型设计要素

造型要素	类型 1	类型 2	类型 3	类型 4	类型 5
1 车架(X1)				其他	
2 车把(X2)			其他		
3 中轴(X3)					其他
4 车座(X4)			其他		
5 衣架(X5)				其他	
6 挡泥板(X6)				其他	
7 车轮(X7)				其他	
8 链条传动(X8)			其他		

(2) 感性意象评价。

选择图 7-13 中的 15 个样品，采用七阶李克特量表设计调查问卷。例如对"优美的"这一词汇而言，X1 表示非常不同意，X4 表示普通或没有意见，X7 表示非常赞同。对 20 位被试者进行调查，将结果进行整理后可得表 7-2 所示的感性评价矩阵。

表 7-2 折叠自行车的感性评价矩阵

序 号	X1	X2	X3	X4	X5	X6	X7	优美的
1	1	1	3	2	4	4	1	4.88
2	3	1	3	2	4	4	4	5.42
⋮	⋮	⋮	⋮	⋮	⋮	⋮	⋮	⋮
15	1	2	3	2	1	1	1	5.19

步骤二：感性意象设计的模糊实现。

感性意象设计的模糊实现，包括模糊逻辑工具集选择及模糊控制器的设计。

(1) 模糊工具集选择。

采用 MATLAB 的 FUZZY LOGIC 工具箱来进行模糊逻辑控制系统的设计，其中有 5 个基本的 GUI 工具用于模糊推理，分别是 Fuzzy(模糊推理系统编辑器)、MFEdit(隶属度函数编辑器)、Ruleedit(模糊推理规则编辑器)、Ruleview(模糊推理规则观察器)和 Surfview(模糊推理输出特性曲面观察器)。

(2) 模糊逻辑控制器设计。

模糊逻辑控制器设计，包括模糊化、模糊规则的构建、推理以及反模糊化等。

① 模糊化。将数字输入转化为一系列模糊等级，每个等级表示论域内的一个模糊子集，通过隶属函数来描述，其作用是测量输入变量的值。进行比例映射，将输入变量的范围转化为相应的论域。将输入数据转化为语言值。本例用三角形隶属函数，如式(7-1)所示：

$$\mu_A(x) = \begin{cases} 0, & x < a \\ \dfrac{x-a}{b-a}, & a \leqslant x \leqslant b \\ \dfrac{c-x}{c-b}, & b \leqslant x \leqslant c \\ 0, & x > c \end{cases}$$ (7-1)

其中，$a, b, c \in R$ 且 $a \leqslant b \leqslant c$。

对于造型要素车架(X1)，利用 X1-1、X1-2、X1-3、X1-4 等加以描述，记为{X1-1、X1-2、X1-3、X1-4}，论域为{1、2、3、4}，隶属函数设置如表 7-3 所示，对应图 7-14。当 x 取值在[1, 3]范围时，表示其造型要素为类型 1~3 之间的相应形态。例如 1.6 表示 40% 的第一种与 60% 的第二种形态的混合。由于第四种形态与前三种不相关，因此仅用数值 4 表示，其余 7 个造型要素隶属函数的确定方法类似。

表 7-3 要素"车架"三角形隶属度函数设置

语言变量	车架(X1)			
语言值	类型 1	类型 2	类型 3	类型 4
	X1-1	X1-2	X1-3	X1-4
隶属函数参数	(1,1,2)	(1,2,3)	(2,2,3)	(4,4,4)

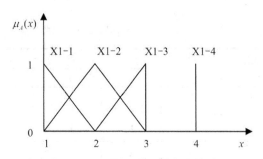

图 7-14　要素"车架"的三角形隶属函数

对于词汇"优美的"的评价值，采用 7 个量级描述：极不优美、非常不优美、不优美、一般、优美、非常优美、极其优美，记为{E1、E2、E3、E4、E5、E6、E7}，论域为{1、2、3、4、5、6、7}，其隶属函数设置如表 7-4 所示，对应的函数图形如图 7-15 所示。

表 7-4　感性词"优美的"三角形隶属函数的设置

语方变量	优美的(Elegant)						
语言值	极不优美	非常不优美	不优美	一般	优美	非常优美	极其优美
	E1	E2	E3	E4	E5	E6	E7
隶属函数参数	(1,1,2)	(1,2,3)	(2,3,4)	(3,4,5)	(4,5,6)	(5,6,7)	(6,7,7)

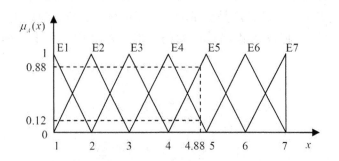

图 7-15　感性词"优美的"三角形隶属函数图

②　建立模糊规则。模糊规则是模糊控制器的核心，源于专家的意见和经验知识，常用"IF<前提 1>AND/OR<前提 2>THEN<结论>"的形式来表示。通常为每条规则指定一个权值用来表示它的重要性。一组模糊规则构成的模糊系统可用来表示输入、输出的映射关系。对 15 个自行车样品可建立 30 条模糊规则。如图 7-15 所示，对 1 号自行车样品的感性词汇"优美的"评价值为 4.88，该值对于 E4 的隶属度为(5-4.88)/(5-4)=0.12；对于 E5 的隶属度为(4.88-4)/(5-4)=0.88。具体的模糊规则为：

规则 A：

If $\begin{pmatrix} (X1 \text{ is } X1-1)\text{and}(X2 \text{ is } X2-1)\text{and}(X3 \text{ is } X3-3)\text{and}(X4 \text{ is } X4-2)\text{and} \\ (X5 \text{ is } X5-4)\text{and}(X6 \text{ is } X6-4)\text{and}(X7 \text{ is } X7-1)\text{and}(X8 \text{ is } X8-1) \end{pmatrix}$

then(Elegent is E4)(0.12)

规则 B：

$$
\text{If}\begin{pmatrix}(X1\ is\ X1-1)and(X2\ is\ X2-1)and(X3\ is\ X3-3)and(X4\ is\ X4-2)and\\(X5\ is\ X5-4)and(X6\ is\ X6-4)and(X7\ is\ X7-1)and(X8\ is\ X8-1)\end{pmatrix}
$$

then(Elegent is E5)(0.88)

③　模糊推理。模糊推理指根据模糊规则对输入的一系列条件进行综合评估，可到一个定性的用语言表示的模糊输出量。本例采用 Mamdani 推理方法[①]，具体可参阅 MATLAB 算法说明。

步骤三：去模糊化。

在一个模糊系统中，模糊控制器的输入量是模糊量，输出量也是模糊量。为使模糊控制器的输出能用于被控对象，要把输出的模糊量转换成精确量，即去模糊化。对于推理后是模糊集合的，常用的去模糊化方法有重心法、最大平均法、修正型最大平均法、中心平均法和修正型重心法等。对于推理后是明确数值的，权重式平均法是使用最广的去模糊化方法。本例采用重心法作为去模糊化方法(参阅 MATLAB 说明)。

步骤四：设计结果的验证。

本例采用均方根误差(RootMean Square Error，RMSE)来评价所述模型的性能，当值小于 0.1 时即可算良好。RMSE 函数表达如式(7-2)所示。

$$
\text{RMSE} = \sqrt{\frac{\sum_{i=1}^{n}\left(x_i - x_i^*\right)^2}{n}}
\tag{7-2}
$$

式中：代表模型的预测值；x_i^* 为被试的评分；n 为样品的数量。本例选择 3 个样品让被试者对各感性词汇进行评分，再将得数与用模糊逻辑得到的值进行比较，结果如表 7-5 所示，其中 RMSE 的值为 0.0957<0.1。可以看出模型预测精度较好且本例所述的模糊逻辑模型有效。

表 7-5　预测值与 RMSE 值对比

"优美的"评价值	测试样品			RMSE
	1	2	3	
被试的评分	4.53	5.23	5.71	
模型预测得分	4.58	5.32	5.57	0.0957
误差的绝对值	0.05	0.09	0.13	

要注意，情感参数的转换并没有标准的方法和技术，需要结合具体情况妥善选择。

7.3　情感化设计的主要研究领域

当前学界对情感化设计的研究主要集中在以下几个领域，如图 7-16 所示。

---

①　英国学者 E. H. 曼达尼(E. H. Mamdani)于 1974 年首次提出 Fuzzy 逻辑控制，并给出一种基于 CRI(Compositional Rule of Inference)方案的 Fuzzy 推理算法，被称为 Mamdani 算法。

7.3.1　造型与情感

造型指产品实体形态的表现，一般涉及产品的外观、材质和色彩等属性，是产品实用功能的具象形式；同一产品功能可采用多种产品造型。造型研究侧重于通过市场调研来洞察消费者对产品的感性意象，从而确定产品创新造型或参数的改进，主要包括用户和设计师感知意象、造型要素与消费者心理感性意象、造型属性与情感和色彩与舒适度研究等。产品的物理造型在市场营销中扮演着重要角色，是设计师与消费者交流和刺激情感反应的重要载体。这方面研究的文献很多，相关方法和技术也相对成熟。

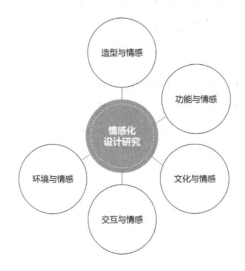

图 7-16　情感化设计主要研究领域

7.3.2　功能与情感

功能指产品所具有的某种特定功效和性能。从功能角度看，可用性、易用性和可靠性都会影响消费者对产品的认知，从而产生愉悦、惊喜、信赖和美好回忆等情感反应。相对造型而言，由产品功能带来的情感反应更加具有持久性，也是消费者产生二次购买动机或推荐其他消费者购买的主要原因之一。这方面的研究主要包括功能与可用性、复杂度与使用心理研究和智能化对消费者情感的影响等。研究表明，目前从实证角度研究产品功能和消费者情感关系的资料尚不多见，大多处于思辨阶段，定量的研究方法也很少。

7.3.3　交互与情感

交互指消费者与产品互动的过程。与功能和造型具有相对稳定的物理内涵不同，交互是暂态的、不稳定的，因人、因产品、因习惯而异。对交互与情感的研究包括工效学与情感研究、交互过程消费者情感表达和交互与群体情感研究等。由于交互概念的广泛性及交互过程的复杂多态性，同时又因交互对消费者情感影响的显著性，目前学术界对于交互行为与情感的研究正处在蓬勃发展阶段。

7.3.4　环境与情感

这里的环境包含物质环境和虚拟环境等两个方面。环境对于身处其中的人的情感的影响无处不在。对于环境与情感的研究主要包括物质环境与情感及虚拟环境下的情感研究等。在建筑设计领域，对环境与情感的研究由来已久，较为深入透彻，而对互联网和虚拟环境与情感之关联的研究则刚刚起步，亟待加强。

7.3.5　文化与情感

文化(Culture)是一个非常广泛和最具人文意味的概念，是相对于政治、经济而言的人类全部精神活动及其产物。不同的文化有着不同的表达方式和选择标准，产品设计也必须结合特定地区和国家的文化传统才能与消费者产生共鸣。同样的造型、同样的功能在不同地区的市场效果有时大相径庭，这往往是因为文化因素在起作用。对于文化与情感的研究主要包括文化背景对产品功能的影响、跨文化背景下产品的消费认知与消费情感研究等。目前对于与文化有关的情感体验的研究相对比较少，很多研究仅局限于刺激消费者产生初次购买动机的情感类别。如何在产品设计中融入更多的文化元素是未来情感化设计研究的一个重点。

上述情感化设计研究的各方面不是在时间上的前后关系，也非单一的相关关系，而是交织在一起形成对消费者的复杂刺激，因此在研究中必须综合考虑其影响。

7.4　产品情感体验相关模型

数学模型是针对参照某种事物系统的特征或数量依存关系，采用数学语言概括或近似的表述的一种数学结构。产品情感体验模型是数学模型的一种，其本质是情感信息处理(Affective Information Processing，AIP)过程，如图 7-17 所示。其输入是指人们各种由情感引发的行为信号，然后经过识别、理解、模拟、合成等一系列加工处理，最终实现情感应答输出，主要涉及情感信息的获取与测量、情感模型构建、情感信息的识别与表达等技术。

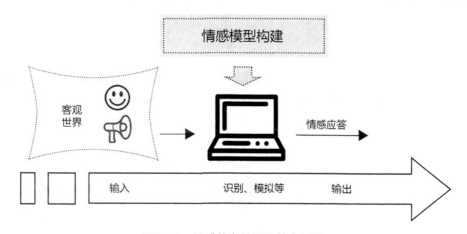

图 7-17　情感信息处理的基本过程

日本长町三生的感性工学和美国麻省理工学院媒体实验室的罗莎琳德·皮卡德的情感计算被认为是情感信息处理研究的两大分支。在此基础上，来自世界各国的学者提出了各种各样的产品情感模型。其中比较有代表性的有 Desmet 和 Hekkert 的产品情感模型、感知情感特征模型、Mahlke 的情感体验模型和用户体验结构模型等。

7.4.1 Desmet 和 Hekkert 的产品情感模型

美国安得烈·奥托尼(Andrew Ortony)等学者提出的认知模型是产品情感模型的基础，他们在 1990 年发表的论文中指出，人们对环境的认识源自三个关注点，即事件(Events)、媒介(Agents)和客体(Objects)。情感反应是对这三个关注点的正负反应，对应存在着三种情感。荷兰德斯梅特(Desmet)和海克特(Hekkert)汲取了上述思想并于 2002 年发表了产品情感模型(见图 7-18)，即产品及关注会影响对产品的评价，没有评价就不会产生情感。不同的评价会激发不同的情感体验。产品、关注和评价三者交互作用，共同决定了情感体验。该模型涵盖了五种评价，对应着五种情感体验：使用情感(Instrumental Emotion)、审美情感(Aesthetic Emotion)、社会情感(Social Emotion)、惊喜情感(Surprise Emotion)和兴趣情感(Interest Emotion)。它强调认知和情感是相继存在的，不同认知评价及导致的情感类别能解释体验的不同机制，这有利于具体产品的研发。虽然此模型中“认知-情感”的线性关系代表了典型的认知观，但它更加注重情感体验的积极反馈效应，同时也考虑产品、认知及情感三位一体的交互作用，因此体现了典型的格式塔整体思想。这种囊括情感的完形建模对情感体验的整合研究具有积极的意义。

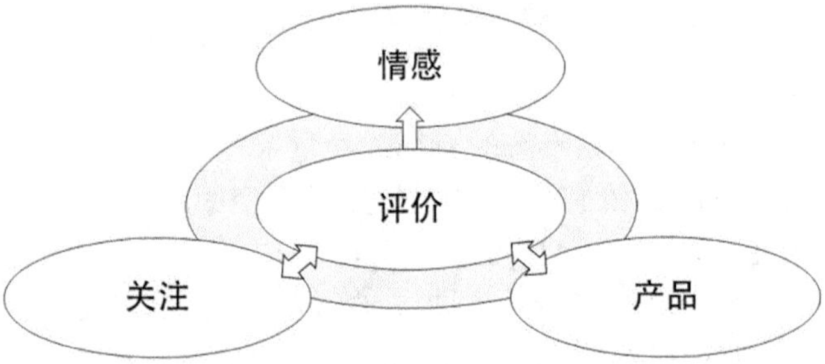

图 7-18 Desmet 产品情感基本模型

7.4.2 感知情感特征模型

研究表明，可用性感知(Perceived Usefulness)影响着行为意图(Behavior Intention)；易用性感知(Perceived Ease of Use))影响着可用性感知，也影响着行为意图。这里行为意图是评定产品体验的有效指标。神经科学及社会心理学认为，情感或情绪会先于认知过程出现并与认知相互作用。

感知情感特征模型研究了交互界面中的情感特征(Affective Quality)，发现对情感特征的感知(Perceived Affective Quality)在情感体验中起着核心作用。因此认为情感性的特征感知直接影响着认知性的可用性和易用性感知。同时可用性和易用性感知又共同影响着情感响体验中的行为意图，如图 7-19 所示。这一模型的关键在于，它强调了可用性和易用性感知对情感特征感知的桥梁作用，建立了情感特征感知与行为意图之间的关联。这种建构鲜明地将情感体验作为体验的前提，突出了情感体验的决定性意义。不足之处在于，情感特征感知的内涵交叉了过多的认知成分，缺乏清晰的情感体验界定。尽管如此，这一模型的提出对后续的批判性理论分析及理性的模型整合都有重要的推动作用。

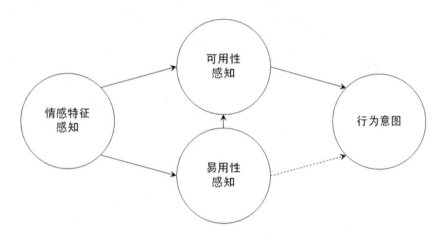

图 7-19　感知情感特征模型

7.4.3　Mahlke 情感体验模型

Mahlke 情感体验模型是由美国学者塞诗·玛尔科(Sascha Mahlke)于 2005 年提出的，该模型认为产品质量的体验是一种认知过程，包括用户对实用和非实用特征的认知。认知过程受到用户所处系统特征的影响，即用户在体验过程中会感知系统特征，也会产生各种反应，如情感反应及情感结果、评价及行为结果等。体验的情感反应与认知体验平行激发，二者共同产生情感反应、评价及行为结果(见图 7-20)。此模型强调系统特征同时平行地激发了情感体验和认知，情感体验过程(情感反应及其结果)会显著影响评价和行为结果；同时这一过程也影响着用户的认知体验；体验的情感反应和情感结果是与认知同等重要的机制。Mahlke 情感体验模型突破了以往体验模型的认知主导观，其强调的情感-认知平行作用的思想也为用生理心理学手段测量情感体验提供了新的思路，促进了体验理论与实践的有机结合。

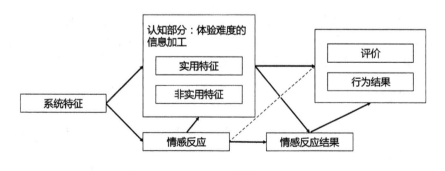

图 7-20　Mahlke 情感体验模型

7.4.4 用户体验结构模型

用户体验结构模型(Components of User Experience)是对前述模型的整合,由塞诗·玛科和图灵(M. Thüring)于 2007 年提出(见图 7-21)。该模型认为体验由实用及非实用特征的感知和情感体验三大部分构成;在体验的外部,系统的交互特征受到系统特征、用户特征、任务或情境的影响。交互特征影响用户对实用及非实用特征的感知,这两种感知水平的差异,会激发用户产生不同的情感体验,反映在主观体验、表情行为和生理反应方面。另外,情感体验及感知作为核心要素共同影响用户的评价、决策及行为。用户体验结构模型将情感体验视为体验的核心结构之一,处在模型中枢位置。这一模型以卡罗尔·伊扎德(Carroll Izard)的情绪观为基础,有合理的、明确的内部结构,同时其系统的建构也为情感体验的客观测量提供了明确的理论指导。

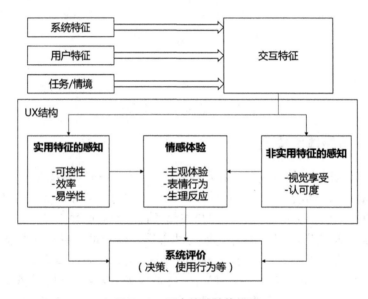

图 7-21 用户体验结构模型

7.5 情感化设计的发展趋势

情感化设计是体验经济发展的必然产物。它突破了认知机械化解释体验的模式,强调人的主观价值,符合交互体验的灵活性和互动性。同时对情感体验的研究也促进了用户体验量化研究的进程,特别是情感建模技术的发展,为体验设计应用奠定了理论基础。

7.5.1 跨学科融合

目前,国内外情感化设计研究的学者大体上可分为工程学界、管理学界和艺术设计学界三大群体。其中工程学界侧重于从造型出发,分析消费者的情感反应,然后从中选择最佳设计方案;管理学界一般从预假设开始,通过实证数据来验证假设或予以修正,侧重于从管理学的角度提高设计效率和质量;艺术设计学界则更多地从思辨的角度探悉情感化设计的规律。尽管各有侧重，但目的都是希望探究情感在产品设计创新中的真正作用。由于涉及消费者情感的创新设计的复杂性，需要工程设计界、管理学界、艺术设计学界和心理学及认知学等其他学科的密切配合、研究才能取得成功。因此未来的创新团队应着重学科交叉融合，才有可能设计出高水平的情感化创新产品。

7.5.2　设计理论的修正

传统的创新设计理论和方法，例如创新问题解决理论(TRIZ)、公理化设计理论、稳健设计、质量功能展开(QFD)等，基本都产生于机电工程的有形产品设计领域，主要从产品实用功能的角度展开，侧重于分析产品的结构创新、参数改进等，很少有涉及消费者情感的系统研究方法。由于情感设计在产品设计中的比重会越来越大，未来的创新理论必须探讨功能创新和消费者情感的关系，探索和开发基于消费者情感需求的结构化产品创新设计方法，修正现有的设计理论。到目前为止，情感设计的研究仍然处于不断探索之中。由于产品的多样性和消费者作为个体的不可重复性，要想寻找到适合于任何产品设计的通用情感化设计理论非常困难。可以预见，未来设计理论会面临更多的挑战，会有更多诸如涉及情感、人脑机制的基础问题有待解决，需要来自不同领域学者的合作来推动设计理论的蜕变。

思　考　题

1. 什么是情感？试述情感的分类。
2. 试述三位一体大脑理论，并通过实例对其进行阐释。
3. 什么是情感化设计？简述情感化设计发展的历程。
4. 试结合实例，简单介绍感性工学方法。
5. 试结合实例，简要介绍唐纳德·亚瑟·诺曼的三层次情感设计理论。
6. 试简要介绍 Desmet 和 Hekkert 的产品情感模型，并结合实例解释之。
7. 试简要介绍用户体验的结构模型，并分析该模型的特点。
8. 请自选一款产品，并根据本章所介绍的方法对其进行情感化再设计。有可能的话，试建立其情感化模型。

原理篇　用户体验设计的原理与方法

第 8 章

心智模型及其"四剑客"

　　心理学研究表明，每个人在使用产品时都会创造一个心智模型，而设计师的任务就是将自己关于产品认知的心智模型与用户相应的心智模型进行沟通与修正，亦即将设计者模型与用户模型匹配，进而提升产品的使用体验。常用的心智模型方法有凯利方格法(Kelly Repertory Grid)、手段-目标链模型(Means-End Chain Model)、攀梯访谈法(Laddering Technique)及萨尔特曼隐喻诱导术(Zaltman Metaphor Elicitation Technique)，这些被称为心智模型"四剑客"。

8.1 心智模型

8.1.1 心智模型的定义与起源

心智(Mind)指人类全部的精神活动，是人们的心理与智能的表现，包括情感、意志、感觉、知觉、表象、记忆、学习、思维和直觉等。心理学认为心智是指人们对已知事物的沉淀和储存，是通过生物反应而实现动因的能力的总和。美国心理学家 C. 乔治·博瑞(C. George Boeree)将心智定义为获得及应用知识和抽象推理等三方面的能力。

1. 心智模型的定义

心智模型也称心智模式，是指深植于人们心中的关于自己、别人、组织及周围世界每个层面的假设、形象和故事，受习惯思维、定式思维及已有知识的局限。它解释个体为现实世界中某事所运用的内在认知历程，是用现代科学方法来研究人类非理性心理与理性认知融合运作的形式、过程及规律。心智模型是对思维的高级建构，它表征了主观知识通过不同的理解解释对象的概念、特性、功用，是一种思维定式和人们认识事物的方法和习惯。换言之，心智模型是你对事物运行发展的"预测"，而不是"希望"，即你"希望"事物将如何发展并不是心智模型，但你"认为"事物将如何发展就是你的心智模型了。从功能上看，心智模式是一种机制，在其中人们能够以一种概论来描述系统存在的目的和形式、解释系统的功能、观察系统的状态及预测其未来。人们对于世界的理解方式是透过一系列问询来进行的，例如这是什么、有什么目的、这个东西如何运作、会造成什么后果等，这都是心智功能的表现(见图 8-1)。

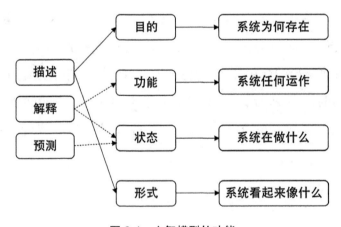

图 8-1　心智模型的功能

2. 心智模型的起源与发展

认知心理学认为，人们对事物的认知必须满足三个条件：一是认知之前具备一定的经验；二是事物本身必须能提供足够的信息；三是有能连接经验和事物信息的联想活动。而能让认知过程更易理解且更易被掌握的根本就是心智模型。

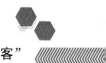

1943 年英国心理学家肯尼斯·詹姆斯·威廉·克雷克(Kenneth James Williams Craik，1914—1945)在其《大自然的解说》(*The Nature of Explanation*)中提到了心智模型的概念，认为人类在认知过程中把外部的时空转变成内部的模型，并且通过象征性的表示来进行推理，即人们依赖心智模型来运行思维。之后不久，克雷克死于一场自行车事故，他的理论也销声匿迹了很多年。认知科学的诞生使心智模型理论迅速回到了人们的视野中。20 世纪 80 年代，克雷克的理论被美国心理学家菲利普·约翰逊-莱尔德(Philip Johnson-Laird)和认知科学家马文·李·明斯基(Marvin Lee Minsky，1927—2016)、西蒙·派珀特(Seymour Aubrey Papert)等所采用，并逐渐普及开来。1983 年，约翰逊-莱尔德在其《心智模型与可用性》中及由美国心理学家德治拉·根特纳(Dedre Gentner)和阿尔伯特·史蒂文森(Albert Stevens)编辑的《心智模型》(*Mental Models*)论文集中，又进一步发展了这一理论。此后美国心理学家沃尔特·金茨希(Walter Kintsch)和范·戴克(Teun Adrianus van Dijk)在 1983 年出版的《语言理解的策略》(*Strategies of Discourse Comprehension*)里，使用情境模型展示了心智模型的相关性及其对认知和演讲产生的领悟。美国用户体验专家斯蒂夫·克鲁格(Steve Krug)于 2000 年出版的《别让我思考》(*Don't Make Me Think*)中将心智模型应用到了网页设计，探讨了好的网站应具备的交互特点。此外约翰逊-莱尔德还在其 1989 发表的论文中确定了心智模型的三个不同来源，即学习者以归纳的方式建构模型的能力、对外部世界的日常观察和其他人的解释。

8.1.2　心智模型的类型

有代表性的心智模型理论包括物理符号系统假说、诺曼模型、SOAR 认知模型、心智的社会模型和大脑协同学等。

1. 物理符号系统假说

物理符号系统假说，也称符号主义(Symbolism)或逻辑主义(Logicism)，是由美国著名认知科学家艾伦·纽威尔(Allen Newell，1927—1992)和社会心理学家赫伯特·亚历山大·西蒙(Herbert Alexander Simon，1916—2001)于 1976 提出的，认为物理符号系统是普遍的智能行为的充分必要条件。符号主义的原理主要是物理符号系统假说和有限合理性原理。长期以来，符号主义一直在人工智能中处于主导地位。西蒙指出，一个物理符号系统如果是有智能的，则肯定能执行对符号的输入、输出、存储、复制、条件转移和建立符号结构等 6 种操作；反之，能执行这 6 种操作的任何系统就一定能够表现出智能。据此推论：人是具有智能的，因此人是一个物理符号系统；计算机是一个物理符号系统，因此它必具有智能；计算机能模拟人或者说能模拟人的大脑功能。从符号主义的观点来看，知识是信息的一种形式，是构成智能的基础；知识表示、推理、运用是人工智能的核心；知识可用符号来表示，认知是符号的处理过程；推理就是采用启发式知识及启发式搜索对问题求解的过程；推理过程可用某种形式化的语言来描述。因而有可能建立起基于知识的人类智能和机器智能的统一理论体系。符号主义学派的这一主张却遇到了"常识"问题的障碍及不确知事物的知识表示和问题求解等难题，因此受到其他学派的批评与否定。

2．诺曼模型

诺曼模型，也称诺尔曼模型，是美国心理学家唐纳德·亚瑟·诺曼(Donald Arthur Norman)提出的。他观察了许多人从事不同作业时所持有的心智模式，在其 1983 年发表的论文"对心智模型的观察"中，归纳出了关于心智模式的六个特质，即不完整性(Incomplete)、局限性(Limited)、不稳定(Unstable)、没有明确的边界(Boundaries)和简约(Parsimonious)。

3．SOAR 模型

SOAR 模型(状态算子和结果模型)。艾伦·纽威尔等人于 1986 年发表在《机器学习》期刊上的论文"SOAR 分块：一般学习机制的解剖"中提出了 SOAR 模型，并组织开发了相应的程序。该模型是通用的问题求解程序，它以知识块理论为基础，利用基于规则的记忆获取搜索控制知识和操作符，并把这种经验和知识用于以后的问题求解过程中，实现通用问题求解。SOAR 模型与人类的认知系统更加接近，是目前首屈一指的认知模型。

4．心智的社会模型

美国人工智能之父马文·李·明斯基(Marvin Lee Minsky，1927—2016)于 1986 年出版的《心智社会》中对心智的社会模型进行了全面的描述，指出对个体心智的分析应从诸多较小的处理过程入手，即把思维描绘成由本身不具备思维的小部件组成的"社会"，把小部件描述为"社会"中有组织的"作用者"。

5．大脑协同学

德国物理学家赫尔曼·哈肯(Hermann Haken)于 1969 年提出了协同学一词，并于 20 世纪 70 年代创立了协同学，其代表作有《激光理论》《协同学——物理学、化学和生物学中的非平衡相变和自组织引论》等。协同学的研究对象是由大量子系统以复杂的方式相互作用所构成的复合系统。在一定条件下，子系统之间通过非线性作用产生相干效应和协同现象，使系统形成有一定功能的空间、时间或者时空的自组织结构。由于大脑的功能也是由大量的子系统(神经元、突触、节点)所形成的复杂网络巨系统整体结构功能协同作用产生的结果，因此协同学也可以应用于脑科学。

此外，还有动力震荡理论、流程认知等心智模型。尽管对心智模型的解读各不相同，但都有一些共同的特征，即心智模型反映了人对外部系统的认知结构，或者说知识结构。心智模型呈现了客体的信念，并在此基础上进行推论，产生行为反馈。心智模型在客观、合理性方面有一定的局限性。心智模式帮助人们对世界进行建构。

8.1.3　心智模型的形成和运作

1．心智模型的形成

心智模型是个体对事物运行发展的预测，其基础来源是感知能力，感知是建立在相对应的物理刺激和生理过程的基础上的。外界刺激信息由人体的感官所接收，但感觉暂存的记忆一般只维持几分之一秒，若不加以注意与辨识，感官记忆随即消失。感官收集的信息经过选择及编码等初步处理后，传送到短期记忆中，当把这些通过感官得来的感觉经验综合起来，并用过往知识经验加以补充时，就形成了对事物的知觉，例如事物在视网膜上产生模糊的形象，通过神经信号传递到大脑，经过进一步处理出现事物的名字，此时知觉成为意识。意识有两种，一种是全神贯注在某一事物上产生的意识，另一种是发生在看第一件事物时被第二件事物分心的时候，前者是确定的意识，后者是不确定的意识。确定意识是引导心智在某一时刻集中在单一事件或单一刺激的心智效果，体现出的特征主要是选择性和专注性。不确定意识也可以产生意识，而且往往就是心智模型的直接体现。这就是心智模型形成的过程(见图 8-2)。又如，当我们开车的时候常常因遇到紧急情况而刹车，之后才意识到自己已经完成了想要做的事情，这背后就是心智模型在起作用。

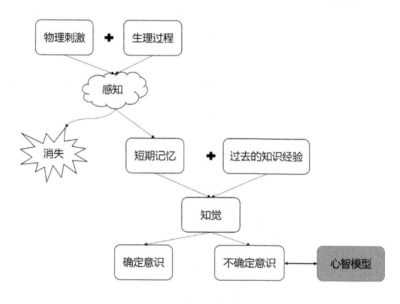

图 8-2　心智模型的形成

　　心智模型主要受三类关键活动的影响，即描述、归因和预测(见图 8-3)。面对外界环境，通过心智模型对社会事件的三类活动，个体将做出适应性的行为选择，其结果一方面检验了自身的心智模式；另一方面所反馈的信息能充实和扩展原有心智模式。个体终其一生都在不断地寻找验证心智模式的证据，并将完善心智模式作为最终的目标。

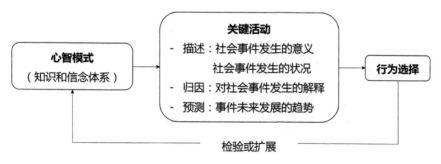

图 8-3　心智模型的三类关键活动

原理篇　用户体验设计的原理与方法

2．心智模型的运作

早在中国先秦时期《周易》中就记载有"圣人立象以尽意，设卦以尽情伪，系辞焉以尽其言"，这里的"象"不是对客观事物的抽象，而是比语言文字更简朴概括的一种抽象符号，是众多具体形象联想和感觉经验融合在一起的复合产物，是视觉、触觉、听觉和思维共同作用的复合形态，本质上就是古人对心智运作的看法。

当代管理学大师、组织学习理论的主要代表克里斯·阿吉瑞斯(Chris Argyris, 1923—2013)经过三十多年的研究，提出了心智模型的运作过程——"推论的阶梯"，揭示了人们是以跳跃式的推论进行行动中的反思这一事实。他认为人们能够意识到的只是阶梯底部、可观察到的原始资料和阶梯顶部所采取的行动，中间的推论过程往往被飞快地跳过去，至少是产生阶段性的跳跃；人们概括性的想法或通常的看法，就是通过跳跃式的推论产生的；将具体事项概念化，再以简单的概念代替细节，然后得出结论(见图 8-4)。心智模型一旦建立，其作用过程是产生跳跃式的推论，这个过程不需要花太多时间，因此往往被人们所忽略。例如许多时候人们会想当然地去看待一件事物，就是跳跃式推论的结果。

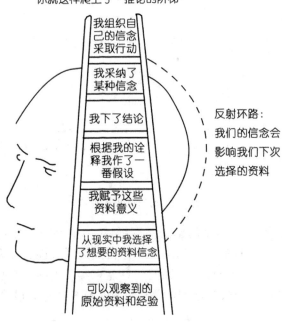

图 8-4　克里斯·阿吉瑞斯的"推论的阶梯"

8.1.4　心智模型相关概念

个体对环境的理解过程一向是科学家感兴趣的课题，而将关于某一特定主题的人类思维展示出来的方法有很多，除心智模型外，还有分类(Category))、概念图(Concept Maps)、心智图(Mind Maps)、认知结构(Cognitive Structure)、图式(Schema)、手迹(Script)等，这些都是心理和认知研究中常用的概念。

1. 图式

图式，最早见于德国哲学家伊曼纽尔·康德(Immanuel Kant，1724—1804)的著作。康德认为一个人在接受新信息、新概念、新思想时，只有将其同他脑海里固有的知识联系起来才能产生意义。在心理学领域，图式的概念最先由英国认知心理学家弗雷德里克·查理斯·巴特利特(Frederic Charles Bartlett，1886—1969)在其《记忆：一项实验与社会心理学的研究》中提出，他认为图式是个体已有的知识结构，这个结构对于个体认识新事物发挥着重要作用；美国认知心理学家琼·罗伯特·安德森(John Robert Anderson)认为，图式是根据客体的一组属性组合表征一类客体的结构，是人们对事物有关属性组合的知识储存方式。现代认知心理学将图式分为两类：一类是有关客体的，如人们关于房子、动物、古玩的图式；另一类是关于事件的或做事的，如进餐馆、看电影、去医院就诊的图式，后一类图式也称脚本(Script)。英国学者约翰·R. 威尔逊(John R.Wilson)和安德鲁·卢瑟福(Andrew Rutherford)则认为，心智模型与图式及内部表征关系密切，它们都与认知有关，都是对外部世界的内在反应，都是经过长时间逐渐形成、深藏在内心不易被察觉的。心智模型是图式的总和，它产生于图式，并能够激发图式产生作用。心智模型和图式的区别在于，图式是用以表征知识/背景的假设，而心智模型则可以用以制订行动计划。图式更多地强调认知成分，而心智模型则更多地强调行为层面。图式可以帮助我们更好地理解外部世界，心智模式可以帮助我们采取行动。

2. 认知结构

美国心理学家戴维·保罗·奥苏伯尔(David Paul Ausubel，1918—2008)认为，认知结构(Cognitive Structure)就是人们头脑里的知识结构。广义的认知结构是个体观念的全部内容和组织；狭义上则是个体在某知识领域内的观念的内容和组织。个体认知结构具有两个显著特性：一是具有相对稳定性和持久性；二是认知结构是主题表面行为背后的基础，具有某种共通性和潜在性。认知结构与心智模型从概念上极为类似，许多学者都认为心智模型就是认知结构，若细数个中差异，可以说认知结构是存储在人们长时记忆系统中的知识及彼此间的联系，而心智模型主要体现为结构化的知识和信念。

3. 概念图

概念图(Concept Maps)，是一种用节点代表概念、连线表示概念间关系的图示法，其理论基础是奥苏伯尔的学习理论。奥苏伯尔认为，知识的构建是从通过已有的概念对事物的观察和认识开始的；学习就是建立一个概念网络，并不断地向网络增添新的内容；新知识必须和学习者现有的认知结构产生相互作用，这其中两者如何整合是关键。概念图的作用在于，人们可以根据思维的特点，将所想到的概念及其关系用图表画出来，即可以用图表的形式将人们的心智模型外在的显现，用一种更直观的方式观察自己内在的心理结构。与之相似的概念有心智图、认知图等，也都是个体内部心理的外在表征方式。因此很多学者也用概念图来研究个体的学习过程、对某一事物的认知机理等。

8.1.5　心智模型在产品设计中的运用

设计师和用户的心理都可看作是一个信息输入、加工、输出的过程，是二者心智模型的感性的交互。当这种交互出现某种吻合的时候，设计就匹配了用户心智模型，表现为满足了用户的需求、减少了认知差异，使产品"好使""易用"；反之亦然。

1．用户心智模型

每个个体都有其独特的心智模型，往往表现为个性上的差异。当与产品进行交互时，用户心智模型表现出以下特点：用户心智模型获取的间接性、用户对产品的认知过程的经验性、用户间心智模型的差异性。

2．设计师与用户的心智模型差异

设计师的心智模型与用户的心智模型是有差异的，设计师是特殊的群体、典型用户，对流行元素、造型、色彩等都具有非常敏锐的感知能力，而用户的"解读"可能千差万别。这种心智模型之间的巨大落差，也是许多被设计师认为是有品位的产品但消费者并不买账的原因之一。

3．建立与用户匹配的心智模型

要做到：一是不要轻易否定约定俗成的生活习惯，加重用户的"适应负担"；二是可以借用"隐喻"、类比等表现方式，去贴合用户心智模型，提高其对产品理解的速度；三通过系列化，将用户的心智模型"移植"到相关产品上，形成"良好匹配"；四是最大限度地契合人们追求简单、方便、自然交互的天性。

总之，设计师要充分理解用户心智的复杂性。那些能灵活地满足用户行为多样性的设计更符合消费者的需求，市场前景无疑也更好。

8.2　凯利方格法

8.2.1　凯利方格法的概念

20 世纪 50 年代，美国心理学家乔治·亚历山大·凯利(George Alexander Kelly，1905—1967)提出了个人构建理论(Personal Construct Theory)，基本观点是：每个人都是用探索与钻研来预测、控制所研究事物的科学家；人也同样在不断构建(Construct)、检验、继而修正对于周遭事物的认知方式与模型，以最终预测、控制生活。构建是这套理论中的重要概念，它是个人用来解释世界的方式，理解事物之间如何相似，又如何相异的过程。它通常是一组有层级的、对立的概念(如自信与自卑)；与个人价值观更相关的构建被视为核心构建。基于上述理论，凯利设计了一套心理咨询疗法以抽取构建、帮助更好地认识自己或心理问题，即凯利方格法(Kelly Repertory Grid Technique，RGT)。RGT 作为一种心理咨询的技术，已使用了 40 余年，也被广泛运用在心理学以外的领域，如帮助设计师了解用户是如何理解某个话题或问题域的。同时作为定性与定量结合的方法，它也能实现态

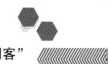

度、感觉与认知的量化，为对多个备选产品或方案决策提供了科学的答案。

8.2.2　凯利方格法的应用步骤

凯利方格法的作用包括研究用户对于同类竞品的认知差异(品牌、功能、体验等)、比较不同的概念原型方案的优劣及研究评估体系等(见图 8-5)。下面结合一个虚拟研究主题来介绍凯利方格法应用的完整过程。

图 8-5　凯利方格法实施步骤

【例 8.1】　利用凯利方格法分析个体多个虚拟账号(豆瓣的、微博的、开心网的、QQ、人人网的等)之间的异同。凯利方格包含元素、构建、评分三个关键概念(见图 8-6)，它们将贯穿于整个过程。

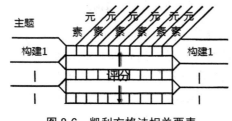

图 8-6　凯利方格法相关要素

第一步：**元素整理**。元素是具体研究对象，至少需要 4 个元素，本例包括：真实世界的、豆瓣上的、微博上的、开心网上的、QQ 上的和人人网的我(见图 8-7)。

图 8-7　元素

第二步：**构建抽取**。构建抽取是最核心的步骤，在访谈中将循环进行若干轮，每轮细分步骤如下。

(1) 抽取、呈现元素。在所有元素中抽取若干出来，常用三元组法，即从所有元素中抽三个进行比对。抽取顺序可以事先设定好，若无须过于严谨，在头一两轮可采取随机抽取。本例做法是将元素编号，并准备一副扑克牌，让用户挑选三张牌并以牌上数字对应元素；后面的轮次可由人工挑选，以使未被一同比对过的元素得以组合在一起。

(2) 循环提问。先将抽取的三个元素呈现给用户(口头描述、屏幕、纸卡片等)；接着提出两个问题，例如"您认为 XYZ 中，哪两个比较相似？哪个与其他两个不一样？"在用户确定了分类后，再追问为什么？完成提问，获取一对构建后，换下一组。当不再有新的构建被提出时即可中止提问。

(3) 追问与提炼。一般用户的回答只是一些表面构建，在追问与提炼中，一些明显无用的构建应予以排除，如过于宽泛的、地理的、表面的或模糊的构建等。个人态度、行为和与感知相关的内容才是核心构建。研究人员要进一步深挖追问，可使用攀梯访谈术从表面探寻更有意义的深层构建。本步骤获得图 8-8 所示的方格，其中正、反向需要各自成一列。

注：以上构建纯属虚构，每行为一对

图 8-8 构建形成的方格示例

第三步：评分。请用户为所有元素在每一对构建上进行评分。本步可选做或不做，因为在前面的抽取过程中已提炼到大量有用信息，也可据此来评分，具体有量表法与序列法：量表法就是将构建从低到高分级打分；序列法更简单，即选出最接近某级的元素为1，其次是 2，依次排序。图 8-9 给出了量表法评分示例。无论哪种方法都需要考虑到不适用的情况，如"新浪微博"可能同时很文艺也很世俗。对这种"既不也不"的情况有三种处理方式，即丢弃这对构建；置空不打分，但在后续统计时折半(如 5 分量表则为 2.5 分)；或鼓励用户尽可能思考最具代表性的情况。至此，一个凯利方格构建完毕。

	开心网	人人网	豆瓣douba	新浪微博	QQ空间	
成熟	3	3	3	4	3	2	幼稚
外向	1	3	4	3	3	4	内向
文艺	3	2	2	4	2	1	世俗
自恋	1	5	4	5	4	5	自卑
高调	2	4	4	3	5	5	低调
……							……

图 8-9 评分表示例

第四步：数据分析。完成调研后，首先要通过内容分析整理好所有构建；进一步计算各主要元素之间的相似性，具体方法有主成分分析、因子分析、集簇分析等；既可对单个方格，也可对全体用户的方格进行汇总分析。

就上述例子而言，通过统计分析可得到哪两个网站在哪些维度(构建)上比较相似等结论。当然也可以使用统计产品与服务解决方案(Statistical Product and Service Solutions，SPSS)等专业的数据分析软件来进行更为深入的分析。

8.2.3　凯利方格法的优缺点

凯利方格法的应用颇多，例如进行品牌或产品的消费者认知对比、购买关键因素分析等，这类往往只进行到抽取构想这一步而无须评分；了解员工如何评价不同的领导人、厘清模糊的工作岗位的确切定义；探讨用户对于检索系统的评价维度；进行网站对比、字体对比、原型对比等。凯利方格法既有发散性又有良好的收敛性，优点包括操作结构化，能减少研究人员的不同导致的结果参差；完全以用户为中心，通过诱导其说出自己的想法，从用户的视角构建出关于主题的心智地图；结果清晰简单，后期数据处理相对轻松、省时。同时凯利方格法也有诸如至少需要四个元素才能使用、很可能抽取到大量无用的构建、一般需要 8～10 人(取决于研究主题)，而且一对一的形式耗时长等缺点。

8.3　手段-目标链模型

手段-目标链(Means-End Chain，MEC)是指组织中的上下级共同制定目标、共同实现目标的一种模式。具体过程是，首先确定出总目标，然后对总目标进行分解，逐级展开，协商制定出各部门甚至单个员工的目标。上下级的目标之间通常是一种"手段-目的"的关系，上级目标通过下级一定的手段来实现。

8.3.1　手段-目标链理论的提出

手段-目标链也称方法-目的链，是由美国社会心理学家米尔顿·罗克奇(Milton Rokeach，1918—1988)于 1973 年提出的。到了 20 世纪 70 年代后期，美国学者汤姆·雷诺兹(Tom Reynolds)和丘克·吉恩格勒(Chuck Gengler)把它运用到了营销学上来研究消费者的行为。南加州大学的乔纳森·古特曼(Jonathan Gutman)于 1982 年发表了"基于用户分类过程的手段-目标链模型"的论文，正式提出了手段-目标链理论。近年来，手段-目标链理论以其简明有效的特征，成为重要的定性研究方法之一，研究对象也从有形产品扩展到无形的服务、行为转化等方面。

手段-目标链理论认为消费者通常将产品或服务的属性视为手段，通过属性产生的利益来实现其消费的最终目的；强调产品知识来自对产品属性的认知，使用结果可以使消费者获得最终的价值。它由三个层次组成，即产品属性(Attributes)、由属性带来的消费结果(Consequences)及结果所强化或满足的最终价值(Values)，也称 A-C-V(见图 8-10)。

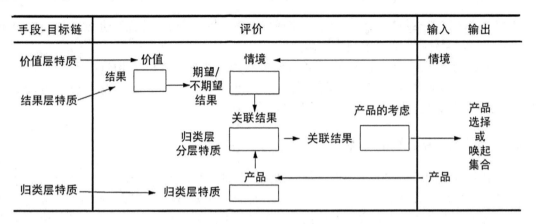

图 8-10　MEC 模型

8.3.2　手段-目标链理论的内涵

手段-目标链模型是连接属性、结果和价值(即 A-C-V)的一种简单结构，表示个体采取行为达成目的时的三个层级目标，即行为的目标、直接结果的目标、间接结果的目标。产品属性，是指产品所有外显与内含的各种特征性质的组合，是可以感受的，且具备有形(Tangible)或者无形(Intangible)的特点。它包括原材料、形态、制造过程等内部属性和包装、色彩、价格、品质、品牌甚至销售人员的服务和声誉等外部属性。结果是属性导致的状态，但它不是一种终极状态，而是介于属性和价值之间的一种中间状态。结果可以是直接或间接结果，还可以是生理、心理或社会性结果。也有学者把结果分为功能性结果(Functional Consequences)和社会心理性结果(Social Physiological Consequences)：前者对消费者来说是较为具体或直接的经验(如省钱、舒适等)，后者主要指消费者心理上的认知(如健康、可信等)。相对而言，价值比结果更为抽象，它是指消费者试着达成重要消费目标的心理表现。美国社会心理学家米尔顿·罗克奇)认为价值是"一种持久的信仰，一种个人或社会对于两种相悖的、明确的行为或状态模式之间的偏好"，具有认知性、情感性和行为性三个特征。他将价值分为助益性价值(Instrumental Values)和最终价值(Terminal Values)两种。其中助益性价值是一种偏好或者行为的认知，而最终价值则是希望成为的最后状态。衡量个人价值的理论很多，最为常见的有三种，见表 8-1。

表 8-1　常用价值量表

价值衡量	提出者及时间	价值要素分类	
RVS	Rokeach(1973)	工具价值	野心、心胸开阔、能力、高兴、整洁、帮助、诚实、聪明、独立、想象力、逻辑、爱、服从、礼貌、负责、自我控制
		目的价值	舒适生活、刺激生活、成就感、世界和平、美丽世界、平等、家庭安全、自由、幸福、内在和谐、成熟的爱、国家安全、乐趣、救世、自尊、社会认同、真正友谊、智慧

续表

价值衡量	提出者及时间	价值要素分类
VALS	Mitchell(1983)	幸存者、支撑者、隶属者、竞赛者、成功者、自我者、体验者、社会意识、整合者
LOV	Kahle(1989)	自尊、受尊重、自我满足、归属感、刺激冒险、趣味人生、温暖人际关系、成就感、安全感

手段-目标链模型反映了整个消费决策的过程，同时个人价值、消费结果和产品属性之间并不是孤立的，而是一个相互联系的层次关系，构成了属性-结果-价值链(A-C-V)。手段-目标链模型重点是研究 A-C-V 之间的关系及如何将这三个层次联系起来(见图 8-11)。这些都是对于产品认知的内容，对其梳理相当于建立消费者对于产品的心智模型，常用于分析用户需求、厘清产品功能及利益点、确定市场定位等。

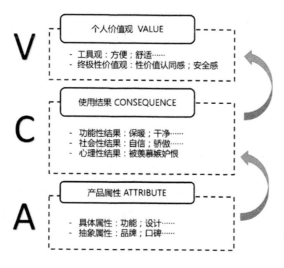

图 8-11　属性-结果-价值链

8.3.3　手段-目标链模型的研究方法

常用的手段-目标链模型研究方法有阶梯法、联结模式技术和内容分析法三种。

1. 阶梯法

阶梯法(Laddering)，又称攀梯访谈法，是有效建立 A-C-V 结构链的主流分析方法，它利用诱导性的方式找出消费者对于被调查产品的属性、结果和价值之间联系的理解，又分为软式阶梯(Soft Laddering)和硬式阶梯(Hard Laddering)两种。

(1) 软式阶梯主要是利用一对一的深入访谈，在一个放松的环境下由训练有素的访谈者以直接启发(Direct Elicitation)的方式进行，诱导出被访者认为重要的属性或特点，然后反复询问"为什么这对你而言很重要"，直至被访者无法回答为止。该方法的优点是适用于较小样本数量的调查；能直接深入了解到客户心中的最终需求价值；可获得更多的资讯；缺点是耗时长、成本高，不利于大样本数量的收集；结果受访谈人员的主观影响较大。图 8-12 给出了软式阶梯法访谈示例，显示了问题逐步深入，由具象向抽象的阶梯提升。

- 研究人员：你说一种鞋的系带方式对你决定买什么品牌的鞋有什么重要影响，这是为什么？
- 消费者：间隔是系带方式使鞋子更贴脚、更舒适【物理属性和功能结果】
- 研：为什么更贴脚对你很重要呢？
- 消：因为它给了我更好的支撑【功能结果】
- 研：为什么更好的支撑对你很重要呢？
- 消：这样我就可以奔跑而不用担心伤到我的脚。【心理结果】
- 研：为什么在奔跑时不必担心对你很重要呢？
- 消：这样子我就可以放松和享受跑步的乐趣。【心理结果】
- 研：为什么放松和享受跑步的乐趣对你很重要呢？
- 消：因为它可以摆脱我在工作中积累起来的紧张情绪。【心理结果】
- 研：当你摆脱了工作压力后呢？
- 消：这样当我下午回去工作的时候，我就可以表现得更好。【价值—成就】
- 研：为什么表现的更好对你很重要呢？
- 消：我对自己感觉更好。【价值—自我满足】
- 研：为什么你对自己感觉更好很重要呢？
- 消：就是这样，没有什么了？【结束】

图 8-12　软式阶梯法访谈示例

(2)　硬式阶梯则采用结构化的问卷来收集信息，确保受访者按照属性、结果和价值的顺序，一次回答一个阶层的阶梯，慢慢往层次抽象的方面进行。自我填答的方式都是硬阶梯，包括纸笔填答和计算机程序化填答。访谈完成后，进行内容分析并将结果用价值阶层图(Hierarchical Value Map，HVM)表示出来，可以明确产品属性所能带给消费者的结果、更为直观。图 8-13 是英国学者 S. 贝克尔(S. Baker)研究给出的英国人对有机食品的 HVM 示例。图中圆圈面积的大小表示受访者中提出此元素的比率，圆圈面积越大，表示提出此元素的人数越多；两元素连接线条的宽度代表联系的紧密程度，线条越粗，表示两元素的联结越密切。

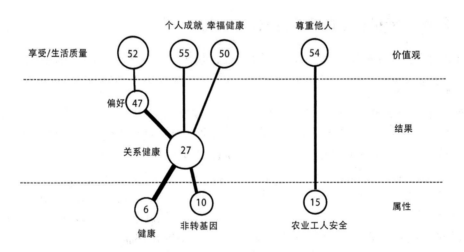

图 8-13　英国人关于有机食品的 HVM

相对于软式阶梯而言，硬式阶梯的优点是更便捷、经济，适用于较大样本数量的调查；不易受主观因素的影响。其缺点是无法明显呈现被访对象个体内心的真实想法；无法揭示人们对产品感知或信念方面更广泛和更细节的内容。

2．联结模式技术

联结模式技术(Association Pattern Technique，APT)，使用固定的模式分别测量属性-结果、结果-价值之间的关系联结。需要建立起相应的矩阵表格(见图 8-14)。矩阵中的属性、结果、价值等因素由研究者事先定义好，且包含所有可能的组合；要求被调查者指出其感知到的属性-结果、结果-价值之间的联结。该技术使用固定的"识别"模式，方便通过网络调查，成本更低，更加迅速，方便进行大样本考察。缺点是产生的联结总数目较大，给后续的数据分析带来较大的难度。联结模式与阶梯法的区别是，联结模式将手段-目标链看成是属性-结果、结果-价值之间的关联，而阶梯法除了关注这些关联外，还关注属性-属性、属性-价值、结果-结果、价值-价值之间的关联。

表1 属性-结果矩阵 表2 结果-价值观矩阵

属性\结果	属性1	属性2	……	属性n
结果1				
结果2				
⋮				
结果n				

结果\价值观	结果1	结果2	……	结果n
价值观1				
价值观2				
⋮				
价值观n				

图 8-14 属性联结矩阵表示

3．内容分析法

内容分析法(Content Analysis)，是将沟通、访谈搜集到的内容做系统的、客观的量化，并加以详细描述的方法，包括四个步骤。一是对收集到的数据进行内容分析，提取出属性、结果和价值，对其进行编码，并将各要素词语归至合适的类别中。二是构建关联矩阵总表，将属性、结果、价值之间的关系整合在矩阵中。关联矩阵也称蕴含矩阵(Implication Matrix)，其行与列分别代表各属性、结果与价值要素，矩阵内的数字代表要素间的连接次数，整数部分代表要素与要素间直接连接次数，而小数部分则是要素与要素的间接连接次数。三是选择截取值。截取值指多少数目以上的连接关系才会显示在价值阶层图中的一个阈值，一般认为截取值为 3%～5%比较好。四是绘制成价值阶层图，该图代表了消费者选择的认知路径，其中节点代表属性、结果、价值，线条表示这些概念之间的联系。也有学者将模糊逻辑分析等方法用来进行手段-目标链模型分析，建议有兴趣的读者可自行查阅相关资料。

8.3.4 手段-目标链模型的应用

这里，通过一个研究案例来说明手段-目标链模型的应用。

【例 8.2】 应用手段目标链模型，了解任天堂游戏机消费者的使用行为及价值内涵；找出消费者的需求以作为企业设计新产品时的重要依据。具体研究过程如下。

原理篇 用户体验设计的原理与方法

第一步：数据采集。

样本数量 34 人。一般 30～50 的样本数量就能得到比较全面的消费者内心的想法。采用软式阶梯法对 34 位消费者逐一进行深度访谈，主要问题有：任天堂游戏机吸引你的地方是什么、为何会考虑此因素、能够为你带来何种使用结果或价值、你觉得任天堂和其他游戏机的差别在哪里等。

第二步：资料分析。

(1) 运用内容分析法整理出属性、结果、价值等要素类别，并进行编码(见图 8-15)。具体包括：属性，来自使用者对游戏机的认知，本研究归纳出 12 项属性；结果层级：指使用游戏机后使用者所产生的感受结果，本研究归纳出 13 项结果；价值层级：指使用者由产品属性所带来的结果而产生的个人价值，本研究共有 8 项价值。

编码	属性（A）		编码	结果（C）		编码	价值（V）
A01	游戏主机	运动型游戏机	C01	舒展身体	酸疼	V01	被尊重
		大型电玩			汗流浃背	V02	刺激体验
		最新机械			累	V03	乐趣享受
		TV游戏			增加体力	V04	成就感
A02	造型外观	造型独特			有运动效果		
		时尚流行	C02	减肥瘦身	可减肥		
		矮小			有瘦身效果		
		流线外观	C03	放松心情	心情愉快		
		质感			放松心情		
A03	支援性高	SD插槽			舒缓压力		
		兼容传统游戏	C04	新奇好玩	惊奇有趣		
		USB2.0接口			乐在其中		
		多种输出界面	C05	趣味性			
		网络连接	C06	玩法简单	复杂度低		
A04	动态体感	情境体验			操作方便		
		同步动作			简单易上手		
		虚拟实境	C07	刺激性	紧张		
		肢体活动			刺激		
A05	玩法多样化	各类型游戏风格	C08	真实感	有临场感		
		多样化游戏			深入其境		
		样式多			虚拟实境		
A06	操控性	独特操控界面	C09	新鲜感	新鲜感十足		
		无线控制器	C10	多人娱乐	老少咸宜		
		选把式			朋友之间		
		多种周边设备			全家一起玩		
A07	娱乐性	休闲娱乐	C11	情感交流	增加感情		
		消磨/打发时间			提升社交		
		娱乐来源			增加互动		
A08	便利性	携带方式	C12	欢笑声	笑声		
		体积不大			热闹		
		重量轻巧			烘托气氛		

图 8-15 码表示例

(2) 构建蕴含矩阵(见图 8-16)和 HVM 图；蕴含矩阵包括属性-结果、结果-结果、结果-价值等关系。基于蕴含矩阵可以画出阶层价值图 HVM，如图 8-17 所示，其中截断误差 (Cutoff)为 4；HVM 属性连接度=该属性提及数/HVM 属性提及数之和。

矩阵表【属性 - 结果】

编码	属性-结果-价值（要素次数）	C01	C02	C03	C04	C05	C06	C07	C08	C09	C10	C11	C12	C13
A01	游戏主机	2	0.03		0.03	4.02								
A02	造型外观	0.01			3	0.02		0.01						
A03	支援性高	3	0.1											
A04	动态体感	5.01	1.01		5.03	0.04								
A05	玩法变化多	3.02	3		0.02	0.01								
A06	操控性	1.02		0.02	1	1.03								
A07	娱乐性	3			0.03	0.01								
A08	便利性				0.02	2								
A09	经济性			1		1.01								
A10	尝试	2			0.03	0.01								
A11	人气				1.01	0.01								
A12	口碑推荐	1.01		0.01	3.01	1								

矩阵表【结果 - 结果】

编码	属性-结果-价值（要素次数）	C01	C02	C03	C04	C05	C06	C07	C08	C09	C10	C11	C12	C13
C01	舒展身体				4		3		2	2	8	4		2
C02	减肥瘦身			2										
C03	放松心情							1						
C04	新奇好玩					1		9			3	2	1	
C05	趣味性	1	1		7					1		1	4	
C06	玩法简单					2		2	2	6			1	
C07	刺激感												2	2
C08	真实感	1			4	2		1			7		2	
C09	新鲜感	1			4	1			4			1		3
C10	多人娱乐				1	1						1	3	
C11	情感交流													
C12	欢笑声													
C13	挑战性													

图 8-16　蕴含矩阵示例

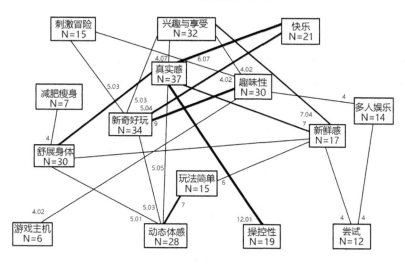

图 8-17　Cutoff 为 4 的 HVM 图示例

第三步：形成分析结论。

本研究的主要分析结论如下。

(1) 由图 8-17 看到，使用者对于任天堂游戏机产品属性的总体认知主要为操控性、动态体感、游戏主机与尝试这四项属性。操控性占 HVM 属性连接度 9.23%。操控性是消费者认定的最主要的产品属性，强调不同以往的操作方式。动态体感占 HVM 属性连接度 43.07%。由肢体操控游戏中的主角，对使用者而言是一种全新的体验，游戏主机占 HVM 属性连接度的 29.23%，包含运动型等附属属性。尝试占 HVM 属性连接度的 18.46%，显示任天堂游戏机与印象中的游戏机有所差异，以致消费者在好奇心的驱使下尝试使用。

(2) 从结果-价值连接来看，使用者的感受主要是真实感、新鲜感、新奇好玩与舒展身体等四项：真实感与新鲜感占 HVM 结果连接度的 18.14%；新奇好玩占 HVM 结果连接度的 16.67%；舒展身体占 HVM 结果连接度的 14.71%。

(3) 从价值连接来看，使用任天堂游戏机后，感受到的价值主要为冒险刺激、乐趣与享受、快乐等共计四项内心价值：冒险刺激，主要通过趣味性与新奇好玩所产生出来；乐趣与享受，由使用结果之新奇好玩、真实感、趣味性与新鲜感产生；真实感与新鲜好玩，将带给消费者快乐的价值。

(4) 游戏机的手段-价值链模型主要连接路径一(见图 8-18)，快乐、兴趣与享受是消费者个人价值中被认为最重要的价值。使用者认为乐趣与享受主要来自新鲜感的结果连接，连接度为 7；快乐则主要来自真实感的连接，连接度为 5。在使用任天堂时的产品属性-操控性时能带来真实感，继而产生新鲜感，最终让消费者产生快乐及兴趣的内心感受。

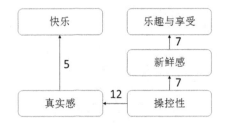

图 8-18　主要连接路径一

(5) 游戏机主要连接路径二(见图 8-19)，消乐趣与享受是个人价值中最重要的价值，而乐趣与满足的价值来自使用游戏机后的新鲜感，连接度高达 7。

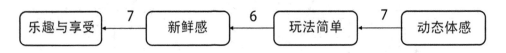

图 8-19　主要连接路径二

综上所述，消费者使用任天堂游戏机的产品属性动态体感交互时，将产生玩法简单和新鲜感的消费利益，此种利益会让使用者产生乐趣与享受的内心最终价值。

8.4　攀梯访谈法

8.4.1　攀梯访谈法的概念

攀梯访谈法也称攀梯术，是一对一的深层访谈，常用来探究用户对产品功能/特性的态度背后的原因，即在产品属性(Product Attributes)与个人价值(Values)之间建立有意义的关联，从而洞察影响用户决策的因素，是手段-目标链理论的扩展与应用。20 世纪 60 年代，临床心理学最先开始使用攀梯术来理解人们的核心价值及信念，后来被市场学家所借鉴，用以消费者和组织研究。它通过一系列直接的探询问句(典型的提问形式是：为什么那对你来说很重要？那对你意味着什么？)，挖掘出属性(A)、结果(C)、价值观(V)及其关系；每条 A→C→V 链被称为一条梯子。访谈过程就是从 A "攀向" V 的过程。

作为攀梯访谈的起始点,一般从讨论用户可感知到的、待比较的产品/品牌/服务的差异开始。差异的抽取有三种基本方式,即凯利方格法、偏好排序和自由选取。前两种可以直接开始攀梯,第三种可凭经验抽取一个属性展开攀梯,或将所有属性陈列出来让用户进行相对重要性打分,然后选出最重要的一个展开攀梯。

8.4.2　攀梯访谈法的步骤与技巧

1. 访谈准备

访谈准备,包括让访谈环境尽可能舒适放松,准备好饮料等;开始前应向用户说明回答没有对错,只需表达自己的观点即可;对觉得无法回答的问题可以说出来等。

2. 访谈技巧

访谈技巧直接影响到访谈的效果,这里推荐五个经典的访谈技巧。

(1) 情境唤起:通过让用户假想、回忆(使用产品的)情境,引起他/她的思考。

【例 8.3】具体访谈过程如下:

R(Researcher): 您说您倾向于周末与朋友聚会时喝果酒,为什么呢?

U(User): 因为酒精比较少,但是饱足感强,我就会喝得比较少、比较慢。

R: 为什么跟朋友聚会时想喝酒精少的酒呢?

U: 不知道啊,没想过。

R: 这样吧,您回忆一下最近一次跟朋友聚会喝果酒是什么时候?(换个角度提问)。

U: 上周末。

R: 当时为什么会选择果酒呢?

U: 我不想喝醉。

R: 为什么不想喝醉呢?

U: 喝醉了就没法跟朋友交流啊,我需要融入朋友圈里。

◆梯子: (A)酒精少→(C)不喝醉→(C)与朋友交流→(V)归属感(融入朋友圈里)。

(2) 假设某物或某状态缺失:让用户思考,某物/状态如果缺失了会如何。

【例 8.4】具体访谈过程如下:

R: 您说您倾向于下班回家后喝味道醇厚的果酒。为什么下班后要喝味道醇厚的酒呢?

U: 没为什么,辛苦工作后来一杯,让我感觉满足。

R: 为什么下班后喝一杯让你满足的酒很重要?

U: 不知道啊,就是喜欢。

R: 如果你家里刚好没有果酒,那你会怎么办?

U: 可能喝啤酒吧。

R: 和喝啤酒相比,喝果酒有什么不同?

U: 喝啤酒的话,我可能会一直喝下去。但是喝果酒的话,一杯就差不多了。

R: 为什么你不希望一直喝下去呢?

U: 喝多了很容易困,那我就没法跟我妻子聊天沟通了。

R: 与你的妻子沟通，对你而言很重要吗？

U: 当然，家庭和谐很重要啊。

◆梯子：(A)味道醇厚→(A)喝的少→(C)不易犯困→(C)与妻子沟通→(V)家庭和谐。

(3) 反面攀梯：当用户无法说出做某事或想要某种感觉的原因时，可询问他/她不做某些事情或不想产生某种感觉的原因。

【例8.5】具体访谈过程如下：

R: 果酒有12盎司和16盎司两种，您通常购买哪种呢？

U: 我总是买12盎司的。

R: 为什么呢？

U: 不知道啊，习惯吧！

R: 为什么不买16盎司的呢？

U: 太多了，我喝完一瓶之前气都跑没了，就只能扔掉。

R: 扔掉啤酒会带来什么问题吗？

U: 让我觉得很浪费钱啊。

R: 钱对你而言意味着什么呢？

U: 我负责家庭开支的规划，我有责任不乱花钱。

◆梯子：(A)12盎司→(C)全部喝完→(C)不浪费钱→(V)家庭责任。

(4) 时间倒流对比：让用户反思过去并与现状对比。

【例8.6】具体访谈过程如下：

R: 您说您通常在酒吧的时候会喝果酒，为什么呢？

U: 不知道啊，习惯点这个。

R: 和几年前相比，您现在在酒吧点酒的习惯跟几年前有什么不一样吗？

U: 嗯，现在和以前还是不太一样的。

R: 有什么变化呢？

U: 以前念书的时候，基本上就是喝啤酒。

R: 那现在为什么喝果酒呢？

U: 现在工作了，和同事出去喝果酒看起来比喝啤酒好。

R: 为什么？

U: 果酒的酒瓶设计和包装显得比较高端。

R: 这对你而言很重要吗？

U: 反映一个人的形象嘛，显得比较成熟、职业化，拉近和同事之间的距离。

◆梯子：(A)酒瓶设计和包装→(C)高端→(C)成熟、职业化形象→(V)拉近和同事的距离(归属感)。

(5) 重定向：用沉默或通过再次询问确认的方式来鼓励用户继续讲。

【例8.7】具体访谈过程如下：

R: 您说喜欢果酒里的碳酸，您觉得碳酸有什么好处呢？

U: 没什么特别的吧。

R: 果酒里的碳酸呢？

U: 没什么吧？

R: (沉默)。

U: 我想起来了，有碳酸的话，口感比较爽。

R: 爽意味着什么呢？

U: 可以快速止渴啊，特别是刚刚运动完的时候，来一瓶最赞了。

R: 您刚才提到"赞"，您能具体解释一下这是怎样的感觉呢？

U: 像是一种对自己的犒劳吧，我完成了自己定下来的锻炼目标。

◆梯子：(A)碳酸→(C)口感爽→(C)快速止渴→(V)完成目标(成就感)。

8.4.3　攀梯访谈法的注意事项

由于攀梯访谈法定性化、广泛化的特点，调研人员要注意对一些问题预备好相应的对策，例如在访谈中如何在电光火石间判断已到达 V。有时用户一句话可能含若干个 A/C/A&C，如何迅速捕捉下来，然后逐一展开攀梯？在过程中往往并非一直往上攀，有时存在又上又下的过程。如何控制好谈话，诱导？还是引导？攀梯术最大危险在于主动替用户说出概念，因此在访谈中，有时会变得有点小心翼翼，导致正常的技巧发挥不出来。此外，由于老是要绕着弯儿追问为什么，用户可能会反感，要注意防止其出现厌恶甚至不耐烦情绪。攀得越高，问的内容越私密，有时可能会涉及个人隐私，要考虑如何让用户信赖你并敞开心扉。这类访谈一般很辛苦，如何缓解因疲劳而导致的访谈障碍也是不得不考虑的问题。

8.4.4　攀梯访谈的数据分析

攀梯访谈结束后，数据的汇总与分析通常有以下几个步骤。

1. 进行内容分析

进行内容分析，将所有 ACV 分别编码。

2. 建立蕴含矩阵表

建立蕴含矩阵表，其中整数部分表示概念之间(列与对应的行)有直接关系的次数。小数部分表示概念之间(行与对应的列)有间接关系的次数。直接关系指两个概念在紧邻的梯阶上，间接关系指概念在同一条梯子上但不相邻，需要通过其他概念连接。如图 8-20 所示，概念 1 与 12 对应值为 4.06，表示 4 个用户将 1 与 12 直接关联，6 个用户将其间接关联。

3. 建立价值阶层图

建立价值阶层图(HVM)。该步骤需要先设定截断值(Cutoff)，舍弃一些连接值过低的概念，接下来通过逐行逐列分析将各个概念进行衔接。图 8-20 中第一行第一个大连接值(1, 10)出现在 1 碳酸的和 10 提神的之间，而 10 提神的连接到 12 解渴的，12 连接到 16 奖励……以此类推，最终在 1—10—12—16—18—22 之间建立一条链条，据此可以画出 HVM 图。图 8-21 给出了多个 HVM 示例。HVM 可以揭示概念的层级及其关系，从而构建出消费者关于研究主题的心智模型。

原理篇　用户体验设计的原理与方法

联系汇总矩阵	8	9	10	11	12	13	14	15	16	17	18	19	20	21	22	23	
1 碳酸化	1.00		10.00		4.06				0.01	0.14		0.04			0.06	0.04	1
2 酥脆的	3.00		4.00		0.04				0.04	0.03	0.04	0.01			0.07		2
3 昂贵的	12.00									2.04	1.01	1.09			0.05	0.05	3
4 带标签	2.00					2.02				2.04	0.02		0.01		0.02	0.03	4
5 瓶子形状	1.00	1.00			2.02					0.01					0.02	0.03	5
6 低醇饮料		1.00			1.00		5.00		0.01		0.01	1.01		0.04	0.01		6
7 更小的				1.00			0.01	3.00			0.01			0.02	0.01		7
8 质量						300		1.00	4.00	4.03	4.04	0.01	3.02		0.09	0.04	8
9 填充			4.00			0.04							1.03		0.03	0.02	9
10 提神的					10.00	1.00			5.10	0.01	0.06				0.05	0.02	10
11 低耗的					5.00						0.04			0.02	0.03		11
12 解渴的							14.00		0.08		0.06				0.04	0.04	12
13 更女性化的										7.00	0.02				0.03	0.04	13
14 避免消极											1.00	5.00		4.01	0.04		14
15 避免浪费													2.00				15
16 奖励											11.00		3.00		0.06	1.05	16
17 复杂的										4.00	1.00	1.00		4.02	5.03		17
18 印象深刻的													1.00		10.00	9.00	18
19 社交的														3.00	5.00		19
20 成就																	20
21 家庭																	21
22 归属感																	22
23 自尊																	23
*属性元素之间不存在关系																	

图 8-20　攀梯访谈蕴含矩阵示例

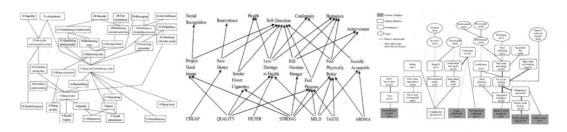

图 8-21　攀梯访谈 HVM 示例

攀梯访谈也可以独立使用，基本思想是逐步抽象、层层深挖。例如丰田汽车创始人之父丰田佐吉(Toyoda Sakichi)所提出的五问法(5Whys)，即对于一个问题(表象)进行五次追问，顺着因果链条找出问题之根本。读者也可将这一思想用于解决各种生活疑难，多问几个为什么，也许就能看到问题的本质。

8.5　萨尔特曼隐喻诱发术

8.5.1　萨尔特曼隐喻诱发术的概念

萨尔特曼隐喻诱发术(Zaltman Metaphor Elicitation Technique，ZMET)，也称隐喻抽取术，是一种结合非文字语言与文字语言的方法，旨在了解消费者对产品/品牌的感知、态度、情感及个人价值观、过往消费经历和对消费体验的期望等的心智模式。ZMET 是由哈佛商学院的杰拉尔德·萨尔特曼(Gerald Zaltman)于 1995 年在其"看见消费者的声音——以隐喻为基础的研究方法"中提出的，是一项专利技术。它是以图片为媒介，以人类思考的基本单位——"隐喻"为工具的调查方法。ZMET 技术心理学认知基础包括：大多数社会交流是非言语的；思想作为图像出现；隐喻是认知的中心；认知植根于亲身体验中，能够到达深层思维结构；思想的含义由它与其他思想的关联性所体现；理性、情感和体验共存等。

8.5.2　萨尔特曼隐喻诱发术的内涵

生活中许多想法和感觉是无法用言语表达的，是在表层思考之下的体会认识，因此需要一种可以投射和解释表象的方法，而"隐喻"是找出潜藏信息的重要工具。

ZMET 属于深度访谈法中的半结构访谈法。访谈过程允许受访者自由表达他们的想法与感觉(说故事)，尽量不加以任何的主观引导与暗示，受访者被要求以各种感官来描述主题。该技术以受访者为主体，借由图像中视觉符号的隐喻功能，诱发出其心中深层的想法与感觉，并建立一张组织网状的心智地图来呈现对特定议题认知的结果，地图包含认知中的构念元素与概念之间的连接关系。ZMET 技术特别适合于针对心理层面活动的研究及问卷调查，能弥补现有访谈法存在的缺陷。

8.5.3　萨尔特曼隐喻诱发术的操作步骤

下面结合一个访谈例子，来说明 ZMET 技术的具体操作步骤。

【例 8.8】利用 ZMET 进行 VIP 身份研究。具体操作如下。

阶段一：访谈前准备工作

(1) 涉入度量表筛选。要选取涉入度较高、对研究主题感兴趣的用户。使用个人涉入量表(Personal Involvement Inventory，PII)，得分在 51 到 70 分者定义为高涉入度用户。

(2) 筛选、邀约成功后，需要提前给用户发操作指引：先告知受访者访谈的主题以及如何收集图片；请受访者围绕主题收集数张图片，给每位受访者 7～10 天的准备时间。譬如这样的通知："在下周×的深访开始前，希望您能对过去体验到的××服务有所回顾，并需要您搜集 8～15 张能代表您对××的想法与感觉的图片。例如表达对旅行的想法与感觉可能是这样的一张图片(图例)，图片来源不限。若图片为数码格式，请于×××前发送至本邮箱。非数码图片请于访谈当日随身带来"。

阶段二：半结构化 ZMET 访谈

在访谈前，先以 ZMET 相关文献为主要依据拟定步骤与访谈大纲。调研当日用户来到现场后，需要逐一执行以下十个步骤。

步骤一：说故事(Storytelling)。请受访者以说故事的方式逐一描述所搜集图片的内容，讲述这些内容如何反映其对主题的想法与感觉。例如本例 VIP 身份中用户 A 小姐逐一解释了所带 13 张图片是怎样与她对 VIP 身份的想法与感觉相关联的(见图 8-22)。

步骤二：遗失的图像(Missed Images)。确认有否未找到的图片，若有就请受访者描述是什么样的图像及其如何反映对主题的想法与感觉。对遗失图像，要一起找到尽可能接近的替代影像。该步骤旨在捕捉那些存在于用户脑海中却没法在现实中找到相应画面的概念。

步骤三：分类。请受访者将图片按意义归类并命名，目的是概括出几个核心概念，了解用户心中归类的意义。例如 A 小姐将 13 张图分成 4 组并分别予以命名(见图 8-23)。

图 8-22　被访用户搜集的图片

图 8-23　受访者图片分类及命名

步骤四：构念抽取(Construct Elicitation)。运用凯利方格法或攀梯术进行核心概念抽取。该步骤是提炼出概念共识地图(Construct Consensus Map)的关键。

步骤五：最具代表性的图片。请受访者指出在带来的所有图片中，哪张最能代表他/她对于主题的想法与感觉。

步骤六：相反的图像。请受访者描述出带给他/她与主题感觉相反的图片。

步骤七：感官图像(Sensory Images)。利用感官隐喻挖掘概念，通过受访者对不同的感官描述来获得其关键且较为重要的感觉。例如要求用户描述最能及最不能代表所讨论主题的感觉："最能代表您对 VIP 身份的想法与感觉的颜色/声音/触觉/气味/情绪是什么？"并追问为什么。

步骤八：总结图像(Summary Image)。创造一个总结图像，该影像由用户自行从所带来的图片中选择并拼制，要能表达他/她对于主题的想法，并以一小段文字来描述之。例如，图 8-24 是 A 小姐拼出的总结图像，其总结说明是："期望 VIP 身份能带来很多价值。VIP想进来不是那么容易，一旦进来就能享受很多折扣，还能带来尊贵的荣誉感和品质感。"

图 8-24　总结图像

步骤九：创建短片。在总结图片与小短文的基础上，请受访者利用说故事阶段所收集的图片创建短片。

步骤十：在现场创建心智地图。研究者协助用户在现场利用所有概念，呈现出一幅能够代表其整体想法的图片，创建心智地图并加以说明。

实践中，创建短片对用户要求可能有点过高，而现场创建心智地图执行上的难度也可能很大，所以步骤九、十常常被忽略掉。此外，上述步骤会有一些重复的地方，但这是刻意而为的。其目的，一是确保所有步骤中，既偏重思辨又偏重感性思维，从而尽可能挖掘得更深，收集到更多的概念；二是为了使重要的构建被凸显，并确认概念间的相关性。客观地说，ZMET 访谈得到的数据，大量是非常主观、感性和个人的。

阶段三：ZMET 数据分析

ZMET 主要的数据处理方式与手段-目标链的方式相似，即编码、建立矩阵、计算得出概念共识地图。图 8-25 给出了一个大学生对 MP3 随身听的心智模式图的示例。

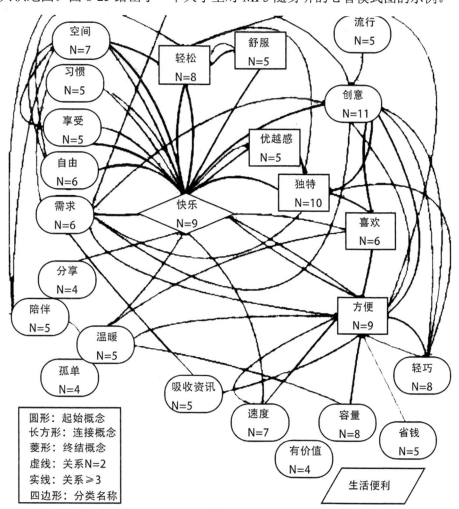

图 8-25 大学生对 MP3 随身听之心智模式

ZMET 技术的核心价值，在于了解在消费行为背后的"为什么"，从而找到驱动消费

原理篇 用户体验设计的原理与方法

行为的关键元素；过程中收集到的大量感性素材，也可以用于创建关于主题的视觉词典 (Visual Dictionary)，这对于设计、概念收集等无疑是很有帮助的。当然，ZMET 也有耗时长、不可控因素多，以图挖掘概念有时存在认知瓶颈等缺点，但这并不影响 ZMET 思想的应用。正如萨尔特曼所说："数据并不主宰任何事物，它仅仅为想象提供了可能。导向结果的并非信息，而是人们如何阐释信息。"

思　考　题

1. 试述心智模型的理论与特点。

2. 试分析在生活中还有哪些贴合用户心智模型设计的产品，尝试多举几个例子，并介绍其原理。

3. 在凯利方格法中涉及被试者主观打分评判的环节。请思考由于被试者本身自身条件、背景的不同对评分结果会造成什么影响，以及如何规避这类问题？

4. 请结合自己的例子，使用凯利方格法对自己将来的规划做一个心理测试，看看哪个更贴近真实的自己。例如，本我、开公司的我、当科学家的我、作为教授的我等。

5. 试述手段-目标链理论的内涵。

6. 尝试结合自己的理解，对某新产品的市场定位进行攀梯访谈分析。

7. 试利用萨尔特曼隐喻诱发术对北京典型旅游品牌标示元素进行分析。

第 9 章

迭代开发与平衡用户需求

　　用户需求与产品目标是贯穿于用户体验设计中的一对矛盾。由于出发的角度不一样，二者之间往往存在着用户价值与公司利益的冲突。要想在满足用户价值的同时，也可以达到维护公司利益的目的，就需要平衡处理好这一对矛盾，实现最终的双赢。迭代开发模式是被反复使用、众所周知的软件工程化开发方法，是长期软件开发和设计经验的积累。实践中，平衡迭代方法是用户体验设计常用的方法。

9.1　平衡系统开发

平衡系统(Equilibrium System)指处于平衡态的系统，它来自热力学的概念。相应地，不处于平衡态的系统叫非平衡系统。在这里，平衡系统开发是指兼顾产品各个相关方的利益均衡的设计与开发方法。

理论上，产品开发过程的唯一宗旨是以用户为中心，以追求良好的用户体验为目的，这是设计师的责任，也是设计所追求的理想。但在现实中大多数产品一般不仅要考虑用户利益，还同时需要考虑公司的盈利等因素，有时候公司的盈利还有可能成为主导的因素。这时用户价值和公司利益就成了不得不面对的一对矛盾。要妥善处理好这对矛盾，就需要兼顾多方面关联因素的平衡。例如在引导设计中[①]，用户需求与产品目标之间的平衡系统是确保兼顾各方利益的多赢选择(见图 9-1)。

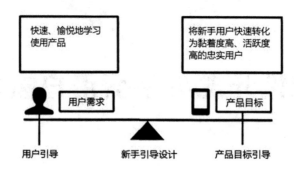

图 9-1　引导设计的平衡系统

在网站设计中，不仅要满足用户和开发商，还要满足另一个利益相关者，即广告合作伙伴。这就像是三类利益相关者在进行一场持续不断的拔河比赛，其拉力决定了最终产品的优先级的分布。如果任何一方拉力过大(优先级高)，那么其他两方都会受到削弱(见图 9-2)。

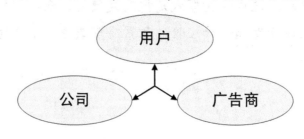

图 9-2　影响产品优先级别的拉力

在新产品开发中，各种相关因素也往往是相互影响、相互作用，复杂到令人望而生

---

① 引导是带领既定的目标对象更快速、更愉悦地达到目标的过程，引导设计则是实现这一过程的设计。在互联网产品的范畴中，新手引导设计是引导新手学习使用产品的设计，它力图像导游、老师、路标一样带领新手快速地熟悉产品的整体功能，在用户操作遇到障碍之前给予及时的帮助。

畏，需要有一套系统的方法来整合发现的问题和创造解决的方案，既关注单个要素同时又不忽略整体，这就要求找到一种更适合的开发模式——平衡系统开发。

9.2 开发模式与平衡迭代开发

在软件开发领域，有许多成熟的开发模式，这些开发模式常被应用到体验设计中。

9.2.1 常用开发模式及其适用范围

1. 边做边改模型

在边做边改模型(Build-and-Fix Model)中，既没有规格说明，也没有系统设计，软件随着客户的需要一次又一次地被不断修改。开发人员拿到项目后立即根据需求编写程序，调试通过后生成软件的第一个版本。在提供给用户使用后，如果程序出现错误或用户提出新的要求，开发人员就会重新修改代码，直到用户和测试都满意为止。事实上，现在许多产品实际都是使用"边做边改"模型来开发的，特别是很多小公司，在产品周期压缩得太短时这种模型应用得较多。这种类似小作坊的开发方式的优点是前期出成效快。这对编写逻辑不需要太严谨的小程序来说还可以对付得过去，但对任何规模开发来说都是不能令人满意的。主要问题在于缺少规划和设计环节，软件的结构随着不断的修改越来越糟，最终可能导致无法继续修改；忽略了需求分析环节，给软件开发带来很大的风险；没有考虑测试和程序的可维护性，也没有任何文档，软件的后期维护会十分困难。

因为边做边改模型没有包括编码前的开发阶段，所以它不被认为是一个完整的生命周期模型。然而在某些场合这种简单的方式非常实用。比如对于需求简单明了、软件期望的功能行为容易定义、实现的成功或失败又容易检验的工程，可以使用这种模型。

2. 瀑布模型

瀑布模型(Waterfall Model)，是指将软件生存周期的各项活动规定为按固定顺序所连接的若干阶段，形如瀑布流水，最终得到软件产品。它是由美国计算机专家温斯顿·沃克·罗伊斯(Winston Walker Royce，1929—1995)于 1970 年提出的，直到 80 年代早期，一直是唯一被广泛采用的一种软件开发模型。瀑布模型是一个项目开发架构，其开发过程是通过一系列设计阶段而顺序展开的，它将软件生命周期划分为制订计划、需求分析、软件设计、程序编写、软件测试和运行维护六个基本活动，并且规定了它们自上而下、相互衔接的固定次序，犹如瀑布流水逐级下落，由此得名。在此模型中，开发的各项活动严格按照线性方式进行，当前活动接受上一项活动的工作结果，实施完成所需的工作内容。当前活动的工作结果需要进行验证，如果通过则该结果将作为下一项活动的输入，继续进行下一项活动；否则返回修改(见图 9-3)。

瀑布模型常用于软件工程、企业项目开发、产品生产以及市场营销等领域。其优点是严格遵循预先计划的步骤顺序进行，一切按部就班、比较严谨；强调文档的作用，并要求每个阶段都要经过仔细验证。缺点在于各个阶段的划分完全固定，阶段之间产生大量的文档，极大地增加了工作量；由于开发模型是线性的，用户只有等到整个过程的末期才能见

原理篇 用户体验设计的原理与方法

到开发成果，早期的错误可能要等到开发后期的测试阶段才能发现，增加了开发的风险；通过过多的强制完成日期和里程碑来跟踪各个项目阶段，衔接交流成本大；在需求不明或在项目进行过程中可能变化的情况下，基本是不可行的。由于瀑布模型的线性过程太过理想化，已不再适合现代软件的开发模式，几乎被业界抛弃。

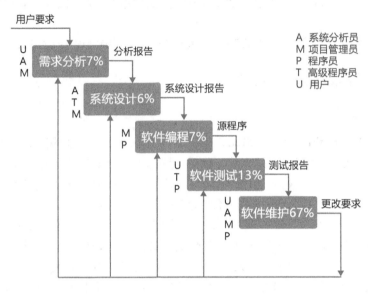

图 9-3　瀑布模型示例

3．迭代模型

迭代模型(Stage-wise Model)，也称迭代增量式开发或迭代进化式开发模型，包括从需求分析到产品发布(稳定、可执行的产品版本)的全部开发活动。它出现于 20 世纪 50 年代末期，是有理统一过程(Rational Unified Process，RUP)推荐的周期模型，其背景是赫伯特·D. 贝宁顿(Herbert D. Benington)领导的美国空军 SAGE(the Semi-Automatic Ground Environment)项目。在经历了许多瀑布模型项目的失败之后，美国国防部从 1994 年的开始积极地鼓励采用更加现代化的迭代模型来取代瀑布模型。在迭代模型中，整个开发工作被组织为一系列短小、固定长度(如 3 周)的小项目，构成一系列的迭代。每一次迭代都包括了需求分析、设计、实现与测试等步骤。开发工作可以在需求被完整地确定之前启动，每一次迭代中完成系统的一部分功能或业务逻辑的开发，再通过客户的反馈来细化需求，并开始新一轮的迭代(见图 9-4)。

迭代模型的使用要考虑这些前提条件，即在项目开发早期需求可能有所变化；系统分析和设计人员对应用领域很熟悉；高风险项目；用户可不同程度地参与整个项目的开发过程；使用面向对象的语言或统一建模语言(Unified Modeling Language，UML)；使用计算机辅助软件工程 CASE(Computer Aided Software Engineering)工具，例如 Rational Rose(Rational 公司开发的面向对象的可视化建模工具)等；具有高素质的项目管理者和软件研发团队。迭代模型的优点包括，降低了每一增量上的开支风险；降低了产品无法按照既定进度进入市场的风险；加快了整个开发工作的进度；更容易适应需求的变化，因此复用性更高。美国麻省理工学院斯隆管理评论(MIT Sloan Management Review)所刊载的一篇为时两年的、对成功软件项目的研究报告，排在首位的就是迭代开发而不是其他过程方法。

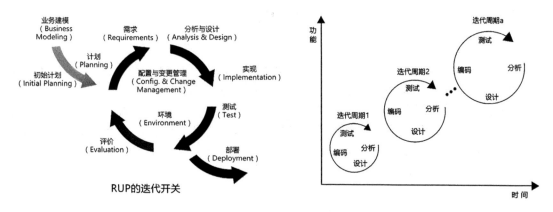

图 9-4　迭代模型

4．快速原型模型

快速原型模型(Rapid Prototype Model)，又称原型模型，是在开发真实系统之前构造一个原型，并在此基础上逐渐完成整个系统的开发。它是增量模型的另一种形式。快速原型模型的第一步是建造一个快速原型，实现未来的用户与系统的交互，然后用户对原型进行评价，给出具体改进意见，进一步细化软件需求。通过逐步调整原型使其满足客户的要求，开发人员也可从中确定客户的真正需求是什么。第二步是在第一步的基础上，对软件进行完善，待用户认可后进行完整的实现及测试，直至开发出客户满意的产品(见图 9-5)。

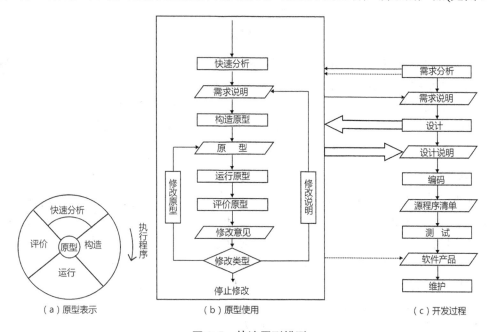

图 9-5　快速原型模型

快速原型有点整合"边做边改"与"瀑布模型"优点的意味，可分为探索型原型、试验型原型和演化型原型。其优点是适合预先不能确切定义需求的系统的开发。其缺点包括所选用的开发技术和工具不一定符合主流的发展；快速建立起来的系统结构加上连续的修改可能会导致产品质量低下；在一定程度上可能会限制开发人员的创新。

5．增量模型

增量模型(Incremental Model)，采用随着日程的进展而交错的线性序列，每一个线性序列产生产品的一个可发布的"增量"。它融合了瀑布模型的基本成分和原型实现的迭代特征。增量模型中产品被作为一系列的增量模块来设计、实现、集成和测试，每一个模块都是由多种相互关联的组件所形成的提供特定功能的零部件所构成。在各个阶段并不交付一个完整的产品，而仅是满足客户需求的一个子集的可展示模块。早期的增量是最终产品的"可拆卸"版本，它不仅提供了用户要求的功能，还为用户提供了评估的平台(见图9-6)。

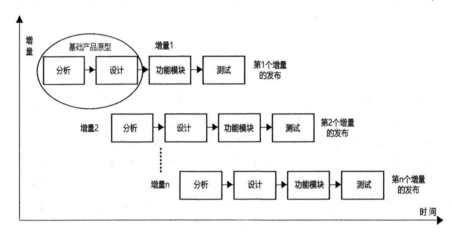

图9-6　增量模型

增量模型的这种将功能细化后分别开发的方法，较适用于需求经常改变的产品的开发过程。优点包括由于能够解决用户的一些急用功能；用户有较充分的时间学习和适应新的产品；当需求变更时只变更部分部件，而不影响整个系统。其缺陷包括需要软件具备开放式的体系结构；很容易退化为边做边改模型；如果增量模块之间存在相交的情况且未能很好地处理，则必须做全盘的系统分析，费时费力。

6．螺旋模型

螺旋模型(Spiral Model)，是一种软件开发的过程模型，它兼顾了快速原型的迭代特征及瀑布模型的系统化与严格监控，是由美国计算机学家巴利·W.玻姆(Barry W. Boehm)于1988年提出的，它强调了其他模型所忽视的风险分析，是一种风险驱动的方法，特别适合于大型复杂的系统的开发。螺旋模型以进化的开发方式为核心，在每个项目阶段使用瀑布模型法。每一个周期都包括制订计划、风险分析、实施工程和客户评估四个阶段。产品开发过程每迭代一次，就又前进一个层次(见图9-7)。

螺旋模型只适用于大规模软件项目，优点包括：设计上的灵活性；成本计算变得简单容易；客户始终参与，能够和设计师有效地沟通；确保客户认可。其缺点有：让用户确信这种演化方法的结果是可以控制的，有一定难度；开发周期较长，会造成技术和工具上的落伍，从而又导致新的需求差异的产生。

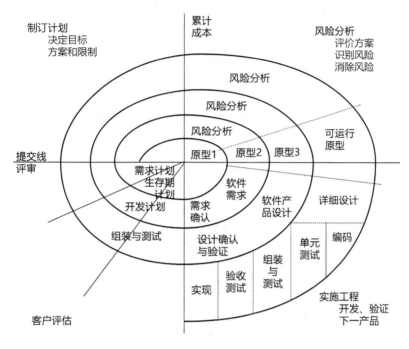

图 9-7　螺旋模型

7．敏捷开发

敏捷开发(Agile Development)，是指以用户的需求进化为核心，采用迭代、循序渐进的方法进行产品开发的方法。敏捷开发把一个大项目分为多个相互联系但又可以独立运行的小项目，并分别完成。在此过程中产品整体一直处于可使用状态。敏捷开发方式的技术核心是敏捷建模(Agile Modeling)，主要驱动核心是人，其价值观包括沟通、简单、反馈、勇气和谦逊。敏捷开发团队主要的工作方式可以归纳为：作为一个整体工作、按短迭代周期开发、每次迭代交付一些成果、关注业务优先级和检查与调整等。敏捷开发的实施(见图 9-8)包括测试驱动开发、持续集成、重构、结对工作、站立会议、小版本发布、较少的文档、以合作为中心、现场客户评价、阶段测试与评估和可调整计划等内容。敏捷开发中通过一次一次的迭代、小版本的发布，大大提升了开发效率。这样的分阶段开发、小周期迭代也使得根据客户反馈、随时做出相应的调整和变化成为可能。其优点是"适应性(Adaptive)"的、"面向人(People-oriented)"的；缺点是需特别注意项目规模的控制，不适合大的团队开发。

8．演化模型

演化模型(Evolutionary Model)，是全局的产品生命周期模型，可以被看作是"迭代"执行的多个"瀑布模型"。演化模型主要针对事先不能完整定义需求的产品的开发，属于迭代开发方法中的一种，可以表示为：第一次迭代(需求、设计、实现、测试、集成)→反馈→第二次迭代(需求、设计、实现、测试、集成)→反馈→……直至系统完成。每一个迭代过程为整个系统增加一个可定义的、可管理的子集(见图 9-9)。在开发模式上，演化模型采取分批循环开发的办法，每次循环开发一部分的功能，它们成为产品原型的新增功能，于是就不断地演化出新的系统。演化模型每个开发循环以 6~8 周为宜。优点包括任何功能一经开发就能进入测试、能帮助引导出高质量的产品要求、便于风险管理、能均衡整个开发过程的负荷；有利于提高质量与效率；无论何时都有一个具有部分功能、可工作的产品；鼓舞士气、验证测试及时、便于销售提前展开。其缺点包括产品需求变化带来总体设计的困难；缺乏严格的过程管理；易形成心理懈怠；用户对半成品的使用可能造成负面影响等。

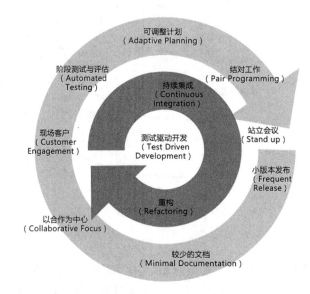

图 9-8　敏捷开发的技术路线

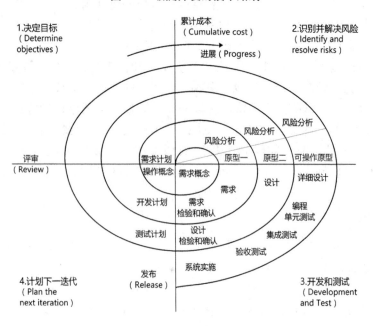

图 9-9　演化模型

9. 喷泉模型

喷泉模型(Fountain Model)，也称面向对象的生存周期模型、面向对象(Object Oriented，O-O)模型，是一种以用户需求为动力、以对象为驱动的模型，是由美国学者布瑞恩·亨德森-塞勒斯(Brian Henderson-Sellers)和朱利安·M. 爱德华兹(Julian M. Edwards)于 1993 年提出的，主要用于描述面向对象的软件开发过程。模型中软件开发过程自下而上周期的各阶段是相互重叠和多次反复的，而且在项目的整个生存周期中还可以嵌入子生存期，类似一个喷泉，可以落在中间，也可以落在最底部；各个开发阶段没有特定的次序要求，并且可以交互进行，可以在某个开发阶段中随时补充其他任何开发阶段中的遗漏。喷泉模型体现了迭代和无间隙的特征，如分析、设计和编码之间没有明显的界线；在编码之前进行需求分析和设计，期间添加有关功能使系统得以演化；系统某个部分常常被重复多次，相关对象在每次迭代中随之加入渐进的系统；由于对象概念的引入，需求分析、设计、实现等活动只用对象类和关系来表达，从而可以较为容易地实现活动的迭代和无间隙，并使得开发过程自然地包含复用。改进的喷泉模型，以喷泉模型为基础，可以尽早地、全面地展开测试，同时将测试工作进行迭代(见图 9-10)。喷泉模型的优点包括可尽早开始编码活动；开发可以同步进行；能提高软件项目开发效率、节省时间。其缺点是需要大量的开发人员、不利于项目的管理、审核的难度大等。

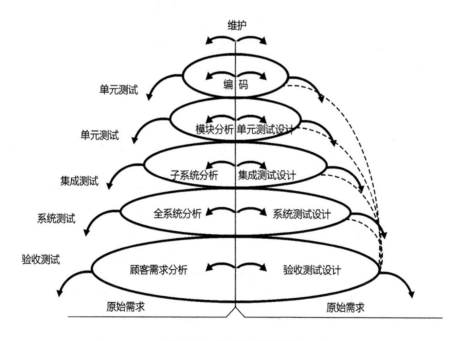

图 9-10　改进的喷泉模型

10. 智能模型

智能模型(Intelligent Model)，也称基于知识的软件开发模型、第四代技术，它把瀑布模型和专家系统结合在一起，将以软件工程知识为基础的生成规则构成的知识系统与包含领域知识规则的专家系统相结合，组成这一应用领域软件的开发系统(见图 9-11)。

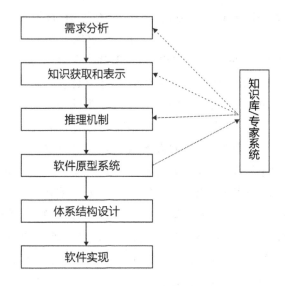

图 9-11　智能模型示例

　　智能模型适用于特定领域软件和专家决策系统的开发，它拥有一组工具(例如数据查询、报表生成、数据处理、屏幕定义、代码生成、高级图形功能及电子表格等)，每个工具都能使开发人员在抽象层次上定义软件的某些特性，并把这些特性自动地生成源代码，这需要第四代语言(4GL)的支持。智能模型的必要性包括能解决特定领域的复杂问题、以知识作为处理对象、强调数据的含义等。

11. RUP 模型

　　RUP 模型(Rational Unified Process)，也称统一软件开发过程，是一种面向对象且基于网络的程序开发方法论。它具有迭代、用例驱动和以架构为中心的特点，是一种重量级过程(也被称作厚方法学)，特别适用于大型软件团队、大型项目的开发。

　　RUP 有 9 个核心工作流，其中 6 个过程工作流(Core Process Workflows)包括商业建模、需求、分析和设计、实现、测试和部署；3 个支持工作流(Core Supporting Workflows)是配置和变更管理、项目管理及环境。9 个核心工作流在项目中轮流被使用，在每一次迭代中以不同的重点和强度重复。RUP 模型是一种过程模板，定义了角色、活动和工件等核心概念(见图 9-12)。其由四个顺序的阶段来实现，即初始阶段(Inception)、细化阶段(Elaboration)、构造阶段(Construction)和交付阶段(Transition)。每个阶段结束于一个主要的里程碑(Major Milestones)，结尾时执行一次评估，满意才可以进入下一个阶段(见图 9-13)。RUP 中的每个阶段可以进一步分解为迭代，增量式地发展直到成为最终的系统。

　　RUP 模型的优点是内容极其丰富、可裁剪、适用面广；缺点是极易让人误解是重型的过程，实施推广起来有一定难度。

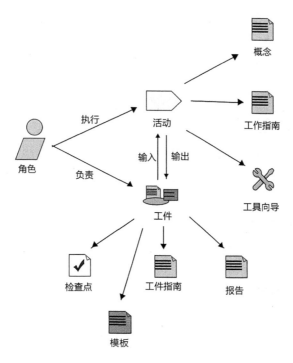

图 9-12　RUP 核心概念

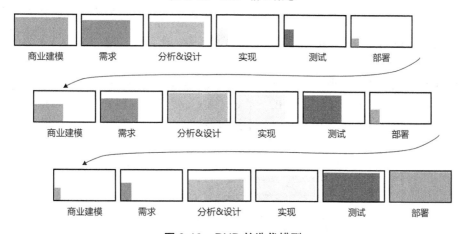

图 9-13　RUP 的迭代模型

12．混合模型

混合模型(Hybrid Model)，又称元模型(Meta-model)、过程开发模型，它把几种不同模型组合成一种，并允许一个项目能沿着最有效的路径发展。混合模型具有灵活机动、适用面广、给开发者最大自由去选择自己熟悉的模型组合等优点；缺点是针对性较差，模型使用效果深度依赖于开发者的水平。

9.2.2　平衡迭代开发的概念

平衡迭代开发是指在产品开发的过程中，始终关注来自各相关方的约束因素，兼顾各方的诉求，不断创建、检查、继而重建平衡的解决方案，通过持续迭代，一直到通过一致、定期和可预见的方式、同时满足各方对产品的约束为止。以图 9-2 所示的产品因素为例，用户、广告商和生产厂商(公司)等不同方面对产品的成功往往有不同的理解。

1．用户心中的好产品

产品的最终用户体验是产品成功的基石。尽管出色的用户体验并不是确保产品成功的唯一因素，但糟糕的用户体验绝对是导致产品失败的"快车道"。但体验质量往往不是非"0"即"1"的二进制，有时候平庸的用户体验实际上比彻底的失败更糟糕，甚至可能会成为整个商业风险中最为严重的问题。用户心中好的产品包括好的功能、有效性、符合用户期望。

2．公司对好产品的定义

除了非盈利公益性公司，所有其他类型的公司进行产品开发根本目的在于盈利。一个公司衡量产品是否成功，通常有两种方式，一是利润；二是产品能否服务于从整体上提升公司品牌价值。这也是公司对好产品的定义。

3．广告商追求的成功

广告商是产品推向市场过程中不可或缺的一个环节，扮演了企业与市场桥梁的作用。在互联网高度普及的今天，广告商用流量(Traffic)和知名度(Awareness)来衡量效果。

用户、公司企业和广告商对成功产品定义的差异，正是平衡系统开发必要性之所在。

9.2.3　平衡迭代开发的过程

考虑图 9-2 给出的三个因素之间的平衡，利用迭代开发模型来实现产品的开发，既要包含通过周期性数据开发而逐渐完善的内在思想，又要反映各要素间影响力的均衡，其背后的核心过程可以归纳成三个基本阶段(见图 9-14)。

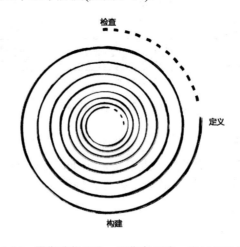

图 9-14　平衡迭代开发：平衡各要素，边开发边调整

1．检查

本步骤试图定义问题以及受影响的各个方面，包括提出问题、分析需求、收集信息、进行研究，同时评估在平衡各要素的影响的前提下可能的解决方案；列出长处和短处，并分出优先级别(因素影响权重)；研究客户需求和开发能力，评估现有产品或原型。

2．定义

确定解决方案。在该阶段，随着不断发现目标受众的真实需要及自身能力，产品变化的更详细细节逐渐被刻画出来。

3．构建

执行解决方案计划。该阶段最花钱也最费时，如果既没有检查阶段收集到的数据支持又没有定义阶段的仔细规划，创建阶段所完成的大部分工作将都是浪费。

产品需求涉及的各因素的影响权重的平衡，是确定解决方案的关键。产品的每个部分都是权衡的结果，而权衡寓于产品创建过程中。几乎每次权衡都会改变产品的基本特点，例如有些权衡会导致产品发展成为专供某一群人使用；有些会导致产品朝着盈利的方向发展；有些则会诱使人们更渴望使用产品。理想的权衡是引导产品同时在这三个方向上发展。

体验设计的方法和前述开发模式的思想都可以应用于平衡迭代开发的任意阶段。用户体验出现在螺旋开发的每个起点处，随着问题的出现而提供解决答案。在初期，收集用户背景资料，研究用户所做的工作，描述他们的问题，然后按照人们的愿望或者需要的程度排出特性的优先级别。确定优先级别后，什么类型的人群会要产品、产品能为他们做什么、他们应该了解什么、记住什么，这些就都一清二楚了。在对细节进行设计和测试时，只需要知道唯一要关注的事情是如何展现的，而不用再关注人们的需要或者产品功能，因为这些因素都已经彻底研究过了。

图 9-15 是一个平衡迭代开发螺旋的示例，其中情景调查、焦点小组、可用性测试和日志文件分析等，都被融入平衡开发的各个迭代阶段，成为开发螺旋不可分割的组成部分。在实践中，不同的项目在各个阶段的任务可能会有所不同，但是这种周期式迭代、螺旋式上升、逐步接近完善的思想应贯穿于平衡迭代开发的整个过程。而且，作为平衡迭代开发的核心，平衡的思想也应同用户体验观一样融入整个开发过程中。

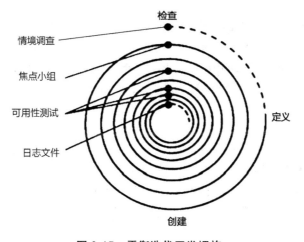

图 9-15　平衡迭代开发螺旋

9.3 平衡迭代开发方法的应用

下面以日程安排服务为例来说明平衡迭代开发方法的应用。本例经过简化和理想化，旨在说明平衡迭代开发过程能对产品产生哪些作用，或与实际有所出入，但足以解释方法应用的概貌。

【例 9.1】假设因为有了某种易于适应的后台技术，某公司想要开发一个基于互联网的约会日程安排产品。其平衡开发迭代过程如下。

1. 第一轮

1) 检查

最初将目标受众假设为大忙人，他们长期出差，需要方便访问的高级日程安排工具包。产品收入是来自服务所带来的广告以及高级特性的订阅费。

在第一轮研究中，需拜访很多大忙人，观察他们如何管理日程。你发现大忙人用现有技术安排工作日程非常顺畅，他们通常不愿意使用新技术，除非新技术比正在使用的技术更好用。他们宁愿不早使用新技术，除非他们知道值得这么做，同时也掌握新技术的使用。他们十分在乎服务和互联网整体的可靠性，譬如说在很忙的一天却因为断线而无法上网，这将是一场灾难。通常这样的调研结果说明目标市场对你的产品没兴趣，除非你的产品能打败现有的产品。这会导致你的产品只对一部分市场有吸引力，无法带来足够收入，开发成本无法消化。有一种方法可能为产品找到更大的市场，前提是假设你决定继续开发原有市场，但会采用不同的策略，例如被访者可能有几个人表示有兴趣将日程安排解决方案用于社交生活，而不是用于工作。这些都说明这类受众有以下特点。

(1) 他们的个人日程表几乎和工作日程表一样复杂。

(2) 他们需要与朋友和家人共享个人日程表。

(3) 他们无法在公司防火墙外使用办公软件，而且家人和朋友也不可能访问到。

(4) 现有日程安排软件看起来都完全关注在上午的日程安排任务。

2) 定义

意识到这些情况后，你决定将目标受众锁定为繁忙的执行官，但想法有所改变以更好地适应他们的生活方式。功能重点转为个人日程表共享。产品描述需要重写，目标锁定为帮助人们以明显优于现有方法的方式来共享日程表。产品描述详细定义了需要解决的问题，并明确列出了目标之外的问题。同时重新定位市场营销和产品形象策划，将精力集中于该服务的个人特质上。

3) 创建

采用新问题的定义，重写产品描述以反映日程安排子应用工具的新用途，以及对受众需求的重新认识。该阶段的大部分时间应该用在创建产品所提供的特性以及优点的详细清单上。同时还需要同开发团队一起检查清单，确保所提供的特性在软件开发的能力范围之内。此外，还需要创建初步研究计划，列出需要回答的问题、需要调查的市场以及下一轮研究需要关注的地方。

2. 第二轮

1)　检查

把产品描述带给由繁忙的执行官组成的几个焦点小组后，你发现他们虽然很欣赏通过互联网共享日程表的想法，但他们担心安全问题。此外，他们认为这类系统最重要的部分是能快速输入信息，共享也需要很便捷。有人可能说，每天用共享日程表花 5 分钟就能搞定所有事情，这反映了他们的期望。他们还可能提到其他功能，例如把朋友、同事的日程表跟家人的日程表单独分开，能自动获得特别活动的日程表等。

2)　定义

虽然核心想法很明确，但需要解决若干关键功能需求才能确保系统成功。软件目标中增加了安全性、输入速度提高和日程组织这三个需求，并传达给产品营销团队。

3)　创建

根据这些想法，重新定义解决方案：日程安排系统采用"层"的方式，人们可以在常规日程表上增加层；这些层可以是家人日程表、共享的业务日程表或电视节目和体育比赛、广告内容等，后者不仅利用了日程表的个人性质，而且能带来潜在的收入来源。修改系统描述以包括此功能，并解决焦点小组提到的问题。

3. 第三轮

1)　检查

你担心"每天 5 分钟"的要求是否可以实现。非正规可用性测试表明，很难做到每天用 5 分钟就能搞定一天的日程表，但如果人们渴望这种感觉，就应该要满足他们。你决定进一步展开研究，了解人们在个人日程表上真正会花多少时间，日程安排管理中是否存在共同的趋势。比如使用情景调查法观察六个日程表管理，你发现他们平均每天要花费 20 分钟，而不是 5 分钟来处理个人日程表。他们最头痛的地方是不知道整个家庭的日程表，也无法从被邀请人那里得到是否参加活动的确认。了解到不管在什么地方，他们平均每天要检查 3～10 次日程表，这便为每天可能的广告展示次数提供了参数。通过几位用户的意见，你还发现产品还有另外两个潜在市场：青少年和医生。青少年日程表复杂，涉及人多，而医生出诊要花很多时间来安排日程，如确定日程安排以及提醒预约病人。你还对主要受众目标进行实地调查，挖掘他们确切的技术能力和愿望、常用哪些相关产品和媒体等。结果发现，他们在家里通常有几台新型电脑，整个家庭共用这些电脑，但每次只有一位家庭成员上网。你认为这说明所有家庭成员需要一种简单方式来使用日程安排服务，同时又不会看到其他人的日程表。

2)　定义和创建

和前两轮一样，你需要完善产品目标。目标中加入了日程表共享、家庭日程表及确认。然后，你创建了系统概要设计，能实现所有这些目标，然后再写一份详细的系统描述。

4. 第四轮

1)　检查

调查时还发现，你所感兴趣的家庭中每人至少有一部手机，而且使用频繁，他们对体

原理篇　用户体验设计的原理与方法

193

育比赛感兴趣，也看许多电视节目。因此你决定再进行一轮焦点小组调研，以了解人们是否会对服务的手机界面版本有兴趣、是否需要用"层"来显示运动比赛和电视时间表(两者都是吸引广告市场的潜在目标)。某个焦点小组可能说，日程表共享及确认是目标受众最想要的东西，而家庭日程安排和特别活动特性虽然很想要、很酷，但不是那么重要。手机界面版本很有趣，但有上网手机的人大多从未用过手机上网，他们担心会发生尴尬和困惑的事情。你发现青少年认为共享个人日程表很不错，特别是在他们可以安排即时消息提醒和聊天、可以用手机访问日程表的时候。医生——上一轮研究建议的受众，业务发展和广告人员也希望得到他们，因为他们有购买力——看起来对日程安排服务没兴趣。医生认为虽然理论上有用，但他们觉得不会有足够多的病人使用该系统，因而无法抵消职员的培训费用。

2) 定义

利用这些新资料，定义两类完全不同的受众：忙碌的执行官和高度社会化的青少年。两者对产品展现形式的需要截然不同，即使两者都会使用基本日程安排功能。虽然意识到可能没有足够资源能满足两者，但你还是把产品一分为二，分别定义每组的受众的需要和产品目标。

3) 创建

为每组新受众创建新的产品描述。纵然对青少年需求的研究不如对商人需求的研究那么完善，但你觉得自己已充分理解青少年小组的问题及解决方案，所以开始用纸原型来表达解决方案描述。根据描述，你对基本互联网和电话的界面都做了纸原型。与此同时，根据你的指引，营销团队针对主要市场把即将投放广告的重点放在共享和邀请能力上。针对青少年市场，他们把广告重点放在易用的电话界面和电视节目层上。

5. 第五、六、七轮

产品目标受众、他们需要的功能、想要的功能、想要功能的顺序以及大致如何展示，这些都确定以后，就可以开始动工了。经过多轮可用性测试，而且还用焦点小组测试了营销情况。每经过一轮，对如何将日程安排系统与其他产品在认知和习惯上保持一致的认识就更进一步，这让它更容易被理解、更有效，以及保证广告内容被看到但又不显得唐突。此外，还创建了管理系统，以便职员和赞助商可以添加和管理内容。对消费者进行测试的同时，也要对职员和赞助商进行测试。

第七轮结束后，产品就可以发布了。

6. 第八轮

产品发布后，应立即着手用户群调查，即一系列定期调查，观察用户群如何变化以及变化方向中所表现出的最突出的需求。这样能让你对新用户群出现后引发的特别需要有及时的把握；还要开始着手进行广泛的日志文件分析和客户反馈分析，以便了解人们是否按照预期使用该系统、使用中遇到了哪些问题等。

此外，还要继续进行实地调查研究，看看人们的其他相关需求。例如账单管理是一项常见日程任务，可以考虑产品不但能进行日程安排，还可以进行家庭账单支付管理，也许未来还要开发一套完整的家庭财务管理工具，这就是另一个项目的事了。

思　考　题

1. 试述平衡系统开发的概念。

2. 试述几种迭代开发模式的内涵，并对比其优缺点。

3. 试述平衡迭代开发的概念，并说明产品开发中为什么要采用平衡迭代开发模式。

4. 试述螺旋迭代开发模式，并结合一个实际产品开发的例子，谈谈你对螺旋迭代开发方法的认识。

5. 请利用本章介绍的平衡迭代方法设计一款产品，并给出其具体的设计开发步骤。

6. 假设你是某互联网公司的一个项目经理，试利用平衡迭代开发方法，给出某款已上线产品的改进开发方案。

第 10 章

用户体验五层设计法

　　设计师在满足用户需求的同时，往往还要满足企业的战略目标。若没有"有凝聚力、统一的用户体验"来支持，即使是最好的内容和最先进的技术也不能平衡这些目标。詹姆斯·加瑞特(James Garrett)，美国用户体验咨询公司Adaptive Path 的创始人之一，于 2000 年 3 月首次提出了"用户体验的要素"，包含战略层、范围层、结构层、框架层和表现层五个层面，也称用户体验设计五要素，为实现高质量的统一体验提供了理论指导。

10.1 用户体验的要素

体验就是生活，好的交互是达成良好体验的前提和基础。设计师通过对交互过程的把控，使用户在与产品的自然互动中不知不觉地获得"美妙"的感受，是体验设计追求的至高境界。这个技术相当微妙，稍有不慎就会适得其反，例如为体验而体验的设计，类似"东施效颦"，会带给用户"被挠笑"的感觉，终会被用户所厌恶。

10.1.1 用户体验五要素

通过分析用户可能采取的每一个行动，并理解交互过程中每个步骤用户的期望值，可以帮助设计师更好地了解整个问题。

詹姆斯·加瑞特提出的用户体验五要素包括五个层面(见图 10-1)。

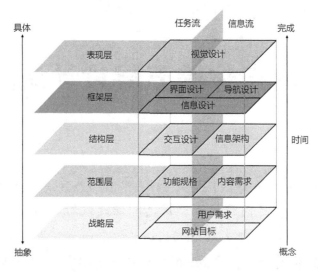

图 10-1 用户体验五层要素

(1) 表现层(Surface)：例如一系列的网页，由文字和图片组成。

(2) 框架层(Skeleton)：例如按钮、表格、照片和文本区域的位置。

(3) 结构层(Structure)：例如确定网站各种特性和功能的最合适的方式等。

(4) 范围层(Scope)：重点考虑功能和特性是否要纳入网站，即网站内容覆盖的范围。

(5) 战略层(Strategy)：弄清经营者和用户分别希望从网站得到什么。

这五个层面相互影响、自下而上，但又彼此关联。在设计时，要在一个层次完全结束前才能开始下一个层次的工作。其中在每一个层面的决定都会影响到它上面的层面的可用选择，即在战略层上的决定将具有某种向上的"连锁效应"；每个层面中可用的选择，都受到其下层面中所确定的因素的约束(见图 10-2)；在"较高层面"中选择一个界限外的选项将需要重新考虑"较低层面"中所做出的决策(见图 10-3)。

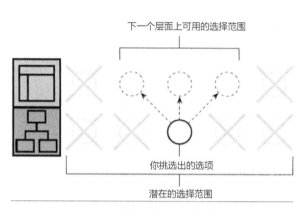

图 10-2　下层因素对上层的影响　　　　图 10-3　上层选项变化对下层的影响

在各层面开发起止时间上，如果严格要求每个层面的工作在下一个层面开始之前完成，就会割裂各层之间潜在的有机联系，导致不好的结果。好的做法是，让每一个层面的开发工作在下一个层面结束之前完成，这样层面之间的交叉作用可以得以反映(见图10-4)。

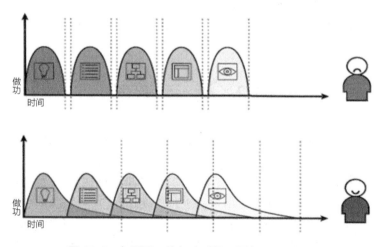

图 10-4　各层面工作起止时间：不好(上)，好(下)

五层设计法提供了达成良好的统一用户体验的基本框架，但对于具体设计问题还需要根据其自身的特殊性区别对待。

10.1.2　网站设计基本的双重性

网站的交互设计、信息设计、架构设计等都存在着基本的双重性质，即一部分人把每个问题当成是"应用软件"的设计问题，会从传统的桌面和客户端软件的角度来考虑解决方案；另一部分人则以信息的发布和检索的角度来对待，从传统出版、媒体和信息技术的角度来考虑解决方案。这样就把五层框架划分成逻辑上的两个部分：在软件的一边，主要关注的是任务——所有的操作都被纳入一个过程，去思考人们如何完成这个过程，把网站看成是用户用于完成一个或多个任务的一个或一组工具；在超文本的一边，关注点是信息

——网站应提供哪些信息、这些信息对用户的意义又是什么？超文本的本质就是创建一个"用户可以穿越的信息空间"(见图10-5)。

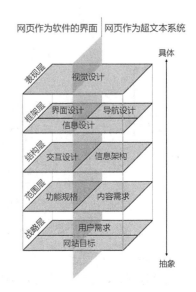

图 10-5　网页设计的五层要素结构

双重性也反映在各层内涵的不同，即表现层：视觉设计，或者说最终产品的外观。框架层：不管是软件界面还是信息空间，都必须完成信息设计(Information Design)。在软件产品一边，框架层还包括了安排好能让用户与系统的功能产生互动的界面元素，对信息空间而言，这种界面就是屏幕上的一些元素的组合，允许用户在信息架构中穿行。结构层：在软件方面，结构层将从范围转化成系统如何响应用户的请求，对信息空间，结构层则是信息空间中内容元素的分布。范围层：从战略层进入范围层以后，在软件方面它就转变成对产品的"功能组合"的详细描述，而在信息空间方面，范围是对各种内容元素的要求的详细描述。战略层：来自企业外部的用户需求(User Needs)是网站的目标——尤其是那些将要使用网站的用户，与此相应的是企业自己对网站的期望目标。

10.2　战　略　层

好的用户体验的基础是一个被明确表达的"战略"。知道企业与用户双方对产品的期许和目标，能有助于促进用户体验各方面战略的制定和确立。对于网站设计来说，导致失败的最常见原因往往是开始之前，没有清楚回答"我们和用户要通过这个产品得到什么"(即明确"内部"产品目标和"外部"用户需求)，越明确就越能精确地满足双方的需求。而对产品设计，战略层的任务是明确商业目标和用户目标，解决两者之间的冲突，找到平衡点，确定产品的原则和定位。战略层的"关键词"是明确，具体包括以下内容。

10.2.1　确定目标

战略层的目标可以有很多，但网站目标、商业目标、品牌识别和成功标准是战略层首当其冲需要确定的。

1. 网站目标

网站目标经常是"只可意会不可言传"的状态，这时对于应该如何完成项目，不同的人就经常会有不同的想法，这是应当尽力避免的。

2. 商业目标

避免使用过于宽泛或过于具体的词汇来描述网站的商业目标，应在充分了解问题之后再得出结论。为了创造好的用户体验，必须保证商业决策是深思熟虑后的结果。

3．品牌识别

品牌识别可以是概念系统，也可以是情绪反应，在与网站交互的同时，企业的品牌形象就不可避免地在用户的脑海中形成了。网站设计者必须决定品牌形象是无意中形成的、还是经过有意精心安排的结果。大多数企业会对其品牌形象加以美化，这也是传递品牌识别是非常普遍的一种网站目标的原因。

4．成功标准

成功标准，指对一些可追踪的目标，在网站推出以后用来评估它是否满足了自己的目标和用户的需求的指标。好的标准不仅影响项目各阶段的决策，也是用户体验工作价值的具体依据。例如注册用户的月访问量常被用来表示网站对核心用户的价值；而用户每次访问的平均停留时间，则是对用户"黏性"的度量，在一定程度上也反映了网站用户体验的质量。

10.2.2　明确用户需求

对用户需求的研究就是要弄清楚他们是谁？他们的目的是什么？具体包括以下内容。

1．用户细分

例如，利用人口统计学、心理因素、用户对技术和网页本身的观点、用户对网站相关内容的知识等方法进行用户细分。若一种细分方案无法同时满足多种需求，则可以针对单一用户进行设计或为执行相同任务的不同用户群提供不同的方式。

2．用户研究

用户研究的目的是收集用户的观点和感知，例如通过用户测试和现场调查，掌握理解具体的用户行为，以及和网站交互方面的信息。通过合适的工具对用户研究，可以让你的用户变得更加真实。常用的用户研究方法有市场调研方法(Market Research)、现场调查(Contextual Inquiry)、任务分析(Task Analysis)、用户测试(User Testing)、卡片排序法(Card Sorting)、创建人物角色(Personas)等。

3．团队角色和流程

明确目标责任人，咨询公司有时会找一个战略专家来承担这一角色。战略专家和决策层一起进行普通员工访谈，形成战略性可视文档(Vision Document)，这也是定义网站目标和用户需求的文档。

用户研究的结果形成包含图 10-6 所示内容的用户调研报告，会在以后的网站设计中频繁使用。战略层是用户体验设计流程中的起点，但这并不意味着在项目开始前所有战略就需要被完全确定，战略也应是可以演变和改进的。当战略被系统地修改、校正时，这些工作就能成为贯穿整个过程的、持续的灵感源泉。

列出目标清单，提供不同目标间的关系分析

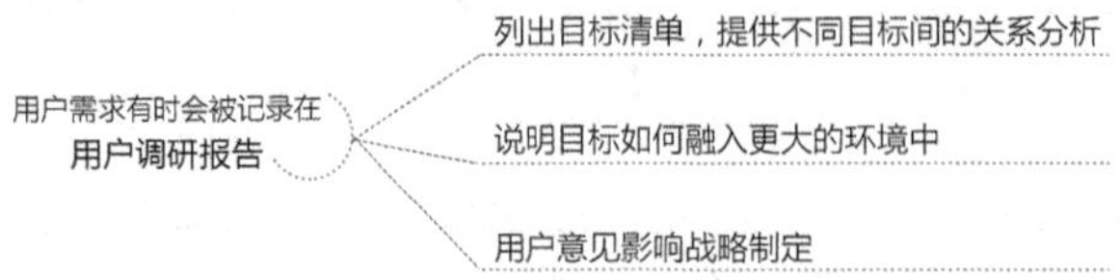

用户需求有时会被记录在用户调研报告

说明目标如何融入更大的环境中

用户意见影响战略制定

图 10-6　用户调研报告的内容

10.3　范　围　层

项目范围定义包括了两个方面，即一个有价值的过程，以及由其导致的一个有价值的产品。过程的价值在于它能迫使你去考虑潜在的冲突和产品中粗略的点，由此可以确定现在能解决哪些事情，而哪些必须再迟一点才能解决。产品的价值在于明确项目中要完成的全部工作，同时它也提供了一种共同的语汇，用于讨论这方面的事情。简言之，范围层就是要进行需求采集和需求分析工作，最终确定功能范围和需求的优先级。可视性文档是范围层不可忽视的文字记录，包括工作流程、日程安排、里程碑等。一般在确定产品功能需求后，分解项目中的节点，建立里程碑；可视性文档的作用是使开发者知道正在做什么及不需要做什么。

10.3.1　功能和内容

范围层被分成软件界面的网页和超文本的网页两个部分。在软件方面需要考虑的是功能规格，即哪些应该被当成软件产品的"功能组合"。在超文本方面需要考虑的是内容，即对各种内容元素要求的详细描述。在软件开发中，范围层确定的是功能需求或功能规格(Function Specification)文档，这两个术语是可以互换的——有些人使用"功能需求规格"来表示文档覆盖了包括以上两者的内容。内容的开发通常不会像软件过程的需求收集那样正式，但基本原则是一样的。功能需求常常伴随着内容需求(Content Requirement)。

10.3.2　收集需求

一些需求适用于整个网站，如品牌需求或技术需求；另一些需求则只适用于特定的属性。大多数时候，当人们说到某种需求的时候，他们想的是产品必须拥有的、某种特殊的一句简短描述。需求的三个主要类别包括人们讲述的、想要的东西；用户实际想要的东西；人们不知道他们是否需要的特性——潜在需求。

收集需求可以使用多种方法，如汇集企业各个部门的成员或不同类型的用户代表、进行头脑风暴会议、使用场景、关注竞争对手等。需求的详略程度常常取决于项目的具体范围，例如项目的目标是一个非常复杂的系统，还是项目的内容只是相似或相同性质的东西？前者需要尽可能详尽的需求描述，而对后者的描述就相对简单。

10.3.3　功能规格

功能规格是对满足用户需求功能的限制性说明，其特点包括阅读起来枯燥，占用大量编码时间，没有人乐意去读，还涉及功能规格的维护、及时更新等。撰写需求应遵守如下规则。

1．乐观

乐观(Be Positive)：描述系统将要做什么事情，以"防止"不好的事情发生，而不是描述"不应该"做什么不好的事情。比如："这个系统不允许用户购买没有风筝线的风筝。"应替换为："如果用户想购买一个没有线的风筝，系统应该引导用户到风筝线页面。"

2．具体

具体(Be Specific)：尽可能详细的解释清楚状况，这是决定一个需求是否能被实现的最佳途径。比如："该网站要使残疾人可用。"应替换成："该网站要遵守美国残疾人法案的第 508 条。"前面一句话中"残疾人"的定义太过宽泛、类型也比较多，相比之下"美国残疾人法案的第 508 条"的限定就很具体、清晰。

3．避免主观的语气

避免主观的语气(Avoid Subjective Language)：需求必须可验证，要明确说出应达到的标准；也可以用量化的术语来定义一些需求，以避免主观性。比如："这个网站应该符合邮递员 Wayne 所期望的时尚。"应替换成："网站的外观应该符合企业的品牌指南文档。"

10.3.4　内容需求

内容需求也称内容清单，包括文本、图像、音频、视频等内容的详细说明。具体如下。

(1) 不要混淆某段内容的格式和目的，例如 FAQs 仅指内容的格式，并没有明确的目的，尽管说的人心目中或许指的是内容的格式和目的两部分。

(2) 提供每个特性规模的大致预估。例如文本的字数、图片的像素大小、下载的文件字节数等，收集设计一个适宜的网站内容时所有必要的资料，越详细越好。据说乔布斯对苹果图标的苛求都是以该用几个像素来度量的，这造就了苹果界面卓越的视觉体验。

(3) 尽早明确内容元素负责人及其"更新频率"。更新频率源于战略目标，从网站目标看，希望用户多长时间来访一次。从用户需求看，希望多长时间更新一次。更新频率应是用户期望值和有效资源之间的一个合理的中间值，是企业能力和用户需求之间的一个平衡点。

(4) 如何呈现不同的内容特征。应该考虑哪些用户想要什么内容，"如何呈现它们"。

(5) 对有效内容的日常维护。

10.3.5　确定需求优先级

战略目标和需求间往往不是一对一的线性关系，优先级是决定人们所建议的相关特性的首要因素。有时一个战略目标会产生多个需求；一个需求也可以对应多个战略目标。

需求优先级的确定流程如图 10-7 所示，具体包括排列出哪些功能应该包含到项目中去，剔除那些本阶段暂时不考虑的功能；评估这些需求是否能满足战略目标；实现这些需求的可行性有多大？这需要考虑技术上的局限、资源上的局限和时间局限等；冲突特性的解决；留意那些有可能需要改变或省略特性的建议；优先级是决定人们所建议的相关特性的首要因素；与管理层协商，即与管理层确定战略，而不是实现这个目标的各种手段及对技术人员沟通技巧的注意。

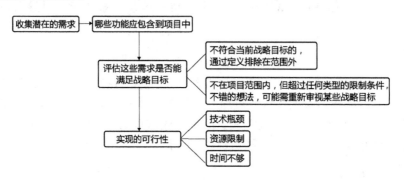

图 10-7　确定需求优先级的流程

范围层就是编制产品需求文档(Product Requirement Document，PRD)，并确定需求优先级。图 10-8 给出了一个互联网产品的需求文档结构示例。

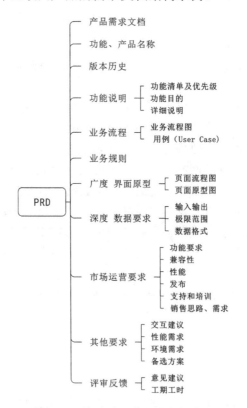

图 10-8　某互联网产品需求文档结构

10.4 结 构 层

结构层的作用是在收集完用户需求并将其排好优先级后，为网站创建一个概念结构，将这些分散的片段组成一个整体，即完成信息架构与交互设计。结构层关心的是理解用户、用户的行为模式和思考方式等内容，包括交互设计、概念模型、差错处理、信息架构设计和团队角色和流程等内容。

10.4.1 交互设计

交互设计关注于影响用户执行和完成任务的选项，包括关注于描述"可能的用户行为"、同时定义"系统如何配合与响应"这些用户行为；追求软件与用户的"和谐"。

10.4.2 概念模型

概念模型实质上是用户对于"交互组件将怎样工作"的一种预期。一个概念模型可以反映系统的一个组件或是全部。在交互设计中，概念模型常被用来维持应用方式的一致性。要厘清是内容元素、访问的位置，还是请求的对象？例如购物网站里的购物车，无论是视觉表现还是使用方式，都与超市购物车一样。使用用户熟悉的概念模型，能使用户尽快适应并熟悉网站。

10.4.3 差错处理

在产品的使用过程中，用户出现这样或那样的差错是难免的。差错处理就是当人们出差错的时候，系统将如何反应？如何防止用户继续犯错？一般来说，差错处理有以下方式。

(1) 将系统设计成不可能犯错的那种。

(2) 使差错难以发生。万一发生时，系统应该帮助用户找出差错并改正它们。

(3) 系统应该为用户提供从差错中恢复的方式。最知名的例子就是 Undo(重做)功能。

(4) 当将要出现或已经出现了无法恢复的错误时，系统应提供大量警告，使用户对后果有足够的了解。

10.4.4 信息架构

信息架构侧重于设计组织分类和导航的结构，让用户能高效、有效地浏览网站的内容。

1. 分类体系

信息架构要求创建分类体系，该分类体系将会对应并符合网站目标，包括满足用户需求愿望的功能，以及那些将被合并进网站中的内容。分类体系有自上而下和自下而上两种(见图 10-9)。

自上而下(Top-down)，即从"网站目标与对用户需求的理解"开始，直接进行结构设计，先从满足决策目标的潜在内容与功能开始分类，然后按逻辑细分出次级分类。这种方法的局限性是会导致内容的首要细节被漠视。自下而上(Bottom-up)，即根据对"内容和功能需求分析"的结果，从已有资料开始，把该资料放到最低级别的分类中，然后将它们分别归属到高一级的类别。这种方法的局限性是会导致架构过于精确反映现有内容，而不能灵活地容纳未来的变更或增加。一个有效结构的属性，应该具备"容纳成长和适应变动"的能力，能把新内容作为现有结构的一部分容纳进来，也可以把新内容当成一个完整的新部分加入。

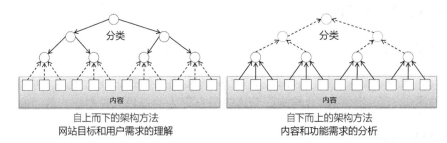

图 10-9　信息分类的两种方法

2．结构化方法

信息架构的基本单位是节点(Node)，可以对应任意的信息片段或组合。节点的组织需要遵从组织原则，即限定哪些节点要编成一组，哪些要维持独立的标准。不同内容可使用用户(例如消费者、企业集团、投资者)编组、地区编组、时间编组等。总之，应创建一个与"网站目标"和"用户需求"相对应的、易于理解的结构。

一般来说，网站最高层级应用的组织原则，应与"网站目标"和"用户需求"紧密相关，而在结构中较低的层级，内容与功能需求的考虑将对所采纳的组织原则产生很大影响。截面是内容不同的属性的一个视图，错误地使用截面往往会比没有使用截面更糟糕。通常，节点的安排方式有层级结构(Hierarchical Structure)、矩阵结构(Matrix Structure)、自然结构(Organic Structures)和线性结构(Sequential Structures)等类型。

3．语言和元数据

语言，也称命名原则(Nomenclature)，是描述标签和网站所应用的一类术语。要使用"用户的语言"且"维持一致性"，常用网站应用的一套标准语言"控制性词典(Controlled Vocabulary)"来保障一致性，也可使用分类词典(Thesaurus)，即常用但未纳入该网站标准用语的词汇，以供选择。元数据(Metadata)就是"关于信息的信息"，是一种结构化的方式描述的内容。控制性词典或分类词典对于建立包含有元数据的系统特别有用，好的元数据不仅能帮助用户迅速地运用已有的内容创造出适合用户需求的一个新部分，还能提供更可靠的搜索结果。

信息架构常用架构图表示。架构图是描述网站结构的工具术语、结构化方法，架构图通常包含哪些类别要放在一起、哪些保持独立、交互过程中哪些步骤如何相互配合等内容。

10.4.5　团队角色和项目流程

团队角色主要用来明确"谁负责这件事情"。项目流程则是对项目组成各分块间关系的描述。视觉辞典(Visual Vocabulary)是一个很直观的工具，常被用来描述从简单到复杂的系统结构(见图 10-10)，其中每个模块都与明确的团队角色相对应。

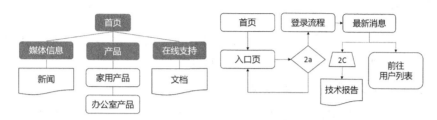

图 10-10　视觉词典：简单流程(左)；复杂流程(右)

　　结构层是对用户的理解及其工作和思考方式的把握，用概念模型整合了分散的信息片段。通过交互和信息架构设计，为用户提供结构化的交互体验和分类导航，如图 10-11 所示。

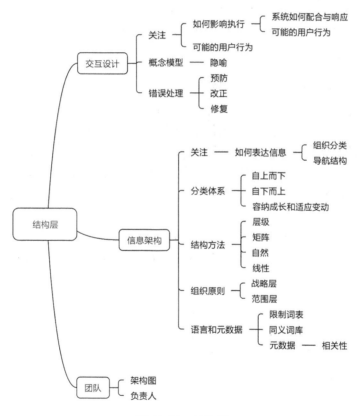

图 10-11　结构层

10.5　框　架　层

　　框架层主要进行详细的界面外观、导航和信息设计，需要对充满概念的结构层中大量的需求和结构进行进一步的提炼，使晦涩的结构变得更实在、具体、易懂。主要包括界面

原理篇　用户体验设计的原理与方法

设计、导航设计和信息设计。

10.5.1 界面设计

界面为用户提供做某些事情的能力，用户通过与它交互才能真正接触到那些在"结构层的交互设计中"确定的"具体功能"。界面设计要遵从以下原则。

1. 界面设计要尊重习惯，但非保守

当一种新界面有很明显的好处时，应尝试打破习惯、采用新界面，但要有充分、明确的理由；要避免在网站环境里使用比喻(Metaphor)，以减少对用户"在理解和应用网站功能"时的心理要求。

2. 成功的界面设计能让用户一眼就看到"最重要的东西"

这就要求程序员为用户想完成的任务选择正确的界面元素，并通过方便理解和易于使用的方式，把他们放置到页面上去。具体包括要考虑到"边缘情况"，要组织好用户最惯常采用的行为，同时让这些界面元素用最容易的方式获取和应用；要注意对 HTML 和 Flash 的处理及 Flash 的采用。

3. 重视错误提示以及对说明信息的设计

重视错误提示以及对说明信息的设计，包括提供及时的信息反馈；对于出错的部分给出简单明确的错误信息及其说明。采用简洁明了、生动有趣的信息提示对于用户阅读反馈信息很重要，比如让用户知道系统在做什么？进展到了哪一步？给用户足够的交互自由度，并对可能出现的错误予以技术提示。对于已经发生的错误，不仅要能重做，还要给出详尽的解释和避免错误发生的指导，以及采用能避免错误发生的容错技术(Fault Tolerant)等。

可交互元素布局是界面设计的关键，成功的界面设计要能让用户一眼就看到"最重要的东西"。图 10-12 是几种主界面框架设计的示例，其中最重要的元素被置于醒目的位置。

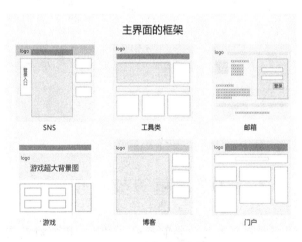

图 10-12　几种主界面框架设计

10.5.2　导航设计

导航设计是实现用户在界面元素与信息之间穿越的重要手段。任何一个网站的导航设计都必须完成以下三个目标：一是必须提供给用户一种在网站间跳转的方法(真实有效的链接)；二是必须传达出这些元素和它们所包含内容之间的关联，包括这些链接之间有什么关系？是否其中一些比别的更重要？至关重要的是哪些链接对用户是有效的？三是必须能够传达出它的内容和用户当前浏览页面之间的关系。

常见的网站导航方式有全局导航、局部导航、辅助导航、上下文导航、友好导航和远程导航等。图 10-13 给出了一个导航设计的示例。

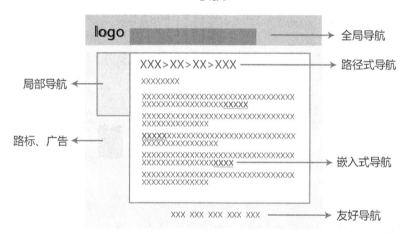

图 10-13　导航设计

10.5.3　信息设计

信息设计指对信息呈现方式的设计，重点是如何展现这些信息。信息设计的最终目的是反映用户的思路，支持任务和目标的实现。常见的信息设计方法有指示标识(Wayfinding)和线框图(Wireframe)/页面示意图等。

线框图可以确定建立在基本概念结构上的架构、指示视觉设计的方向。它包含了所有在框架层做出的决定，并用一个文档来展现它们，这个文档也常被作为视觉设计和网站实施的参考。线框图设计一般遵循通过安排和选择界面元素来整合界面设计、通过识别和定义核心导航系统来整合导航设计、通过放置和排列信息组成的优先级来整合信息设计等原则。图 10-14 是一个网站线框图的示例，展示了界面、导航和信息设计的整合结果。图 10-15 给出了框架层的内容及其内部关联，包括界面外观、导航和信息设计的具体内容。

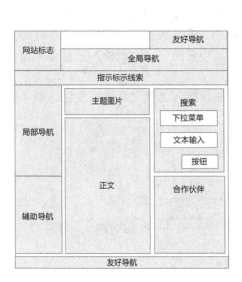

图 10-14 网站线框图设计

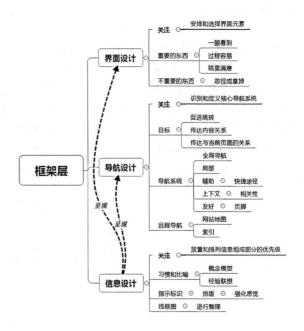

图 10-15 框架层内容及其关联

10.6 表 现 层

表现层是内容、功能和美学的汇集，形成的最终设计将满足其他四个层面的所有目标。其核心是视觉设计，重点在于解决"完善网站框架层的逻辑排布"的视觉呈现问题。表现层的视觉设计要注意以下问题。

10.6.1 忠于眼睛

评估一个视觉设计方案要看其"运作是否良好"。如视觉设计给予它们的支持效果如何？网站的外观使结构中的各个模块之间的差别变得不清晰、模棱两可了吗？是否强化了结构，使用户可用的选项清楚明了？而评估一个页面的视觉设计的标准就是"忠于眼睛"。比如用户的视线首先落在什么地方？哪个设计要素在第一时间吸引了用户的注意力？它们是对战略目标很重要的东西吗？用户第一时间注意到的东西与设计的目标是否一致？成功的页面设计，用户眼睛移动的轨迹模式应有两个特点，即视线遵循的是一条流畅的路径、避免跳跃；不需要太多提示就能为用户进行有效的选择提供某种可能的"引导"。

10.6.2 对比和一致性

对比是帮助用户理解页面导航元素之间关系的常用手法，同时也是传达信息设计中的概念群组的主要手段。比如将重点元素赋予高亮度，与周围形成对比，造成视觉突出的效果等。一致性是使网页设计有效地传达信息的一种途径，例如基于网格的布局，能有效反映分组信息。视觉设计的一致性一般需要重视内部一致性和外部一致性的问题。一致性设计的目的，归根结底是降低用户交互的认知负担。

10.6.3 配色方案与排版

配色方案(Color Palette)和排版(Typography)最直接的影响是品牌识别和品牌形象效果的传达。比如通过选择不同的色调和字体，可以使重要的内容更醒目、更突出。对一个企业来说，网页的配色也是企业标示系统(Corporate Identity System，CIS)重要的组成部分。单从视觉上讲，色彩作为企业标示远比名称、商标等文字性标示更易于受到关注，识别度也更高。好的页面的排版，可以产生聚类的视觉效果，也让页面信息显示更有条理。同时，也是实现清晰、自然导航的必要手段。例如将页面相关的部分聚类，并按类别划分成不同的区域、赋予不同的色彩，这种做法可改善用户对页面内容的"第一眼"印象，提高网站黏度。

10.6.4 设计合成品与风格指南

设计合成品(Design Composite)是网站最终的可视化产品，也是视觉设计领域中对线框图最直接的模拟物。

风格指南文档也称品牌指南，是对网站视觉设计的每一方面从最大到最小范围内的所有元素的限定。它是影响到产品的每一个局部的全局标准，也是某一模块或网站功能的具体标准(包含各个层级的标准，从独立界面到统一的导航元素)。风格指南的作用是保证网站整体的视觉一致性、提升辨识度，有时也能起到传递企业文化和理念的作用。比如 IBM公司崇尚的深蓝色调，作为一种公司风格配色，常用在其网站、宣传品、展台等上面，展现着蓝色巨人的博大和深邃，就像知识的海洋般浩瀚(见图 10-16)。

图 10-16 IBM 网站风格

原理篇 用户体验设计的原理与方法

网站最终合成品的设计，要遵从风格指南文档的要求，具体包括设计网格、配色方案、字体标准或标志应用指南；某一模块或网站功能的具体标准；预防随着员工的变动，而使企业集体失忆，丧失对企业标示的认知；使所有人遵循一套统一的标准来运作，使网站看起来是一个有机的、协调一致的整体。图 10-17 是亚马逊网站的视觉设计实例。

图 10-17　亚马逊网站视觉设计效果

用户体验五要素，为互联网网站开发和建立良好的网站用户体验，提供了方法学上的指导。它通过对表现、框架、结构、范围以及战略五个层次的深入剖析，揭示了这样一个事实，即好的用户体验并不取决于产品是如何工作的，而是取决于产品是怎样与用户发生联系并起到它应有的作用的。

虽然用户体验是一种纯主观在用户使用产品过程中所建立的感受，但是，詹姆斯·加瑞特认为，对于界定明确的用户群体来说，用户体验的共性是可以通过一些良好的设计实验去认知的；同时，通过对用户体验五要素的正确把握，设计开发具有良好用户体验的网站也并非是遥不可及的。

思　考　题

1. 简述用户体验的要素及其内涵，并试分析这些要素对提升用户体验的作用，说明原因。

2. 应用本章所学内容，试分析网站 Top-down 和 Bottom-up 设计方法的优缺点。

3. 试选定一个常用网站，应用本章内容分析其实现的特点与不足之处。

4. 试自选一款电子产品，应用本章讲述的用户体验要素方法，给出从战略层到表现层的设计过程，列出每一层的要点及注意事项，并说明最终设计产品的用户体验是如何保障的。

    5. 表现层的核心是视觉设计。试结合某一流行网站，利用本章所学内容，分析其视觉设计的得失。

    6. 试分析交互设计与用户体验设计之间的关系，思考用户体验之设计与不可设计的辩证关系，并说明如何提升产品的用户体验。

原理篇 用户体验设计的原理与方法

第 11 章

用户体验质量的测试与评价

  用户体验质量(Quality of Experience，QoE)是对体验品质的度量，指通过把构成产品的软、硬件系统按其性能、功能、界面形式、可用性及交互性等方面与某种预定的标准或者预想进行比较，进而做出判断。一个成功的产品一定是用户体验好的产品。

11.1 用户体验质量的概念

用户体验质量是用户在一定的客观环境中对所使用的产品或服务好坏的整体感受，包含了三个方面，即用户、产品或服务以及环境。

11.1.1 用户体验质量评判的要素

用户体验质量评判的要素，是指在用户体验评价中起到显著影响的因素的集合。由于人类感觉的复杂性和产品的多样性，体验要素并没有确切的标准可供借鉴，它因产品或服务而异，也与用户对象及其属性(文化背景、生理特征等)密切相关，同时还受到社会与自然环境的制约(见图 11-1)。产品或服务的可用性是影响用户体验质量的关键要素之一。

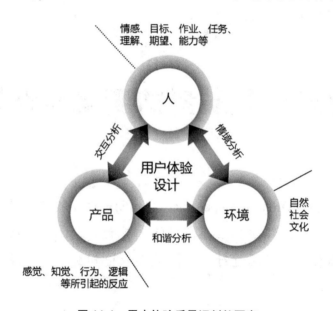

图 11-1 用户体验质量评判的要素

从宏观上看，美国学者杰西·詹姆斯·加瑞特(Jesse James Garrett)将用户体验要素划分成了战略层、范围层、结构层、框架层和表现层。罗伯特·鲁宾诺夫(Robert Rubinoff)于 2004 年发表的论文中，提出了网站的用户体验四要素(见图 11-2)，即品牌、可用性、功能性和内容，认为只有这四方面共同作用才能产生一个积极的用户体验。有学者按体验的类型划分成感官体验，即呈现给用户视听上的体验，强调舒适性；交互体验，即用户操作上的体验，强调易用/可用性；情感体验，即用户心理感受，强调友好性；浏览体验，即用户浏览时的感受，强调吸引性；信任体验，即给用户的信任度，强调可靠性。也有学者按需求层次理论将用户体验定义为五个要素(见图 11-3)，即漂亮——对应于感觉需求；合用——交互需求；高兴——情感需求；尊重——社会需求；自信——自我需求。

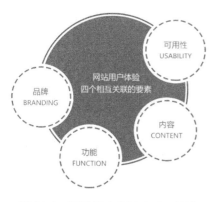

图 11-2　网站用户体验宏观四要素

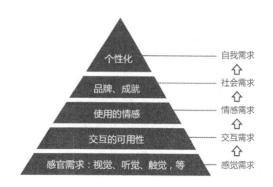

图 11-3　基于需求层次的宏观用户体验要素

　　微观方面的用户体验要素，主要指能创建积极体验的关键组成部分，例如对网站来说包括信息构建、信息设计、工作流程、资源转换、界面设计和跨平台的兼容等，其中信息构建是网站体验的核心。也有人将前述类型细化成数十个子项来构成体验评估的微观要素。用户体验调查表(User Experience Questionnaire，UEQ)是美国 SAP 公司开发的一套定量分析微观用户体验的工具，它让用户结合问卷上一系列的细化指标回答，在使用产品或服务中的感受、印象和态度，系统会自动生成覆盖体验多个方面的量化表。例如在易用性方面，包括高效(Efficiency)、易懂(Perspicuity)和可信任(Dependability)三个指标；在感官方面，包括吸引度(Attractiveness)、激励性(Stimulation)和新鲜度(Novelty)等指标(见图 11-4)。

　　用户在使用产品时的心理负荷(Mental Workload)水平，也直接影响着主观满意度。心理负荷是和体力负荷相对应的概念，即在进行一项操作或完成一个任务时所要花费的心思和承受的心理压力。在心理学上，耶基斯-多德森(Yerkes-Dodson)定律描述了心理唤醒水平(Arousal)和操作绩效(Performance)之间倒 U 型的关系，而心理负荷和唤醒水平又正向相关(见图 11-5)。美国航空航天局(NASA)基于此定律开发了认知负荷量表(NASA-TLX)来测量用户完成一项任务时的心理负荷水平，这是目前适用范围最广、效度最好的心理负荷量表之一，它从微观上将影响用户心理负荷的因素细分为六个维度，包括心理需求(Mental Demand)、体力需要(Physical Demand)、时间需要(Temporal Demand)、绩效(Performance)、努力程度(Effort)和挫败感(Frustration)(见图 11-6)。通常被试者在这六个维度上对自己的行为进行打分，再根据对应各维度不同的权重计算出最终的心理负荷指数。

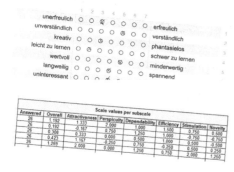

图 11-4　微观用户体验调查表

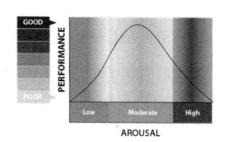

图 11-5　耶基斯-多德森定律曲线

通常，体验质量评判的要素需要在体验设计理论的指导下根据产品或服务的特点结合研究人员的经验来确定，并且需要在研究过程中不断评估并修正其定义偏差。

11.1.2 用户体验质量评价的意义

通过对各个开发阶段的用户体验质量的评价，及时发现存在的问题，可使产品的迭代开发目标更明确、过程更高效。开展用户体验质量评价，首先需要认识用户体验的价值，理解其意义所在。这里存在两个误区，一是试图把用户体验工作的贡献从全部工作的贡献中分离出来；二是把"用户体验的价值"等同于"用户体验人员的价值"。事实上，在产品开发前、中、后期，都需要体验研究员、设计师和产品经理等一起合作来改进产品体验质量。其中在产品开发前期和中期的用户体验工作最为重要，这时的探索和验证能极大程度地减少产品研发过程中可能出现的错误和风险。

用户所关心的是最终的、综合呈现的体验效果，而不是哪些人、在哪个产品环节上做出了一个好的用户体验(体验的全局性)。所以用户体验质量的评价是完全融入产品研发与运营全程的，也是关乎产品成败的关键工作。

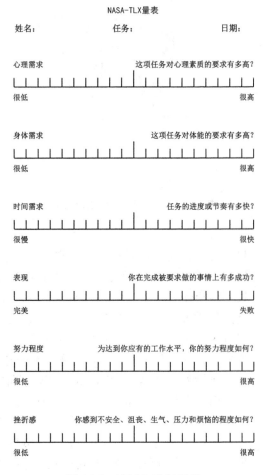

图 11-6 NASA-TLX 量表

11.2 常用用户体验测试方法

用户体验测试指借助定性和定量的方法，对用户的生理、心理和行为等相关指标进行的测量。其意义在于，通过给用户指定任务，在用户执行任务的过程中发现产品或服务体验的不足，为产品设计优化提供客观、科学的依据。

11.2.1 用户体验测试流程及注意事项

通常用户测试过程包括测试前的准备、测试及测试后总结三个阶段。

1. 测试前的准备

1) 编写测试脚本

测试脚本也称测试方案，是用户测试的一个提纲。测试任务的制定一般由简至难，或者根据场景来确定。明晰用户需求是制定高质量的用户测试脚本(方案)的前提，一般由访谈或问卷、量化和评估用户需求等步骤来得到结果。

2)　用户招募+体验室的预订

用户测试一般需要 6～8 人，也可酌情增减；男女比例要符合产品目标用户比例，并要考虑将来会使用或者很可能使用该产品的目标用户；根据测试目的不同可选择新手、普通或高级用户。在时间紧迫时，如只是为了简单地发现产品存在哪些可用性问题，也可让公司内部员工充当用户、参与测试。正规的用户测试要在体验室进行，不仅需要录音、录屏，还需要观察人员观察用户的具体操作，并做详细的记录。因此测试前需要进行体验室的预订。在非正式情况下，一台笔记本电脑、一间会议室也可以进行用户测试，虽然简陋，但足以完成对基本可用性问题的发现。

2. 测试

一切准备就绪后，就可以开始进行用户测试了。测试时需要一名主持人在测试间主持测试，1～2 名观察人员在观察间进行观察记录。过程需要录音、录屏，以备后期分析。测试时尽量不要对用户做太多的引导，以免影响测试效果。具体的步骤包括向用户介绍测试目的、测试时间、测试流程及测试规则；签署保密协议并填写基本信息表；让用户执行指定任务，尽量边做边说，说出自己操作时的想法和感受；收集用户反馈；对参试用户表示感谢等。

3. 测试后总结

测试后需要撰写测试报告，并将测试结果与相关人员进行分享，具体有主持人与观察人员要进行即时沟通，确定体验问题的分级并汇总简要的测试报告，以抛出问题为主，不做过多的建议。报告确认后，召开会议将测试结果与相关人员进行分享。确定产品发布前需要进行优化的具体问题并进行分类，明确解决问题的责任人。关键是要落实到人。

通常，进行用户体验测试需要注意关注之前没有关注到的问题。要在初期就介入并贯穿于整个开发生命周期中。要系统规范，有测试规划和系统的反馈或报告。

11.2.2　用户体验测试方法

用户体验测试方法有定性和定量两大类，也可根据测试的阶段分为形成性(阶段性)测试和总结性测试。前者是在产品开发的不同阶段对阶段产品或原型进行测试，目的是发现尽可能多的体验问题。后者的目的是横向评估多个版本或者多个产品，输出评估数据进行对比。一般经典的用户研究、可用性测试等方法，都可以用来指导开展用户体验测试。下面介绍几种典型的体验测试方法。

1. 认知预演

认知预演(Cognitive Walkthroughs)是由德国计算机和认知学家克莱顿·刘易斯(Clayton Lewis)和凯瑟琳·沃顿(Cathleen Wharton)等在 1990 年提出的。该方法首先要定义目标用户、代表性测试任务、每个任务正确的执行顺序、用户界面等，然后进行行动预演，并不断地向用户提出问题，如能否建立任务目标、能否获得有效的行动计划、能否自主采用适当的操作步骤、能否根据系统的反馈信息评价任务是否完成等。任务完成后，对执行过程进行评价，诸如应该达到什么效果、某个行动是否有效、某个行动是否恰当、某个状况是否良好等，最终得到用户体验的定性度量。其优点在于，能够使用任何低保真原型，包括纸原型；缺点在于评价人并非真实的用户，未必能很好地表征用户的特征。

2．启发式评估

启发式评估(Heuristic Evaluation)方法是由雅各布·尼尔森(Jakob Nielsen)和罗尔夫·毛里克(Rolf Molich)在 1990 年提出的。该方法通常由多位专家(一般 4～6 人)参加，根据可用性原则反复浏览系统各个界面，独立测试系统。允许用户在独立完成测试任务之后，讨论各自的发现，共同找出可用性问题，给出体验感受。其优点在于专家决断比较快、使用资源少，能提供综合测试结果，测试机动性好。不足之处一是受到专家的主观影响较大；二是没有规定任务，会造成测试目标的不一致；三是测试后期，由于测试人的原因可能造成信度降低；四是专家与用户的期待存在差距，这意味着所发现的问题可能仅能代表专家的体验感受。

3．用户测试法

用户测试法(User Test)指让用户真正地使用产品或服务，由实验人员对过程进行观察、记录和测量。用户测试可分为实验室测试和现场测试，前者是在实验室里进行的，而后者则是到实际使用现场进行观察和测试。测试之后，测试人员需要汇编和总结测试中获得的数据并进行数据分析。比如完成时间的平均值、中间值、范围和标准偏差，以及用户感受、成功完成任务的百分比、对于单个交互用户做出各种不同倾向性选择的直方图表示等。然后对分析结果进行评估，并根据体验问题的严重和紧急程度排序，撰写最终测试报告。

近年来，新技术的发展给用户体验测试带来了更为科学的手段，譬如眼动仪、行为分析系统和脑电仪等新的实验设备，已被广泛应用于用户体验研究。

11.3　用户体验质量的评价方法

按照是否有用户直接参与评价及是否给出用户体验质量(QoE)与其影响因素之间的关联模型，可以将现有的 QoE 评价方法分为主观评价、客观评价及主客观结合三类。其中主客观结合的方法又称为伪主观评价方法。按照评价方法所采用的学科知识，则可将 QoE 评价方法分为基于统计学的评价方法、基于心理学的评价方法、基于人工智能的评价方法和基于随机模型的评价方法。

11.3.1　基于统计学的评价方法

基于统计学方法的 QoE 评价方法，具有可进行评价指标之间及评价指标与 QoE 相关性的分析、降低评价复杂度等特点，比如判别分析、回归分析等方法。具体步骤如下。

1．评价指标之间相关性的分析

评价指标之间相关性的分析具体做法如下。

(1)　要尽可能多地收集影响 QoE 的多个变量，并对这些变量量值进行 KMO(Kaiser-Meyer-Olkin)检验。KMO 检验统计量是用于比较变量间简单相关系数和偏相关系数的指标，通常取值在 0 和 1 之间，越接近于 1 意味着变量间的相关性越强。Kaiser 给出了常用的 KMO 度量标准：KMO＞0.9 以上表示非常适合；0.8＜KMO≤0.9 表示适合；0.7＜KMO≤0.8 表示一般；0.6＜KMO≤0.7 表示不太适合；KMO≤0.5 表示极不适合。一般认为，KMO＞0.6 以上，就可以进行因子分析：

$$\text{KMO} = \frac{\sum\sum_{i \neq j} r_{ij}^2}{\sum\sum_{i \neq j} r_{ij}^2 + \sum\sum_{i \neq j} a_{ij}^2} \tag{11-1}$$

其中，r_{ij}^2 代表两变量间的简单相关系数；a_{ij}^2 为两变量间的偏相关系数。简单相关系数可以通过求解所有变量的相关矩阵的逆矩阵来获得，即：

$$r = \frac{\sum_{i=1}^{n}(X_i - E(X))(Y_i - E(Y))}{\sqrt{\sum_{i=1}^{n}[X_i - E(X)]^2}\sqrt{\sum_{i=1}^{n}[Y_i - E(Y)]^2}} \tag{11-2}$$

这里，X，Y 代表两个相关变量矩阵；$E(X)$代表 X 的期望值；n 代表变量的个数。

(2)　利用主成分分析法(Principal Components Analysis，PCA)进行因子提取，并且进行旋转。主成分分析法是一种对数据集进行降维的方法，它通过一个线性变换将变量映射为一组因子，然后依次取方差最大的前 m 个因子，并确保这 m 个因子累计贡献率达到85%～95%。

(3)　进行结果处理，包括对得到的每个因子进行命名。因子的命名应能解释其代表的含义。然后再计算每个因子的值，以便以后利用这些因子进行问题的分析。

【例 11.1】对某 3G 网络下视频质量 QoE 的评价。

采用主观参数因子分析法，主观参数可分为质量层面和情绪层面，这里仅介绍质量层面主观参数的分析。首先对质量层面的主观参数进行 KMO 检验，得到表 11-1 给出的参数。

表 11-1　QoE 质量层面的主观参数

质量层面	KMO=0.75
内容	5 个级别
合适性	5 个级别
音频质量	5 个级别
图像质量	5 个级别
流畅性	5 个级别
音/视频同步	5 个级别

由于 KMO 的值大于 0.6，所以可以用 PCA 方法进行数据降维。降维的主要过程是，首先将这些数据进行标准化处理；其次利用主成分分析(Principal Component Analysis，PCA)方法和方差极大旋转方法进行处理；最后对这些主成分进行可靠性分析，得出的最终结果如表 11-2 所示。通过 PCA 处理，可以将质量层面的参数用两个不相关的参数，即空

间质量(Spatial Quality)和时间质量(Temporal Quality)来代替。这样质量层面的参数从 6 个变成了 2 个，大大降低了原问题的复杂度。

表 11-2　质量层面的 PCA 分析

第 1 个主成分(空间质量)		
方差解释		**可　靠　性**
43.26%		克朗巴哈系数=0.73
问题条目	因子载荷	公因子方差
内容	0.83	0.71
音频质量	0.72	0.57
合适性	0.72	0.52
图像质量	0.56	0.66
第 2 个主成分(时间质量)		
方差解释		**可　靠　性**
18.91%		$r=0.28$，$p=0.00$
问题条目	因子载荷	公因子方差
流畅性	0.85	0.75
音/视频同步	0.65	0.53

2．QoE 评价指标与 QoE 之间的相关性分析

每个指标对 QoE 的影响度通常可用统计学中的相关性分析和方差分析来确定。式(11-2)给出的相关系数 r，在某种程度上反映了两变量间的相关关系。但由于抽样误差的影响，根据 r 值的大小来判断两变量间的相关关系时，必须进行显著性检验。表 11-3 给出了上例中 QoE 的 5 个评价指标与 QoE 之间的相关性分析。

表 11-3　QoE 的 5 个评价指标与 QoE 之间的相关性

主　成　分	皮尔逊相关系数	显　著　性
空间质量	$r=0.82$	$p=0.00$
时间质量	$r=0.43$	$p=0.00$
满意程度	$r=0.73$	$p=0.00$
兴趣	$r=0.37$	$p=0.00$
关注级别	$r=0.12$	$p=0.00$

3．QoE 统计学模型与模型验证

在进行了评价指标之间和评价指标与 QoE 之间相关性分析之后，可以采用回归分析和判别分析的方法，来构建 QoE 评价的函数模型。

(1) 若将 QoE 映射为一连续的值，则应采用回归分析的方法建立 QoE 评价模型，如线性回归模型、指数回归模型或对数回归模型。回归分析方法是：首先做散点图以观察曲线的形状。若坐标轴相关点呈团状分布，则表示两变量没有任何关系；如果两变量有关

系，则它们可能是最简单的直线线性关系或非线性关系。非线性关系又分两种：一种是本质线性关系或拟线性关系，这两种情况都可以转换呈线性关系，用最小二乘法求出相关系数；另一种是本质非线性关系，不可转换呈线性关系，仅能用迭代方法或分段平均值方法求解。

(2)　若将 QoE 映射为离散的值，则 QoE 的评价问题就等价为一个分类问题，这时可以采用判别分析法，具体步骤为：选择 QoE 的评价指标；收集数据，得到训练样本，并利用训练样本给出判别函数；对判别函数进行验证分析；输出结果，得出结论。

一般来说，QoE 的函数模型需要进行验证。常用的有自身验证、外部数据验证、样本二分法以及交互验证等。因子分析大多采用统计产品与服务解决方案软件(Statistical Product and Service Solutions，SPSS)来实现，可以节约很多时间；具体请参阅有关说明。

11.3.2　基于心理学的评价方法

基于心理学的评价方法，其本质就是利用心理学领域著名的韦伯-费希纳定律(Weber-Fechner Law)来进行 QoE 的评价。

1. 韦伯-费希纳定律

韦伯-费希纳定律是由德国人古斯塔夫·西奥多·费希纳(Gustav Theodor Fechner，1801—1887)在试验心理学创始人之一的恩斯特·海因里希·韦伯(Ernst Heinrich Weber，1795—1878)研究的基础上，提出的一个关于连续意义上心理量与物理量关系的定律。它描述了物理刺激的程度和它被人感受的强度之间的关系，适用于中等强度的刺激。这种关系通常都呈现一种对数的特征。

1834 年，德国的生理学家韦伯首次提出了人类感觉系统中"最小可觉差"理论，指出当物理刺激程度的变化超过了感官实际刺激程度的一定比例时，感觉系统能够区分出变化，如式(11-3)所示：

$$\frac{\Delta S}{S} = k \tag{11-3}$$

式中，ΔS 为物理刺激的变化量；S 为物理刺激；k 为常数，即人对于某一特定的感官刺激所能察觉的最小改变是个常量。例如实验表明，当手中的物体的重量增加接近 3%时，人们可以感觉到重量的增加，和初始物体重量的绝对值无关。

1860 年，费希纳在韦伯研究的基础上提出了一个假说，即若把最小可觉差作为感觉量的单位，则物理刺激每增加一个差别阈限，心理量增加一个单位。其微分形式如式(11-4)所示：

$$\mathrm{d}P = k\frac{\mathrm{d}S}{S} \tag{11-4}$$

式中，$\mathrm{d}P$ 表示感觉的变化；而 $\mathrm{d}S/S$ 表示最小可觉差。由式(11-3)和式(11-4)可得：

$$P = k \cdot \ln\frac{S}{S_0} \tag{11-5}$$

式中，S_0 为指可被感觉到的最小的物理刺激的程度。式(11-5)就是著名的韦伯-费希纳定律，它揭示了人类感觉系统的基本原理，适用于生理和精神层面，比如人的视、听、味、嗅和触觉及时间感知等。韦伯-费希纳定律也可用于 QoE 方面的研究。

2. 韦伯-费希纳定律与 QoE 评价

这里以通信中语音业务的 OoE 与比特率的关系为例，来说明韦伯-费希纳定律在 QoE 评价中的应用。如图 11-7 所示，将比特率作为唯一变化的因素，变化范围从 2.4kbps 到 24.8kbps，并且利用 PSQA(Pseudo-Subjective Quality Assessment)方法，计算出语音业务的平均主观意见分数(Mean Opinion Score，MOS)。由于图中横坐标经过了对数处理，因此可以更清楚地看出语音业务的 QoE 与比特率成对数的关系。

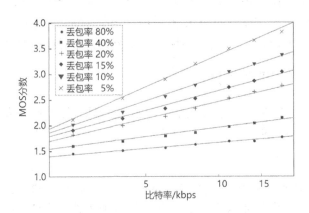

图 11-7　语音业务的 QoE 与比特率间的对数关系

如果将比特率理解为物理刺激、语音业务的 QoE 理解为人的感觉，则运用韦伯-费希纳定律，可以得出式(11-6)：

$$dQoS \propto QoS \bullet dQoE \tag{11-6}$$

可以看出利用韦伯-费希纳定律得出的结论和实验数据相符，即利用韦伯-费希纳定律通过概念映射变换，就可以直接解释语音业务的 QoE 与比特率之间的关系。

需要注意的是，心理学评价方法主要研究的是 QoE 与单一的 QoS(Quality of Service)参数的函数模型，无法解决多影响因素的问题，这也给基于心理学的 QoE 评价方法的应用带来了一定的限制。

11.3.3　基于人工智能的评价方法

基于人工智能的评价方法，指利用人工智能领域的算法进行 QoE 评价，如基于模糊层次分析(Fuzzy Analytic Hierarchy Process，FAHP)和基于机器学习的评价方法等。

1. 基于模糊层次分析法的 QoE 评价

层次分析法是由美国运筹学家托马斯·L.萨蒂(Thomas L. Saaty)于 20 世纪 70 年代初提出的。该方法将与决策总是有关的元素分解成目标、准则、方案等层次，在此基础之上进行定性和定量分析的决策。模糊层次分析法结合层次分析法和模糊逻辑，在一定程度上减少了主观因素对评价的影响，具体如下：

【定义 1】　假设矩阵 $A = (a_{ij})_{n \times n}$ 中 $0 \leqslant a_{ij} \leqslant 1$，则 A 是一个模糊矩阵。

【定义 2】　如果模糊矩阵 $\boldsymbol{A} = (a_{ij})_{n \times n}$ 中 $a_{ij} + a_{ji} = 1$，则 $\boldsymbol{A}$ 称为模糊互补矩阵。

【定义 3】　如果模糊互补矩阵 $\boldsymbol{A} = (a_{ij})_{n \times n}$ 和任意的整数 k 满足 $a_{ij} = a_{ik} - a_{jk} + 0.5$，则称 $\boldsymbol{A}$ 为模糊一致性矩阵。

已知模糊互补矩阵 $\boldsymbol{A}$，其每行的和为

$$r_i = \sum_{k=1}^{n} a_{ik} \tag{11-7}$$

进行以下属性变换：

$$b_{ij} = \frac{r_i - r_j}{2(n-1)} + 0.5 \tag{11-8}$$

则得到模糊矩阵 $\boldsymbol{B}_{ij} = (b_{ij})_{n \times n}$。将计算矩阵 $\boldsymbol{B}$ 每行的元素合并，并进行标准(归一)化处理，就可得到其每一行(层)的权重 $w = (w_1, w_2, \cdots, w_n)$，如下式：

$$w_i = \frac{\sum\limits_{j=1}^{n} b_{ij} + \dfrac{n}{2} - 1}{n(n-1)}, i = 1, 2, \cdots, n \tag{11-9}$$

基于上述定义，利用模糊层次分析法进行 QoE 评价的步骤如下。

(1) 根据决策的条件建立评价问题的递阶层次模型，包括目标层、指标层以及方案层。必要的话，还可以在指标层下面加入子指标层，形成递阶层次。

(2) 对各指标之间进行两两对比之后，然后按 9 分位比率排定各评价指标的相对优劣顺序，依次构造出评价指标的判断矩阵 $\boldsymbol{A}$：

$$\boldsymbol{A} = \begin{bmatrix} 1 & a_{12} & \cdots & a_{1n} \\ a_{21} & 1 & \cdots & a_{2n} \\ \cdots & \cdots & 1 & \cdots \\ a_{n1} & a_{n2} & \cdots & a_{nn} \end{bmatrix}$$

这里，$\boldsymbol{A}$ 为判别矩阵；a_{ij} 为要素 i 与要素 j 的重要性的比较结果，且有：$a_{ij} = 1/a_{ji}$。a_{ij} 有 9 种取值，分别为 1/9、1/7、1/5、1/3、1/1、3/1、5/1、7/1、9/1，分别表示 i 要素对于 j 要素的重要程度由轻到重。常采用 0.1～0.9 标度简化计算，如表 11-4 所示。

表 11-4　短信服务 0.1～0.9 标度

标　　度	说　　明
0.5	两元素同等重要
0.6	一元素比另一元素稍微重要
0.7	一元素比另一元素明显重要
0.8	一元素比另一元素重要得多
0.9	一元素比另一元素极端重要
0.1,0.2	若元素 a_i 与元素 a_j 相比较得到的判断为 r_{ij}
0.3,0.4	则元素 a_j 与 a_i 相比较得到的判断为 $r_{ji} = 1 - r_{ij}$

(3) 计算权重向量。计算模糊互补矩阵 A 中每行(层)的权重，一般有几何平均法(根法)和规范列平均法(和法)两种方法。具体做法是，先将模糊互补矩阵转换成模糊一致矩阵，然后，再计算每一层的权重向量。

(4) 根据步骤(3)的结果，通过对权重的分析计算出最终的各元素对 QoE 的重要程度。

【例 11.2】 利用模糊层次分析法，分析短信服务各分指标对 QoE 质量的影响。

首先，建立短信服务 QoE 的评价体系结构，将短信服务的 QoE 评价指标归纳为可访问性、即时性、完整性、内容质量及可持续性。

其次，找出与每一个 QoE 评价指标关联的 QoS 参数，建立短信服务的 QoE 评价体系(见图 11-8)。

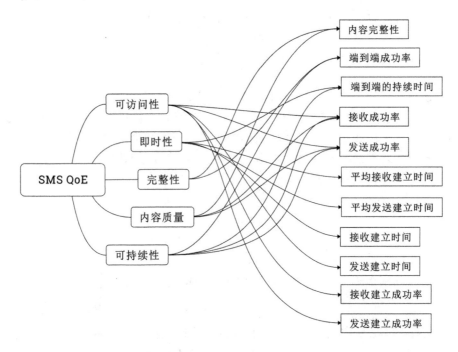

图 11-8 短信服务 QoE 评价体系

然后，确定与短信服务 QoE 相关的各个 QoS 参数的权重。这需要先确定 QoE 评价指标两两比较的值，以及每一个 QoE 评价指标下相关的 QoS 参数两两比较的值，用以构造模糊矩阵。

接下来，按照模糊层次分析法，即可计算得出每个评价对短信服务 QoE 的权重(见图 11-9)，这也是每个分指标对短信服务 QoE 的贡献。同样地，可以得到每个 QoS 参数对短信服务 QoE 的权重(见图 11-10)。

模糊层次分析法方法可以很好地解决多指标以及多层次的问题，但它需要依赖专家的经验，并且无法描述同一层次指标之间的关系，即需要保证同一层指标之间是相互独立的。这也是应用该方法的一个限制。

图 11-9　短信服务 QoE 评价结果

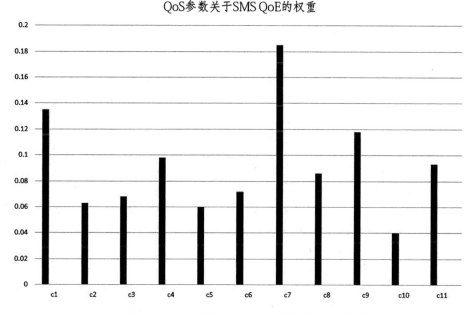

图 11-10　短信服务的 QoS 参数关于 QoE 的权重

2．基于机器学习的 QoE 评价

基于机器学习的 QoE 评价利用现有的机器学习的算法，生成一个将 x 映射为 y 的函数，即 $y = f(x)$ 。这里向量 x 表示影响 QoE 的评价指标； y 表示 QoE 评价结果。具体有决策树和支持向量机(Support Vector Machine，SVM)方法。

(1) 决策树。决策树是一个分层的树状结构的模型，每一个中间节点要选定一个属性(即 x 的一个分量)，并根据这个属性部署一个测试(或者一个问题)，而每一个叶子节点表示一个决策(一个类型或者一个标记)。决策树中一个非常重要的算法是分类预测算法(Iterative Dichotomiser3，ID3)，它是由澳大利亚计算机学家约翰·罗斯·昆兰(John Ross Quinlan)于1975 提出的，也是后来其他决策算法的基础。1993 年昆兰提出了 ID3 的改进算法，即 C4.5 算法，可以处理连续值的属性，训练的数据允许有丢失的值，且有许多对待过度拟合的修剪方法(见图 11-11)，具体步骤包括：①对数据进行预处理，将连续型的数据进行离散化处理，形成训练集；②计算每个属性的信息增益①，从而求出其增益率(概率)，选择信息增益率最大的属性作为当前属性节点，从而获得决策树的根节点；③根节点属性每一个可能的取值对应一个样本子集。对样本子集重复上述过程，直到每一个样本子集不需要再进行分类；④验证决策树的性能，例如有出现过度拟合的现象时，要对决策树进行修剪。

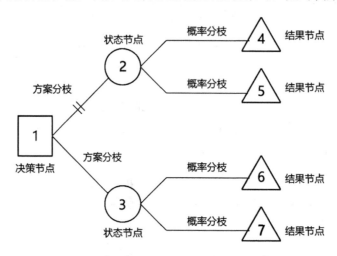

图 11-11　C4.5 决策树算法

C4.5 决策树算法的优点是产生的分类规则易于理解，准确率较高。缺点是在构造树的过程中，需要对数据集进行多次的顺序扫描和排序，因而算法的效率较低。

(2) 支持向量机。它是丹麦计算机学者柯瑞娜·考提斯(Corinna Cortes)和俄罗斯统计学家弗拉基米尔·纳乌莫夫·万普尼克(Vladimir Naumovich Vapnik)等于 1995 年提出的算法，是从线性可分情况下的最优分类面发展而来的。它采用了保持经验风险值固定、最小化置信界限的策略，在解决小样本、非线性及高维模式识别中，表现出许多特有的优势，可以分析数据、识别模式，广泛应用于分类和回归分析，也是机器学习中常用的算法。

假设记号 X 表示由一组分量 x_i 组成的向量；记号 X_i 表示在数据集中的第 i 个向量；y_i 表示数据 X_i 的标记；向量 X 的集合称为特征空间；一个二元组 (X_i, y_i) 表示一个样本，则一个线性分类器的线性鉴别函数可表示为

$$f(X) = w^T X + b \tag{11-10}$$

其中，w^T 代表线性鉴别函数 $f(X)$ 的斜率矩阵。构造式(11-10)线性鉴别函数的步骤为：首先，使每个类别的样本点到鉴别函数所对应的超平面的最小距离相等并且最大；其次，令这些到超平面距离最小的样本点对应的鉴别函数值为 1 或-1。这样支持向量机解决的分类问题就可以转换为带有约束条件的优化问题：

$$\min\left(\frac{1}{2}\|w\|^2\right), y_i\left(w^T X_i + b\right) \geqslant 1, i = 1, 2, \cdots, n \tag{11-11}$$

---

① 在概率论和信息论中，信息增益是非对称的，用以度量两种概率分布 P 和 Q 的差异。信息增益描述了当使用 Q 进行编码时，再使用 P 进行编码的差异。通常 P 代表样本或观察值的分布，也有可能是精确计算的理论分布。Q 代表一种理论、模型、描述或者对 P 的近似。

引入一组拉格朗日因子 λ_i，则式(11-11)转化为下面的优化问题：

$$\max_i\left\{\sum_{i=1}^n \lambda_i - \frac{1}{2}\sum_{i=1}^n\sum_{j=1}^n \lambda_i\lambda_j y_i y_j x_i^{\mathrm{T}} x_j\right\}, 0 \leqslant \lambda_i, i=1,\cdots,n, \sum_{i=1}^n \lambda_i y_i = 0 \qquad (11\text{-}12)$$

考虑到数据线性可分性，可以通过引入松弛因子 $\xi_i > 0$ 来增大超平面到两类样本(线性可分与不可分)之间的距离，则有：

$$\min\left(\frac{1}{2}\|w\|^2 + C\sum_{i=1}^n \xi_i\right), y_i\left(\boldsymbol{w}^{\mathrm{T}}\boldsymbol{X}_i + b\right) \geqslant 1-\xi_i, i=1,2,\cdots,n \qquad (11\text{-}13)$$

其中 $C > 0$。同样，引入拉格朗日因子 λ_i，则有：

$$\max_i\left\{\sum_{i=1}^n \lambda_i - \frac{1}{2}\sum_{i=1}^n\sum_{j=1}^n \lambda_i\lambda_j y_i y_j x_i^{\mathrm{T}} x_j\right\}, 0 \leqslant \lambda_i \leqslant C, i=1,\cdots,n, \sum_{i=1}^n \lambda_i y_i = 0 \qquad (11\text{-}14)$$

利用 SMO(Sequential Minimal Optimization)算法就可以解决式(11-13)或式(11-14)的优化问题。SMO 算法是由微软研究院的约翰·C.普拉特(John C. Platt)在 1998 年提出的，是目前最快的二次规划优化算法。有了式(11-13)或式(11-14)的优化结果 $\boldsymbol{w}^{\mathrm{T}}$，就可以得到式(11-10)的鉴别函数 $f(\boldsymbol{X})$，进而实现 QoE 的评价。

除了上面介绍的线性支持向量机，也可以构造非线性的支持向量机，基本思路是：利用一组非线性函数，将原特征空间映射到新特征空间，在新的特征空间设计线性支持向量机。支持向量机对 QoE 的评价结果通常是一个二分分类，即可接受与不可接受。如果将 QoE 分为 $n(n > 2)$ 个级别，就需要在每两个类别之间构造一个超平面，即共需构造 $\binom{n}{2}$ 个超平面，这大大增加了算法的复杂度。在机器学习的 QoE 评价中往往综合应用多种方法，然后对这几种方法得到的结果进行比较，最终确定合适的评价模型。

11.3.4　基于随机模型的评价方法

随机模型指一种非确定性模型，其变量之间的关系是以统计值的形式给出的。由于用户之前的体验会对当前体验造成较大的影响，所以需要更科学地模拟用户的这种体验过程。因此有学者尝试用随机模型来进行 QoE 评价，隐马尔可夫模型(Hidden Markov Model，HMM)便是其中之一。HMM 是由美国数学家莱昂纳德·E.鲍姆(Leonard E. Baum)等于 20 世纪 60 年代后期提出的一种统计分析模型，是一个双重随机过程——具有一定状态数的隐马尔可夫链和显式随机函数集，广泛应用于语音、行为及文字识别以及故障诊断等领域。下面以隐马尔可夫方法为例介绍基于随机模型的评价思路。

【例 11.3】利用隐马尔可夫方法建立 3G/4G 网络中的视频流媒体业务的 QoE 评价模型。具体内容如下。

1．评价参数体系

利用 HMM 评价流媒体业务的第一步，是构造在 3G/4G 中通用的视频流媒体评价参数体系，如图 11-12 所示。其中，EQoS(End-to-end QoS)参数代表端到端服务质量；SQoS(Storage QoS)参数反映的是网络为业务提供服务的能力；ESQoS(End-to-end Service QoS)参数反映的是端到端的业务，它从 QoE 参数映射得到，可以量化和测量。

原理篇　用户体验设计的原理与方法

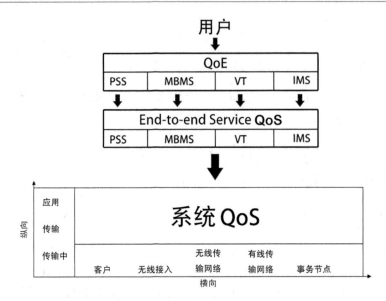

图 11-12　视频流媒体的 QoE 评价参数体系

2．评价模型的建立

QoE 评价的隐马尔可夫模型用五元组 $\lambda = (N, M, \pi, A, B)$ 来描述，其中 N 表示隐马尔可夫模型状态的数目，即隐马尔可夫模型中马尔可夫链的状态数；M 表示模型中每个状态可能观察值的数目；A 表示中状态之间的转移概率矩阵；B 表示每一状态下每个观测值对应的概率矩阵；π 表示初始时每个状态的概率。

当考虑用户之前体验对当前体验造成的影响时，引入两个假设：①用户对服务的主观体验能够以会话为单位进行讨论，即每经过一次会话，用户就可以形成对服务的一个整体感知；②仅仅前一次会话的用户体验会对当前的体验造成影响。

在此基础上，基于隐马尔可夫的 QoE 评价模型建模过程如下。

(1) 以会话为单位，将用户的体验序列化。即有几次会话就可以有几次完整的用户体验，而且这些体验存在先后顺序。

(2) 利用平均主观意见打分(MOS)方法，将每次会话的用户体验进行量化，将 MOS 中的 5 个等级分别作为隐马尔可夫模型的 5 个状态，如图 11-13 所示。

(3) 将每次会话的 ESQoS 参数作为隐马尔可夫模型的观测值。这样就确定了隐马尔可夫模型中的状态和观测值表示的含义。

(4) 确定 π，A，B 等参数。由于 ESQoS 具有多个分量，而且是连续的，直接利用 ESQoS 参数进行训练，可能会使问题变得非常复杂，因此可以利用主成分分析(Principal Component Analysis，PCA)方法对 ESQoS 参数进行降维处理，然后将得到的主成分进行离散化。将离散化后的主成分作为隐马尔可夫模型的观测值，这样就可以用鲍姆–韦尔奇(Baum-Welch)算法进行参数估计。

通过以上步骤，就建立了基于隐马尔可夫的 QoE 评价模型 $\lambda = (N, M, \pi, A, B)$。更详细的介绍，请参阅隐马尔可夫模型相关介绍书籍。

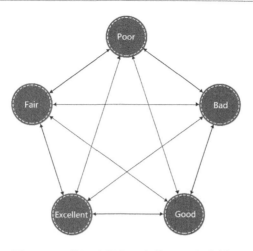

图 11-13　基于隐马尔可夫的 QoE 评价模型

3．评价模型的验证与不足

对基于隐马尔可夫的 QoE 评价模型性能的分析，可以利用自身验证、外部数据验证以及交互验证等方法来进行。事实上，在获得 QoE 评价模型的具体参数值之后，QoE 的评价问题就等价于如何利用一次或者连续的多次会话的 ESQoS 参数形成的观测序列对隐马尔可夫模型状态序列进行估计。这等于 HMM 的解码问题可以利用 Viterbi 算法进行求解。Viterbi 算法是一种动态规划的算法，其复杂度为 $O(K^2 L)$，其中 K 表示状态个数；L 表示序列长度。

尽管基于隐马尔可夫的 QoE 评价模型克服了用户体验的后向影响，但也存在一些不足之处。比如该评价模型基于前面的两个假设，若这些假设不符合实际或和实际差别较大，那么基于隐马尔可夫的 QoE 评价就失去了合理性，模型的训练也比较复杂。对于某些服务，用户可能不会在较短的时间内连续体验多次，因此后向影响可忽略不计，这时基于隐马尔可夫的模型就不再具有优越性。

思　考　题

1．试述用户体验质量评判的要素。

2．试述用户体验的测试方法及其注意事项。

3．试查阅用户体验质量的评价方法有几种，试针对其中一种评价方法详述其过程。

4．试用模糊层次分析法评价大屏手机的用户体验，假定其关键指标为屏幕尺寸、续航时间、电池大小、接口个数、系统功能多少、手机体积等要素。

5．针对一款自己选定的产品，试应用本章内容，设计对该产品进行测试与体验质量评价的方案。

原理篇　用户体验设计的原理与方法

应用篇

用户体验设计的应用

用户体验设计不仅仅是一门跨学科的新技术，更是一种新的思维方式和理念。它不仅适用于像工业制品这类有形产品体验的设计，也同样适用于像服务这类无形产品体验的设计。产品特性的差异决定了其交互的特殊性，产品的复杂性也决定了其体验设计方法的多态、多样性。譬如，在开展用户体验设计时，有形产品通常着重于物理刺激带来的交互体验，而无形产品则更在意心理层面的交互感受。

产品设计、视觉设计、互联网设计和服务设计，是当前最有代表性的几个用户体验设计典型应用领域。正像许多有经验的用户体验设计专家在实践中所体会到的，不同的领域应用对象的不同，造成其交互感受的来源和特性有所变化，故其体验设计的策略和方法也各有侧重、不尽相同。例如工业制品的感受往往来自产品整体的交互性，因而其体验设计偏重功能、可用性和技术细节；视觉交互感受的重点在心理层面，因而创意就显得更重要一些；互联网产品的使用感受主要源自信息交互，所以信息架构就成了突出问题；对服务设计来说，无接触不服务有一定道理，故而服务接触点的识别就变得十分重要。

本篇以产品和互联网体验设计应用为例，对典型应用领域的实践经验进行总结。来自大量专家的心得和感悟，或不足以概括体验设计应用之全貌，也无意以此来约束读者的思维，但作为基本的参考和遵循，相信就学习用户体验设计来说，对于开阔视野、引导创新、启迪独立的批判性思维和原创设计智慧，无疑会起到抛砖引玉的作用。

第 12 章

产品的用户体验设计

　　产品体验通常不是指产品是如何工作的，而是指产品如何与外界联系并发挥作用的。尽管对体验效果的追求来说没有最好只有更好，但是好的用户体验无疑都是为用户感觉的提升而设计的，是设计师在实现其产品理念的过程中对用户心理和感受高超把握艺术的体现。本章内容所涉及的"产品"概念，特指有形的物品。

12.1 产品体验设计的概念

产品体验设计指让消费者参与设计，把服务作为"舞台"、产品作为"道具"、环境作为"布景"，力图使消费者在商业活动过程中感受到美好体验的过程。它注重人本理念，让体验的概念从开发的最早期就进入整个流程并贯穿始终。其目的包括对用户体验效果有正确的预估；认识用户的真实期望和目的；在功能核心还能够以低廉成本加以修改的时候，依据体验目标对设计进行修正；保证功能核心同人机界面之间的协调工作，减少设计缺陷。

产品的体验设计一般有两种形式，即改良式设计，是针对已有产品，通过用户体验的测试与评估，进行改进；参与式设计，是针对全新的产品，让用户参与到设计过程中来，通过原型-体验-修正，并不断迭代和完善，直到满足用户的体验需求。

一般来说，产品通过设计语言与用户进行交流，这包括造型、材质、表面处理、色彩、细节及性能表现，也包括产品有何功能、可以做什么、如何做到，以及它如何操作、它的格调、听起来如何等因素，这些都属于产品体验设计要考虑的内容。

12.2 产品用户体验的层次

产品的要素决定了其对体验的影响。在不同的需求层次上，产品要素对体验的影响也不尽相同。依据马斯洛的需求层次理论，可以把用户对产品的需求依体验作用划分为功能性、可靠性、易用性、智能性，以及愉悦和创造性五个层次(见图 12-1)。

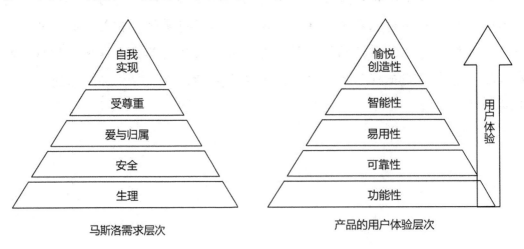

图 12-1 产品的用户体验层次

12.2.1 产品的功能性体验

产品功能(Functionality)指这个产品所具有的特定职能，是产品功用或用途的总和。产品的功能可分为使用功能与审美功能，前者指产品的实用价值；后者指利用产品特有的形态来表达产品的不同美学特征及价值取向，让使用者从内心情感上与产品取得一致和共鸣的功能。使用功能和审美功能是一件产品的功能的两个方面，代表着产品的不同属性。依据侧重点的不同，可以将产品概括为三种类型，即功能型产品、风格型产品和身份型产品。无论哪种类型，产品的功能都与顾客需求的满足和体验度密切相关。

产品功能一般包含三个层次的体验内涵：①基本功能，也称核心功能，指产品能为顾客提供的基本效用或利益的功能，包括产品特性、寿命、可靠性、安全性、经济性等；②心理功能，也称产品的中介功能，指产品满足消费者心理需求的功能，是产品的外部特征和可见形态，如品牌的知名度、款式、包装等；③附加功能，即产品的连带功能，指产品能为消费者提供各种附加服务和利益的功能，如使用示范或指导、售前售后服务等。

12.2.2　产品的易用性体验

产品易用性(Usability)指产品容易使用的程度，是让用户容易接近、学会和有效使用产品，进而获得良好使用体验的关键所在。它主要解决如何让用户在生理和心理上接受产品、正确有效地实现产品功能的问题。产品易用性包括：①易懂性，指能轻易了解产品的功能，认知负担低；②易学性，指能轻松有效掌握使用方法；③易记性，指隔段时间再次使用时不需要重新学习，记忆负担轻；④易对性，指减少使用时可能出现的犯错率。

需要注意的是，即便是功能、界面和环境都相同的产品，对于不同的用户来说易用性也可能是不同的，因为用户的认知能力、知识背景、使用经验等都不尽相同。

12.2.3　产品的可靠性体验

可靠性(Reliability)指产品在规定的条件下、规定的时间内，无故障地执行指定功能的能力。规定条件、规定时间和规定功能是可靠性定义的三个要件。

产品可靠性包含耐久性、可维修性、设计可靠性三大要素，一般可通过可靠度、失效率、平均无故障间隔等来评价。虽然可靠性与产品寿命密切相关，二者却不是同一概念，不能认为可靠性高，寿命就长，也不能认为寿命长的产品，其可靠性就必然高。通常所说的高可靠性指产品完成要求任务的把握性高，而长寿命则指产品可以工作很长时间且性能良好。产品的用户体验一般与其可靠性成正比例关系。

12.2.4　产品的智能性体验

产品的智能性指产品自己会"思考"，会做出正确判断并执行任务。它有时也表现为行为自治的特点，例如生产线上带视觉的智能机器人能根据视觉计算决定对工件的操作方式、物流中心的智能 AGV(Automated Guided Vehicle)小车能根据感知情况决定是前进、后退或停止；智能驾驶汽车能在某种程度上代替人工进行自动驾驶等。

产品的智能性体验的本质，是通过微电子和信息技术应用，使产品具备部分类人的智力，从而在发挥其功能的过程中，代替人脑做部分决策，大幅度降低人类的操作负担。谷歌公司阿尔法狗(AlphaGo)的成功表明，智能产品大规模走进人们的日常生活已为时不远了。

12.2.5 使用的愉悦感和创造性体验

愉悦感即快感，是人大脑中的快感中枢接收到良性刺激而产生的兴奋。刺激可以来自外界，如形式感觉直接引起快感或不快感、语言等无形因素通过意识处理产生快感或不快感；也可以来自内部，如人体内部的生理性刺激或精神行为所产生的刺激。刺激因(对象)、对刺激的反应(行为)和反应刺激的品性(主体)，是快感现象最基本的因素。研究发现，高技能者对给定目标的胜任感更高、自治性更强，对总体任务的愉悦感也更高。

创造性体验(Creative Experience)是人的一系列主动生产或制作产品的活动，包括有限的创造性体验(简单的组装，如 IKEA 家具)和完全的创造性体验(产品的最终形式不受限制，如原创绘画、设计等)。制约用户创造性思维水平的两个关键条件，①是否给出最终产品形式(如 IKEA 家具，最终形式有图画展示)；②是否给出操作说明或方向(如操作步骤或工具说明书等)。

如何让用户在使用产品时既能感到满足和愉悦，又能充分发挥自己的创造性，是体验设计很重要的方面。唐纳德•亚瑟•诺曼(Donald Arthur Norman)在其《设计心理学》著作中指出，愉悦和创造性体验可以通过对产品在用户本能层、行为层和反思层面相关要素的设计来体现。

12.3 产品体验设计的一般过程

产品设计师通常通过把体验设计的理念贯穿到完整的产品设计过程中来达到实现良好体验的目的。一般来说，产品体验设计可以划分为需求分析、概念设计、详细设计与验证、产品发布与售后服务四大阶段(见图 12-2)。

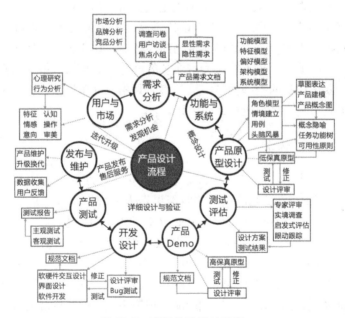

图 12-2　产品体验设计流程

12.3.1　需求分析：发现机会

产品体验设计的第一阶段，就是要在公司战略框架的范畴内发现市场机会，主要工作内容包括用户研究、需求分析、明确设计目标等。

1．用户研究

用户研究，是一种理解用户、将其目标需求与企业商业宗旨相匹配的方法。其首要目的是帮助企业定义产品的目标用户群，明确、细化产品概念，并通过对用户的任务操作特性、知觉特征、认知心理特征的研究，将实际需求映射为产品设计的导向和约束，使产品更符合用户的习惯、经验和期待。用户研究包括用户群特征、产品功能架构、用户认知模型和心理模型、用户角色设定等内容。用户研究过程包括前期用户调查(如访谈法等)、情景实验(观察法、眼动、脑电实验等)、问卷调查、实验与数据分析、建立用户模型等步骤，最终形成总的《用户研究分析报告》文档。

2．需求分析

需求分析，指从用户提出的需求出发，挖掘用户内心真正的目标，并转换为产品需求的过程。用户需求有显性和隐性需求，通常包括功能需求、性能需求、可靠性与可用性需求、故障处理、交互界面、使用约束、逆向需求、将来可能提出的要求等。挖掘用户需求的方法是多种多样的，如用户访谈、调查问卷、焦点小组、讲故事、群体文化分析和图解思维等。场景分析是挖掘用户动机的一种有效方法，如基于用户动机的需求分析就是通过在指定的场景里的行为模拟来发现用户深层次需求，它一般需要考虑时间(When)、地点(Where)、情景细节(With What)、人物(Who)、任务(What to do)、行为(Action)、方法(Methods)等内容(见图 12-3)。

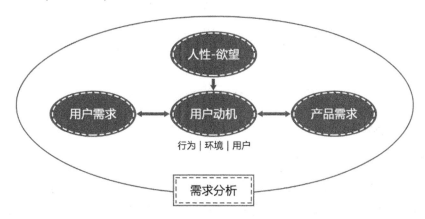

图 12-3　基于动机的需求分析框架

3．需求决策

需求决策，指对产品需求分析的最终敲定。它有三个基本考虑因素，即战略定位、产品定位和用户需求。战略定位决定了产品的位置；产品定位决定了哪些需求是必要的、哪

用户体验与系统创新设计

些是多余的，同时也影响着对用户需求的取舍。决策不仅要考虑需求的价值(包括广度、频度、强度和时机)，还需要注意用户重要性、需求的适用性和需求的可实现性等方面。

4．需求分析的一般过程

上述需求分析阶段的工作可归纳为识别需求、需求分类、需求权重确定、需求规格说明、评审五个步骤(见图 12-4)，并且在产品生命周期的每个迭代发展阶段都需要适时地审视、修订用户需求规格，评价产品体验，把变化及时地反馈给各相关工作小组。需要注意的是，在每个步骤中都要以企业战略定位、产品定位和用户体验原则作为指导思想，这有助于设计师厘清需求的本质，从源头开始把握产品体验的质量。

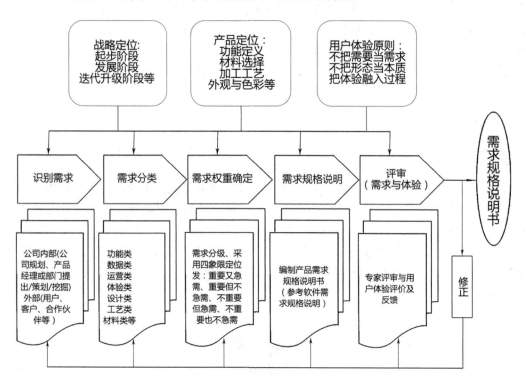

图 12-4　面向体验的需求分析一般过程

12.3.2　概念设计

1．概念、设计概念与概念设计

概念是人对能代表某种事物或发展过程的特点及意义所形成的思维结论。它是反映事物本质属性的思维形式，是人们在实践的基础上经过感性认识上升到理性认识而形成的。设计概念是设计者针对设计所产生的诸多感性思维进行归纳与提炼所产生的思维总结，是一种设计的理念。概念设计则是由分析用户需求到生成概念产品的一系列有序的、可组织的、有目标的设计活动，它表现为一个由粗到精、由模糊到清晰、由抽象到具体的不断进化的过程。"概念设计"一词最早出现在前联邦德国学者格哈德·帕尔(Gerhard Pahl)和沃尔夫冈·拜茨(Wolfgang Beitz)等于 1984 年出版的设计经典教材《工程设计学：一种系统

240

的方法》(*Engineering Design:A Systematic Approach*)中，被描述为：在确定设计任务之后，通过抽象化、拟订功能结构，寻求适当的作用原理及组合等，确定出基本求解途径、得出方案的那部分设计工作。

2. 概念设计的特征

概念设计有五个方面的含义，即可行性论证、哲理观念的思考、文化主题及特征的论证、基本空间模式及结构方略和创新方向的探索。因此它具有设计内容的概念性、设计思维的创新性、设计理念的前瞻性、是情感的表现和体验的载体等特征。

概念设计的重点之一在于给人们提供一种感官品质和情感依托，并借由情感的力量来和用户形成互动、共鸣，带来某种期望的体验。其优势主要表现在分析角度的全局性、对策方案的框架性和人本、环保、智能化等方面。概念设计强调理论依据的正确性与权威性、演绎推理的严密性与逻辑性、思维理念的前瞻性与创新性、方案成果的思辨性与可比性，这些都和创造性思维有着紧密的联系，因此在现实中概念设计常被冠以创新、创意的前缀。

3. 概念设计的流程

从过程来看，概念设计主要包括功能设计、原理设计、布局设计、形态设计和初步结构设计五部分(见图 12-5)，其工作往往呈现出高度的创造性、综合性、全局性、战略性及经验性，体现着设计的艺术性。一旦概念设计被确定，方案设计的 60%～70%也就被确定了。

1) 功能设计

功能设计指按照产品定位的初步要求，在对用户需求及现有产品进行功能分析的基础上，对新产品应具备的目标功能系统进行概念性构建的创造活动。它是设计调查、策划、概念产生、概念定义的方法，也是产品定位及实施的关键环节，体现着市场导向的作用。其设计依据是消费者的潜在需求和功能成本规划，具体内容有设计调查与产品规划、功能组合设计、功能匹配设计、功能成本规划四个部分。

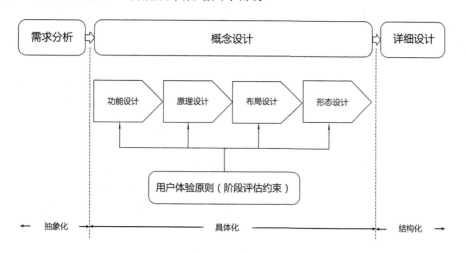

图 12-5　面向体验的概念设计流程

(1) 设计调查与产品规划，指原则性地指出产品开发的方向或可能的方向，可以由最初的产品创意(即用户定位)或基本功能配置来确定。由此就可以产生最早的产品设想(Idea)或课题(Topics)，或改进产品设计的思路(Approach)。具体步骤为：

第一步：概念的产生。概念的产生是产品规划的核心，概念产品通常是最初的整体性、原则性、创新性和导向性的产品功能和载体描述，不涉及具体细节。功能设计检核表常被用来拓展概念生成的思路，这是由美国创造学和创造工程之父、头脑风暴方法发明者亚历克斯·费克尼·奥斯本(Alex Faickney Osborn)于 1941 年在其著作《创造性想象》中提出的一种启发创新思维的方法，核心是改进，或者说关键词是：改进！基本做法是：首先选定一个要改进的产品或方案，然后面对需要改进的产品或方案或者一个问题，从不同角度提出一系列的问题(见表 12-1)，并由此产生大量的思路；最后根据第二步提出的思路，进行筛选和进一步思考、完善。

表 12-1 奥斯本检核表法

检核项目	含 义
能否他用	现有的事物有无其他的用途、保持不变能否扩大用途；稍加改变有无其他用途
能否借用	能否引入其他的创造性设想？能否模仿别的东西？能否从其他领域、产品、方案中引入新的元素、材料、造型、原理、工艺、思路
能否改变	现有事物能否做些改变？如颜色、声音、味道、式样、花色、音响、品种、意义、制造方法。改变后效果如何
能否扩大	现有事物可否扩大适用范围？能否增加使用功能？能否添加零部件？延长它的使用寿命，增加长度、厚度、强度、频率、速度、数量、价值
能否缩小	现有事物能否体积变小、长度变短、重量变轻、厚度变薄，以及拆分或省略某些部分(简单化)？能否浓缩化、省力化、方便化、短路化
能否替代	现有事物能否使用其他材料、元件、结构、力、设备力、方法、符号、声音等代替
能否调整	现有事物能否变换排列顺序、位置、时间、速度、计划、型号？内部元件可否交换
能否颠倒	现有事物能否从里外、上下、左右、前后、横竖、主次、正负、因果等相反的角度颠倒过来用
能否组合	能否进行原理组合、材料组合、部件组合、形状组合、功能组合、目的组合

第二步：概念的评估与筛选。概念选择指用需求或其他标准评估概念，并进一步选择一个或多个概念，是一个收敛的过程。具体方法有：外部决策、团队负责人感觉、多数人意见、原型与测试和决策矩阵等方法。如英国设计师、全面设计(Total Design)方法的发明者斯图亚特·帕夫(Stuart Pugh)于 1991 年提出的选择矩阵(Selection Matrix)方法，常被用来快速缩小概念数目，并优化概念。此处篇幅所限，不再引述，建议读者参阅相关资料。

第三步：概念开发。经过评估和筛选之后，少数或单个方案就进入深入开发程序。一般由产品经理和相关专业人员分别负责一个方案的开发，最后形成具体的设计方案和任务书，明确目标和成本估算，再经过评审后就可以选出最终的概念方案了。

(2) 功能组合设计。功能组合(Function Combining)指系统功能构成元素定性配置的状况或过程。功能组合设计指在产品市场定位(特别是功能定位)的基础上，以产品为单位对使用者所需功能所做的定性的、系统的选择与配备，是创造新组合的功能创新设计。假定某商品包含 m 种功能，它们各自独立，只能构成 m 种商品(不考虑功能量的不同)；但若以各种方式组合，则可形成数量惊人的品种，比如 $n(n<m)$ 种功能的可能组合就有 $C_m^n = m!/n!(m-n)!$ 种。这也被称为是功能的组合效应。市场细分、功能组合效应为功能创新提供了需要和可能的空间。

(3) 功能匹配设计(Function Matching Design，FMD)，指在功能组合设计基础上，确定系统中各功能在数量及数量关系上的协调配合，避免功能过剩或不足，实现各功能在数量上最优配置整合的创造性过程。不同功能数量的各种适配及其相互关系的各种协调方式称为功能匹配效应，也是商品多样性的来源之一。如 Lite-On P&C 公司设计的一款变形鼠标用雕塑黏土作为填充材料，外敷一层尼龙聚亚氨酯混合布层，用户可以将其揉捏成任何形状，其客户化概念在匹配设计上是一大创新，获得了 2007 年德国"红点(Red Dot)"设计概念奖。

(4) 功能成本规划(Function-cost Planning，FCP)，指从企业战略的角度对产品的功能构成及其成本做出的规划。功能和成本是一个问题的两面，成本决定了可赢利的销售价格。功能和价格必须全部为市场买方接受，产品才有可能成功。过高的产品定价势必影响产品的市场销路，而过低则直接影响企业的利润。产品的高价格往往需要给用户一个合适的理由，如任何外观和象征功能都常常被用来作为索取高价的理由。

2) 原理设计

原理设计指针对产品所配置的功能进行原理性构思、提出方案的设计过程，其本质是原理方案的构思与拟定。原理设计的步骤为：首先是对明确的功能目标进行创新构思；其次通过模型试验进行技术分析，验证原理的可行性，并对于不完善的构思进行修改和完善；最后对解法作技术经济的评价，选择出合理的解法作为最优方案(见图 12-6)。

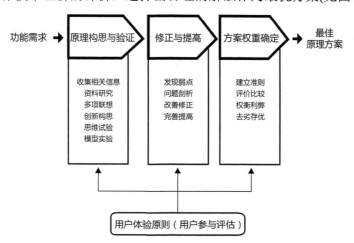

图 12-6　原理设计流程及内容

常用的原理设计求解思路有五种，即几何形体组合法、基本机构组合法、物-场分析法、技术矛盾分析法和物理效应引入法。不同的原理求解思路适用于解决不同的功能类型。

3) 布局设计

布局设计指把一些零部件,按一定要求合理地放置在一个空间内,最终构成产品的整体形态。布局设计可分为一维、二维和三维布局问题,也可分为规则物体(如长方形或长方体物体)和不规则物体的布局问题。它通过对原理方案进行造型、构成、使用情形等方面的分析和设计,在产品外形、零部件关联和人机关系等因素的约束下,形成产品的初始形态。布局设计的过程如图 12-7 所示。

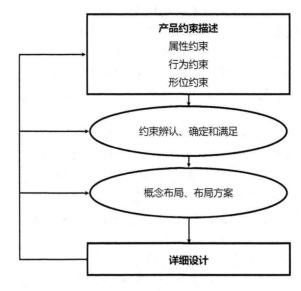

图 12-7 概念布局设计过程

(1) 布局约束,包括属性约束(Attribute Constraints)、行为约束(Behavior Constraints)和形位约束(Layout Constraints)。

(2) 约束的确定与满足。约束满足的本质就是求解布局中的各种约束,具体方法有数学规划法、启发式算法、图论求解法、数值优化算法、遗传算法、聚块布局法、模拟退火算法等。也有学者通过建立约束分层递阶求解模型来进行布局约束的求解。满足约束条件的解给出了属性、行为和形位等方面的尺度及关联关系。这些基本的满足约束条件的解,在一定程度上限定了新产品的粗略框架。

(3) 概念布局方案,指对满足布局约束条件的结果的优选。要注意的是,在传统以数值为基础的优选方法中,还需要引入用户的评价机制,确保在产品设计进化过程中产品体验不至于向不良方向发展。

4) 形态设计

产品形态指通过设计赋予产品的具有功能属性的造型。“形”与感觉、构成、产品结构、材质、色彩、空间、功能等密切联系,是产品的物质形体或外形。“态”则指产品可感觉的外观情状和神态,也可理解为产品外观的情感因素。产品形态包括视觉、触觉、听觉和嗅觉等形态,其分类如图 12-8 所示。概念形态设计,指在确保布局约束的前提下,对产品外观的塑造。产品空间造型、色彩等美学要素是形态设计的重点。

产品的形态(点、线、面、体)、色彩和质感共同构成了完整的产品外观形象,被称为产品形态三要素。影响产品形态的因素有很多，包括功能、结构、机构、材料与工艺、技术、数理(尺度比例)和文化等。形态设计一般遵循极限原理、反向原理、转换原理、综合原理、产品形态的形式美法则和产品符号学等原理。新技术和新理念的出现也影响着形态设计，例如 20 世纪 80 年代的"绿色设计"、90 年代的"生态设计"、21 世纪的"可持续设计"，这些新的设计理念一方面强调新材料和新技术的运用，另一方面，也使产品的绿色设计从原来的"末端治理"发展到了"可循环再回收利用"。此外，还需要把握产品形态与情感的表达，树立正确的体验至上的形态观，这在体验经济时代显得尤为重要。

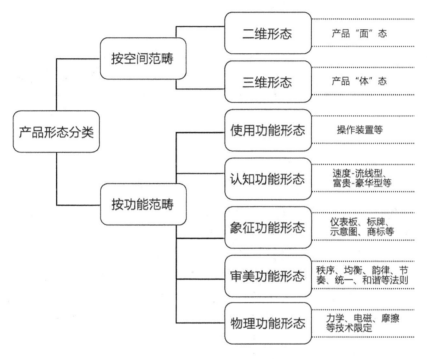

图 12-8　产品形态的分类

12.3.3　详细设计

详细设计指在概念设计方案的基础上，开展各个分项目的细节设计和计算，调整和解决机、电各方面具体的问题和矛盾，最终确定新产品全部的技术性能、结构强度、各种制造设备、材料以及订货的技术要求等。其主要任务是将表述功能原理的机械运动简图和实现功能的原理方案具体化，使之成为产品及其零部件的合理结构。详细设计包括产品结构设计(包括零部件和总体设计)、测试与修改迭代、生产设计三个阶段，其直接产物是产品图纸、工艺规程等技术文档。实践中，这些设计文档要送交企业相关部门进行技术审查，并根据审查意见进行修改后才可以发放用于生产。

1. 结构设计

结构设计，指针对产品的内部结构、机电部分进行的综合设计。结构设计依据概念原理方案，确定并绘出具体的结构图，以体现所要求的产品功能，具有综合性、复杂性和交叉性的特点。具体方法有改进产品结构设计方案、改进产品零部件结构(积木化、整体化、焊接技术和装配新技术的使用)和采用标准化技术等。结构设计的基本要求包括功能设计、质量设计、优化设计、创新设计和扩大优化解空间等方面。构件是构成产品的基础,其结构要素包括构件属性及其连接关系,如几何及表面要素、构件间的连接、材料及热表处理等。结构设计的准则有实现预期功能、满足强度、结构刚度、考虑加工工艺、装配工艺、造型与色彩、考虑用户体验等。

结构设计过程是综合分析、绘图、计算、验证与迭代相结合的过程。不同类型的结构设计中具体情况的差别很大,大致流程如图 12-9 所示。

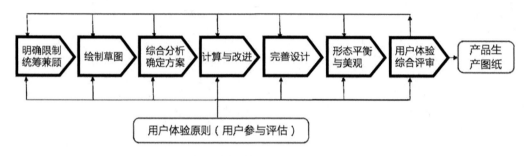

图 12-9 结构设计的一般过程

(1) 明确限制、统筹兼顾。明确待进行结构设计的产品的主要任务和限制,将实现其目的的功能进行分解。然后从实现产品主要功能(指产品中对实现能量或物料转换起关键作用的基本功能)的零部件入手,考虑与其他相关零件的联结关系,逐渐同其他表面一起连接成一个零件。再将这个零件与其他零件联结成部件。最终组合成实现主要功能的产品。之后,再确定次要的、补充或支持主要部件的零部件,如密封、润滑及维护保养等。

(2) 绘制草图。在分析确定结构的同时,粗略估算主要尺寸,并按比例绘制草图,初定零部件的结构。草图中应表示出零部件的基本形状、主要尺寸、运动构件的极限位置、空间限制、安装尺寸等。要注意标准件、常用件和通用件的选用。

(3) 对初定的结构进行综合分析,确定最后的结构方案,找出实现功能目的的各种可供选择的所有结构。评价、比较并最终确定结构,如可通过改变工作面的大小、方位、数量及构件材料、表面特性、连接方式,系统地产生新方案。综合分析的思维特点更多的是以直觉方式进行的,而不是以系统的方式进行的。

(4) 结构设计的计算与改进。对承载零部件的结构进行载荷分析,必要时计算其承载强度、刚度、耐磨性等内容,并通过完善改进,使结构更加合理。同时也要考虑零部件装拆、材料、加工工艺的要求。实践中,设计者应对设计内容进行想象和模拟,从各种角度思考、想象可能发生的问题。这种假想的深度和广度,对结构设计的质量有十分重要的作用。

(5) 结构设计的完善。按技术、经济和社会指标不断完善结构设计、寻找所选方案中的缺陷和薄弱环节,对照各种要求和限制,反复改进。如考虑零部件的通用化、标准化,减少零部件的品种,降低成本,在结构草图中注出标准件和外购件;重视安全与劳保:操作和观察调整是否方便省力、发生故障时是否易于排查、噪音等。

(6) 形状的平衡与美观:考虑直观上看物体是否匀称、美观,即视觉体验评价。外观不均匀时，会造成材料或机构的浪费。出现惯性力时会失去平衡，很小的外部干扰力作用就可能使物体失稳，而且抗应力集中和疲劳的性能也弱。

(7) 用户体验综合评审：邀请专家和典型用户，与企业各部门人员一起，对产品结构设计结果进行体验综合评价，并按需要将评审结果反馈给各设计阶段，进行修正完善。最后，在通过评审的设计草图的基础上，进行生产图纸的绘制和原型的试制。

简而言之，结构设计的过程是从内到外、从重要到次要、从局部到总体、从粗略到精细，权衡利弊，反复检查验证，逐步改进的平衡迭代过程。结构设计阶段的结束以产品的最终设计达到规定的技术要求，同时通过用户体验综合评审，并签字认可作为标志。产品生产图纸及技术文档是结构设计阶段的最终产物。

2．测试与修改迭代

产品详细设计流程的重要的核心是"设计—建立—测试"循环。这一过程包括测试评估、制作产品原型、开发设计和测试验证，最终形成产品测试报告。其实质是对设计的一个不断测试、修改和完善的过程，也包括对用户体验这一关键要素的迭代。

3．生产设计

生产设计，指在总的生产方针前提下，以产品设计的结果为依据，按制造工艺阶段和工艺技术指标，提供生产文件，既反映工艺要求，又反映制造的生产管理过程。不仅使结构设计描述的产品具有可制造性，而且还要尽量发现并改正前面阶段可能存在的错误。产品的生产流程包括工艺审查、工艺路线、材料定额、生产计划、零部件加工制造、产品装配等步骤(见图 12-10)。生产设计的主要作用是针对各种产品类型的特点和规律，选择合适的生产类型，以便合理地组织生产。

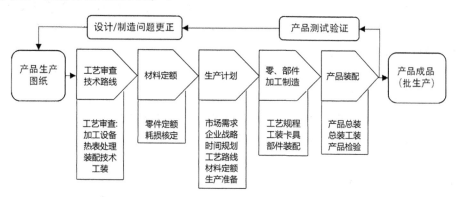

图 12-10   产品生产设计流程

12.3.4   产品发布与售后服务

产品发布与售后服务是产品全生命周期的重要组成部分。但不幸的是，长期以来一直作为辅助过程而被设计师所忽略。

1．产品发布

产品发布会是产品与公众的第一次近距离接触，也是用户建立对产品的第一印象的关键节点。第一印象并非总是正确的，但总是最鲜明、最牢固的，并且常常决定着以后的动向。因此，产品发布应注意产品名称要简洁，朗朗上口，并包含核心关键特征，名称与关键词一致。核心关键词要在品名和描述中有所表现，不能堆砌关键词(第一关键词的填写很重要)。要增加品牌、型号、等级、用途等特征描述，传递信息饱满丰富。产品简要描述及可以适当补充产品面向的市场、原料来源、口碑等内容。产品信息要注意背景清晰，主体突出，也可以适当增加品牌、认证信息等。详细描述要注意避免出现常见误解，也可考虑将买家比较关注的产品的细节特征、参数、质量标准、服务、现货、库存情况等突出展示出来，以及橱窗产品的设置的美化与更新。

2．售后服务

售后服务，指在商品出售以后所提供的各种服务活动，是市场营销最重要的环节，也是经常被企业所忽视的环节。它包括代为消费者安装、调试产品；进行有关使用等方面的技术指导；保证维修零配件的供给，且价格合理；负责维修服务，并提供定期维护、定期保养；为消费者提供定期电话回访或上门回访；对产品实行"三包"，即包修、包换、包退(许多人认为产品售后服务就是为"三包"，这是一种狭义的理解)；及时处理消费者来信来访及电话投诉、解答咨询等方面。企业应高度关注并建立完善的售后服务体系，并适时将客户服务中发现的产品质量和使用问题反馈给设计部门，以便不断改进、迭代和持续完善升级。

12.4 产品体验设计方法

以用户体验为核心的产品设计就是要将设计的注意力始终集中在产品使用者的体验上，并以此为依据来展开各项工作。下面从思考、情感、感官、行为和关联等几个方面，来浅析基于用户体验的产品设计方法。

12.4.1 思考体验设计

思考体验设计也称思维设计，是人们思维的反映，这种方法被广泛应用于高科技产品的推广。它刻意将与产品相关的词设置为讨论话题，引发用户的积极思考，并在思考产品或品牌时有更深的理解与认可，从而接受产品或品牌的命题，或激起兴趣引发用户好奇心。创造性的方式也会使用户获得惊喜，产生兴趣，为用户创造解决问题的体验。思考体验也可以理解为思维(或者幻想、梦想)方式的体验。美好状况的思考引导，能激发客户的购买欲望。

美国伯德·赫伯特·施密特博士(Bernd Herbert Schmitt)在《体验式营销》(*Experiential Marketing*)一书中指出，体验式营销就是站在消费者的感官(Sense)、情感(Feel)、思考(Think)、行动(Act)和关联(Relate)五个方面，重新定义和设计营销的思考方式。这突破了传统上"理性消费"关于消费者在消费时是理性与感性兼具的假设，认为消费者在消费前、中、后期的体验才是研究消费者行为与企业品牌经营的关键。

以产品营销为例，将勾起客户内心深处的梦想意境和商品有机地联系起来，是营销人员在销售产品、讲解功能或价值点时的重点，因为消费者对自己想要购买的商品或服务的了解总是处于一种相对盲区的状态。例如楼房销售，二楼房子的阳台处有树，客户担心会影响采光。如果采用思考体验式营销手法，对这一状况的描述就成为：当清晨第一缕阳光穿透树叶照到您的窗台，晒落在您的身上(引发客户的思考、引导想象出那一幕的美好状况)……诱发客户对于美好生活的思考或者幻想。于是阳台边的树不仅不是问题了，反而还成为选择二楼的理由。当然，抛却楼房质量不提，单纯从房子的楼层、位置来看，很多时候好与坏也的确是很难准确界定的。有时，运用创新性的思考设计，也能唤起客户的想象、激发客户的情感共鸣，这样也会更好地帮助客户理解产品或服务的区别和差异。

12.4.2　情感体验设计

奥地利心理学家西格蒙德·弗洛伊德(Sigmund Freud)对艺术的定义是"艺术乃是想象中的满足"。当人得到满足时紧张的神经就会放松下来，于是便感受到愉悦。艺术设计带给人独特的愉悦感和满足感，美学家们称之为审美体验，它激发了人们的情感，而且使设计与用户之间产生了联系和交流，使之感受到了艺术的美。

在个性化消费时代，产品不再只是一种物的表象，而被更多地看作是人与物、人与人之间沟通的媒介。由产品引起的情感体验包括两部分：初次接触时的感受以及在使用过程中的感受。前者是较为短暂的，会随着时间慢慢淡化，而后者则是细水长流，对人们生活产生更深远的影响。研究表明，引发产品情感体验的因素有三个，即作为情感刺激物的产品本身、产品的价值以及在互动中对产品的评价。当人们评价某一刺激对其是有利时，将能够经历积极的情感体验，反之亦然。好的刺激能与用户产生共鸣，使之获得精神上的愉悦和情感上的满足；不好的刺激则诱发负面的情绪，带来不爽的体验。

情感体验设计着力于从心灵上唤起用户的兴趣，从而实现与用户的沟通，所谓被感动就是这个道理。现代产品设计既要满足人们对功能和纯粹意识的需要，还要满足人们追求一种轻松、幽默、愉悦的心理需求，只有情感体验的持久性和凝聚力才能到达这种目的。

12.4.3　感官体验设计

感官体验主要指人类的五种感觉：视觉、听觉、味觉、嗅觉和触觉。它源于五官对外界的刺激和经验的感受。著名法国设计师菲利普·帕特里克·斯塔克(Philippe Patrick Starck)鲜明地提出了"感官之美"——注重情感需求的感性设计。感官体验设计让人类丰富的感受更多地参与到设计中来，迎合身体感官的产品能使人类感官的享受日益精致化和细微化。人的感觉都源自对于刺激的反应，它们之间是相互联系、彼此沟通的，当我们听到钢琴键盘上弹出的高音时，会感觉到明亮鲜艳的色彩；当我们看到蓝色的时候，会联想到一望无际的大海，感到身心的平静。

感官体验设计还以感觉器官设计为主导，将人与物的关系转变为人与社会的互动，从而实现社会沟通与情感的交流。日本著名设计师原研哉(Kenya Hara)认为，"信息"不是作为无机质数据的堆积，而是人体五官感觉所提供的丰富情趣知觉对象物的体验。人与社会基于"信息"载体的互动，正是通过感官参与社会化交往、沟通的例证。原研哉的这一理念拓展了视觉设计的内涵，说明通过创造视觉作品也可以创造充满活力的体验。

12.4.4　行为体验设计

行为体验设计是指设计师通过设计带给用户的某种经历，是用户赖以感知和区别产品的根本依据。世界上有很多东西并不是在以用户为中心的设计方法的指导下设计出来的，但仍然工作得很好，例如汽车，通过相同的操作装置，任何人都可以学习驾驶。原因是这些对象被设计用来理解产品的行为，这就是"以行为为中心的设计"。在心理学上，对于理解说服和改变行为的方法的研究可追溯到古希腊的亚里士多德(Aristotle)。

用户行为潜藏着深层次的需求和动机，而能力匹配和事件触发则缺一不可，同时这一切又是揣摩及利用用户心理的不二法门。美国斯坦福大学学者 B. J. 福格(B. J. Fogg)提出的福格行为模型(Fogg Behavior Model，FBM)(见图 12-11)指出，动机、能力和触发必须在同一时刻聚合以发生行为；当没有发生行为时，说明这三个元素中至少有一个缺失。利用 FBM 模型，设计人员可以确定是什么阻止了人们行为的发生。同时它也能帮助人们更好地理解行为变化，使曾经模糊的心理学理论通过行为模型观察时变得有组织和更具体。FBM 模型强调三个核心激励因素(动机，Motivation)、六个简单因素(能力，Ability)、三种类型的触发器(Triggers)。在 FBM 中词语"能力"指的是六个简单因素如何在触发器的上下文中协同工作的。FBM 模型具有的特点：一是 FBM 所指的行为是指三个特定元素在某一时刻聚合在一起才会发生的结果；二是 FBM 解释了每个元素子组件的意义，也显示了动机和能力存在某种函数关系，例如如果动机非常高，即使能力很低也同样能完成一个行为；三是 FBM 可直接地应用于实际问题并改变行为设计。FBM 模型解释了 Facebook 是如何将不活跃的用户推向其更大的目标的，即让 Facebook 成为用户的一种日常习惯，自觉遵从习以为常的老规矩，甚至到痴迷的境界。这就是为什么 Facebook 每天能增加 70 万个新用户的原因所在，也是其赢得竞争胜利的根本法宝。

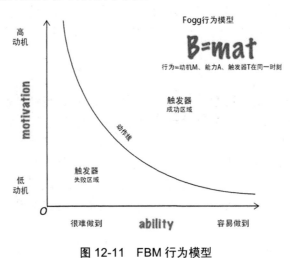

图 12-11　FBM 行为模型

对好的行为体验设计来说，如当需要对用户的交互行为进行设计时，设计师应先在用户地图上映射出所需的行为链——想让用户做的事情或行为(可能不止一个)。接下来，弄清楚如何才能让用户做出第一个行为。然后再弄清楚如何让下一步发生，一步一步地继续这个过程，直到行为链的完成。这时用户就会在不知不觉中按照设计的意图去执行设计师所期望的行为了。

12.4.5　关联体验设计

关联体验是所有体验类型的总和与超越，它包含感官、情感、思考和行为体验等所有层面。它超越私人感情、人格、个性，以及"个人体验"，而且与个人对理想自我、他人或是文化产生关联。

设计不仅要满足人们各种物质和精神需求，也要体现人文价值，传达设计师的理念、思想和情感。每一个产品的设计都是设计美学的人文价值的实现过程，是与用户心灵的交流与互动。关联体验设计正是从这个角度出发，实现人与产品、人与社会之间的价值关系。在这里，人们对于产品的需求也从追求使用价值上升为突出自己的符号。设计是发挥这一作用的"沟通者"，反映着用户的个性与生活方式。

如果说关联体验活动的诉求是自我改进(如想要与未来的"理想自我"有关联)的个人渴望，要别人(如亲戚、朋友、同事、恋人或是配偶和家庭)对自己产生好感，那么关联体验就是让人和一个较广泛的社会系统(一种亚文化、一个群体等)产生关联，从而建立个人对某种品牌或产品的偏好，同时让使用该品牌的人们进而形成一个关联的群体。关联体验已经在许多不同的行业中应用，范围从化妆品、日用品到私人交通工具等，其通过各种体验的建设方式，让品牌和品牌传递的精神产生关联。比如源自英国罗孚集团的 Mini Cooper，曾经是时代的符号，是时尚个性的顾客的首选。但随着技术与销售的滞后，Mini Cooper 曾经陷入一段艰难的时期。1994 年，德国宝马集团收购英国罗孚集团后曾因经营困难被迫卖出原属于罗孚集团旗下的路虎等轿车品牌。但令人们诧异的是，宝马却出人意料地留下了一个最"小"的品牌——Mini Cooper。不仅如此，宝马还决定加大投入，为 Mini Cooper 注入新的活力——设计全新的车型。自 2000 年新一代 Mini Cooper 上市之后，全球的高端小型车已经被这个"小"家伙主导，短短 5 年内在全球 70 多个国家卖出了超过 80 万辆，遥遥领先于其他品牌。时任宝马(中国)Mini 品牌管理副总裁朱江先生说出了这个秘密："Mini 品牌价值的核心是 Exciting，激动人心。进入中国十多年来，Mini 始终致力于将原汁原味的英伦文化和精神传递给中国车迷。"虽然很早就被宝马德系所收购，但始终坚持和英伦文化的强关联。这种关联体验很多情况下体现的是一种生活状态。Mini 所代表的新英伦时尚，从汽车本身，再到英伦文化的物品，已使得消费者视 Mini 为身份识别的一部分。关联体验设计正是通过对产品的消费来体现用户个人所处的社会地位，进而激发其情感关联的。

12.5　产品体验设计基本原则及注意事项

12.5.1　产品体验设计的基本原则

产品的体验设计有其自身的客观规律，一般来说，产品的体验设计应遵守以下十项基本原则。

（1）更多的特性并不一定好，有时反而可能更糟糕。过多的产品特性带给用户最终的体验往往只能是混淆，而且这比技术说明更糟，只有那些书呆子才能看明白那些特性列表。

（2）增加功能并不能使事情变得更简单。简单意味着用最少的步骤来完成一件事。

（3）用户迷惑是毁掉业务的终极手段。因此不要在功能和表述上给用户造成任何混淆，而且，没有什么比复杂的特性和非直觉的功能更容易带给人迷惑了。

（4）风格很关键。尽管一些人可能认为风格是没有价值的东西，但事实上，风格和特性都很重要，至少是同等重要的。对于一个好的用户体验来说，风格与典雅都非常诱人，但风格不仅是外表看起来的东西，它是一个全局的过程，只有华丽的外表包装是不够的。例如，操作简便、功能强大有时候也是一种风格。

（5）只有当一项功能可以提升用户体验时才加上它。如为什么 iPod 会流行？因为它是不需加以说明的。或许使像计算机这样的设备能够简单地使用可能是很困难的，但如果一个产品很复杂，比如强迫让人适应或者让人觉得迷惑，那么它成功的机会是很小的。

（6）任何需要学习的功能，都只会吸引一小部分用户。例如使用户去升级并且使用新特性曾经是软件发行所面对的最大问题之一。因此现在的系统都是一键升级，使用户摆脱烦琐的技术选项。

（7）无用的功能不仅仅是无用，它还会破坏易用性。无用功能会增加使用的复杂性，例如当在一大堆不需要的或者不理解的东西中寻找满意的东西时，带来挫败感有时是巨大的。

（8）用户不会关心技术，他们只想知道产品能做什么。最好的工具就是你并不注意，或者说是自然的工具。例如为什么在头脑风暴时笔和纸仍然非常流行，因为你根本不需要想起它们。多数用户不会关注形式是什么，他们只关注最后的结果和功能能做什么。

（9）忘掉关键功能，关注最重要的用户体验。让技术在不经意间实现人们期望的东西，让它知道如何融入人们的希望或期望而不会分散人们的注意力，这就是技术充分发挥它的潜力的时候。不幸的是，要实现这点并不是很容易。

（10）简洁很难，因此少就是多。只是堆积特性，通常很难将一件简单的事情做到极致。二八原则在这里也适用：始终做好用户要做的 20%的重要事情，将会带来很好的用户体验结果。

12.5.2 产品体验设计的注意事项

"好的体验设计一定是建立在对用户需求的深刻理解上"，这句话被许多设计师视为设计的天条，如何设计出具有优秀用户体验的产品，是交互设计师始终面临的一道难题。现在市场上到处充斥着直接抄袭而没有认真理解设计原因的设计，充斥着难以让人使用、但美其名曰高科技的设计，充斥着连基本的美学原理都违背了的设计，充斥着差不多可以了的设计，充斥着无法展现品牌、无差异性的设计……也许，反思一下什么是不好的产品体验设计会对设计师有一定的帮助。图 12-12 给出的是一些不好的体验设计。

图 12-12　不好的产品体验设计表现

产品体验设计需要注意以下五个事项。

1．用户体验的核心是用户需求

体验的核心不是设计，而是需求的满足。如果脱离了需求，一个设计再漂亮的产品都无法与用户产生共鸣。绝大多数用户看到产品的第一反应是这个有什么用、能带来什么价值，这才是体验的核心。用户拒绝产品的唯一理由是无法产生共鸣，看了半天也不知道它究竟有什么用。

2．超出预期的才叫用户体验

如果做到的跟别的产品一样，那叫功能，不叫体验。在 KANO 模型中，魅力品质才会给用户带来难以忘怀的印象。体验是一种口碑，是那种超出预期的东西带来的。例如美国拉斯维加斯一个酒店，当客人走出酒店时门童会奉上几瓶冰冻矿泉水，尽管饮用水是免费的，但这带给客人的是超出预期无微不至的关怀，其体验是不言而喻的。

3．体验需要让用户可以感知

用户能够感知才能够产生感受。例如一个运营商推广 CDMA 手机，其卖点是绿色无辐射，绿色是主旋律、无辐射避免产生脑癌，这个卖点很好，但没有成功。失败的原因是因为很少有用户感觉到辐射的存在。再如智能电视有十大功能卖点，但用户买回家一个都不用，会产生体验吗？用户不用的东西，是伪需求，没有体验。

4．体验在于细节，要关注细节

市场上的竞品大的功能都差不多，这时用户感知的东西往往就在细节方面。这需要设计师用敏感的心去感受细节的内容。例如大酒店一晚上千元的住宿费，通常认为客户不会在乎几十元的上网费，但实际再让用户多掏一百元的上网费就会感觉很心痛。相比几百元的经济酒店免费上网，带给用户的感受是完全不同的。

5．用户体验一定要聚焦，"伤其十指，不如断其一指"

体验设计很多时候需要面面俱到，全方位系统地思考。如果把有限的资源分布在众多方面，势必造成比较优势不突出。好的体验应该是在众多的体验要素中找到一个或有限几个作为突破点，所有成功的产品都会有这样一个突破点，通过聚焦形成相对于其他同类产品的绝对优势，让用户感受到明显的不同。例如某电视宣传说有六大功能，相信很少有人能准确记住这些功能。倒不如说这个电视免费电影资源随便看，更能让用户对其特征记得更牢，从而形成体验卖点。

在这个体验为王的时代，把握好体验的力量，从小处讲改善一个产品，可以做出受大众欢迎和喜爱的产品；从大处讲，甚至能颠覆一个行业，改变一个格局。深刻洞察产品体验的精髓，与时俱进、因事制宜，或许是一个好的产品体验设计师必备的素质。

思 考 题

1. 试述产品用户体验的层次。
2. 简述产品体验设计的一般过程。
3. 试述产品体验设计的方法。
4. 试述产品体验设计的基本原则，并举例阐释。
5. 试述用户行为设计的方法，并结合实例说明其应用。
6. 试选定一款电子产品，画出其体验设计流程。
7. 试利用本章所学知识，实现一款产品的概念设计。

第13章

互联网产品的用户体验设计

　　自 20 世纪 90 年代以来，互联网发展迅猛，已成为当今世界经济和社会发展不可或缺的信息基础设施。发达国家围绕互联网兴起的各种新兴产业及以"互联网+"为代表的新业态已渗透到国民经济的方方面面。互联网与人工智能、大数据、云计算等新技术的结合正在改变着人类社会。因此，互联网产品的用户体验设计也具有独特的重要意义。

13.1 互联网产品用户体验设计的概念

互联网(Internet)始于 1969 年美国国防部高级研究计划署的阿帕网(Advanced Research Projects Agency，ARPA)，是网络与网络之间通过协议所串联成的庞大的全球性网络。互联网并不等同万维网(World-wide Web，WWW)，万维网只是一种基于超文本相互链接的全球性系统，是互联网所能提供的服务之一。

13.1.1 认识互联网产品

互联网产品，指以互联网为媒介，以信息科学为支撑，给用户提供价值和服务的整套体系。它从传统意义上的"产品"延伸而来，是在互联网领域中产出而用于经营的商品，是满足用户需求和欲望的无形载体，也是网站功能与服务的集成。像"新闻"类，如新浪网、网易新闻等；"即时通信"类，如 QQ、微信等；"博客"类，如博客网、新浪微博等；"购物"类，如淘宝、一号店……这些都在以虚拟产品的形式，为人们的日常生活提供各种便利。

随着科学与技术的发展，移动互联网也发展迅猛，在日常生活中已经起到了不可忽视的作用。不管是电脑端，还是移动互联网产品，其本质都是基于互联网的信息载体。互联网产品具有非物质性、交互性、多维性和多媒体性等特性。与其他多媒体界面不同，网站除了文字、图像、声音、视频和动画等多媒体元素以外，还有不可或缺的色彩、版式布局及借助于网络和计算机语言来实现信息传达的具有交互功能的菜单、按钮、链接等动态元素。

13.1.2 互联网产品设计与用户体验

互联网产品设计是指通过用户研究和分析进行的整套服务体系和价值体系的设计工作。它基于用户体验思想，伴随着互联网产品的生命周期，包含一系列设计活动，如用户需求研究与分析、规划、管理、信息架构、UI 设计、原型设计、测试、开发与迭代等阶段。其中，迭代也可以同时进行，比如对产品需求和原型的迭代，最开始先上线产品核心功能，然后逐渐迭代上线其他功能等。由于产品不同，迭代可能发生的时间和环节也不尽相同。

互联网产品设计经历了由表及里、递进深入的过程，从最开始的着重美观性到以用户为中心的设计，再到后来的用户参与式设计，直到今天，互联网产品的设计才得以明确以用户体验为核心。设计理念上的进化，反映着对用户需求本质不断深入的理解，旨在为企业创造可持续的利益。研究表明，互联网产品的用户体验不仅受产品实用性、易用性的影响，还与情感化设计有密切的联系，需要从产品策略到最后细节的全面把握，从体验、视觉、交互、技术可实现性和商业利益等角度全方位地思考，才能设计出真正好的互联网产品。

13.1.3 互联网产品用户体验的分类

与传统实物商品相比，互联网产品的用户体验大体上可概括为以下五大类。

(1) 感官体验：主要指呈现给用户视听上的体验，强调舒适性和感官刺激，包括设计风格、网站 LOGO、页面加载速度(策略)、页面布局、页面色彩、动画效果、页面导航、图片展示、图标使用、广告位布局、背景音乐。

(2) 交互体验：指用户操作上的体验，强调易用/可用性。交互体验包括各种网页交互项目在用户使用中带给用户的感受。

(3) 浏览体验：指用户浏览网页时的体验，重点是内容体验和阅读体验，强调吸引性，包括内容、原创性、信息的价值/有用性、更新频率、编写方式、文字排列、分页浏览等网页要素，特别强调当浏览网页时这些要素带给用户的感受。

(4) 情感体验：指网页呈现给用户时带来的心理上的感受，强调友好性以及与用户关系的维系，包括问候提示、交流、反馈、推荐、答疑、网站地图等网页元素及相关策略，合理地使用会给用户带来感情上受到尊敬、关爱之类的感受，产生情感的共鸣。此外，还包括网站带给用户的基础价值、超越基础价值的期望价值和附加价值的体验。

(5) 信任体验：指呈现给用户的可信赖感，强调可靠性，包括公司介绍、商业品牌、服务保障、投诉途径、安全及隐私条款、法律声明等网页元素。对网站的信任源于多方面因素的综合作用，当然也包括品牌、网站内容好坏、信息是否完整、能否方便地找到相关信息等。

上述五类体验既相互独立又相互统一，其共同作用的结果决定了网站用户体验的质量。这也符合木桶原理，即任何一方面的"短板"，都会对网站的综合体验产生不良的影响。因此好的网站体验，一定是上述各个方面都做得比较优秀的网站。

13.2　互联网产品用户体验的层次

研究表明，影响互联网产品用户体验的关键因素有四个方面，即产品的功能性、可用性、合意性以及品牌体验，这构成了从核心要素到关联感受次第扩展的层次(见图 13-1)。

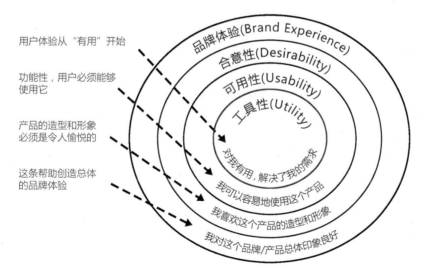

图 13-1　互联网产品体验的层次

13.2.1 互联网产品的功能性

功能性是指一个产品实现某种目的或满足某种期望的效力。当产品满足了用户需要的某个功能时，一方面是指在使用的过程中能否顺利地完成操作；另一方是指使用之后能达到预期的效果。如果产品功能无法满足用户最基本的需求(如团队在线协同工具无法满足文件共享的功能)，那么用户就不会再来用第二次，这将是一次糟糕的使用体验。若有些功能部分满足用户的需求，或许会给用户留下一个"还行"的印象。产品能不能用需要用完善的测试来解决，邀请用户或专家参与测试，是改善功能性好的途径。

用户都是带着某种目的或期望选择使用某个产品的，一个互联网产品也许无法满足所有用户的需求，但至少应满足目标用户的期望，否则这个产品就是一个无用的产品，对用户就没有任何价值。一个用户不愿意使用的产品，要么是因为它的功能有问题，即"没用"，要么就是需求分析出了问题，即没有抓住目标用户的真正需求。

13.2.2 互联网产品的可用性

可用性是指"用户在特定环境下完成指定目标的效果、效率和满意度"(ISO 9241-11)。在此语境下，用户体验是指"用户与产品、服务、设备或环境交互时各方面的体验和感受"(ISO 9241-210)。可用性聚焦于任务的执行过程，其目标是使得产品更加好用，因此在互联网产品的用户体验设计中，可用性属于任务设计的范畴。

当互联网产品的功能具有实用性之后，需要把控的就是在产品使用过程中的效率、满意度，以及目标的实现程度了。因此在体验设计过程中，当涉及产品的任务流时，应尽量采用符合用户认知的形式，利用专业技能简化任务流程，加强对任务执行的引导，从而使用户轻松愉快地使用产品，得到好的体验。

13.2.3 互联网产品的合意性

合意性指符合人的意愿和喜好。合意性的最终目的是让用户感到愉悦、惊喜或感动。对互联网产品来说，合意性的影响因素包括产品的外观样式、交互范式和动效等。

涉及合意性的体验设计，设计师应了解并熟悉目标用户群的流行偏好。如果想知道某种视觉风格究竟唤起了用户何种认知和情绪，是否合意，直接询问用户是很难得到可靠结果的，这是因为用户的行为、态度往往最容易测量，而测量情绪反应则很难。传统上，很多研究方法都依赖于用户的自我报告，但人们往往对自己的情绪反应缺乏清晰的认知。因此了解用户对产品的合意性需要一套科学的方法去洞察表象之下的本质。微软的乔伊·贝内德克(Joey Benedek)和崔西·迈纳(Trish Miner)在其《测量合意性：在可用性实验室环境中评估合意性的新方法》论文中提出了一种测量合意性的方法。具体是：首先开发一套可以用来描述对用户界面的情感反应的形容词(见表 13-1)，这些词代表了参与者可能觉得积极或者消极的描述的组合；然后把所有形容词放在可以与参与者交互的产品反应卡中；再定义一组术语作为用户界面的潜在的描述词；之后，向参与者展示一个用户界面，然后要求他们从这个列表中选择 3～5 个自认为最能描述这个界面的词语；通过结果分析，研究人员可以将特定的形容词与用户界面的潜在的描述词关联起来，进而和这个关联词所表达的界面视觉设计方案对应上；最后评估哪个方案与企业试图唤起的情感反应和品牌属性更加符合。评估得到的结果就是既让用户感到合意性好，又能符合企业品牌战略的方案。

表 13-1　118 个产品反应卡完整集合

Accessible	Creative	Fast	Meaningful	Slow
Advanced	Customizable	Flexible	Motivating	Sophisticated
Annoying	Cutting edge	Fragile	Not Secure	Stable
Appealing	Dated	Fresh	Not Valuable	Sterile
Approachable	Desirable	Friendly	Novel	Stimulating
Attractive	Difficult	Frustrating	Old	Straight Forward
Boring	Disconnected	Fun	Optimistic	Stressful
Business-like	Disruptive	Gets in the way	Ordinary	Time-consuming
Busy	Distracting	Hard to use	Organized	Time-saving
Calm	Dull	Helpful	Overbearing	Too Technical
Clean	Easy to use	High quality	Overwhelming	Trustworthy
Clear	Effective	Impersonal	Patronizing	Unapproachable
Collaborative	Efficient	Impressive	Personal	Unattractive
Comfortable	Effortless	Incomprehensible	Poor quality	Uncontrollable
Compatible	Empowering	Inconsistent	Powerful	Unconventional
Compelling	Energetic	Ineffective	Predictable	Understandable
Complex	Engaging	Innovative	Professional	Undesirable
Comprehensive	Entertaining	Inspiring	Relevant	Unpredictable
Confident	Enthusiastic	Integrated	Reliable	Unrefined
Confusing	Essential	Intimidating	Responsive	Usable
Connected	Exceptional	Intuitive	Rigid	Useful
Consistent	Exciting	Inviting	Satisfying	Valuable
Controllable	Expected	Irrelevant	Secure	
Convenient	Familiar	LowMaintenance	Simplistic	

在进行合意性研究时，可以在一对一的情境或者问卷调查中使用这个方法。这种方法的好处是通过直接询问为什么选择特定的形容词，可能会有一些额外的洞见。有时用户也可能会因为网页上一些小的、富有人情味的技巧而感动。例如微动效是指整个画面只有其中一部分在变化，能使单调枯燥的网页富有生气，有时也被用作操作提示或对局部内容的强调。如果在页面中使用符合用户喜好的外观样式、视觉风格，再加上一些改善网页情趣的技巧，就能带来微妙的别样情感感受。有学者相信，互联网产品合意性的核心是"心有灵犀"，一个和用户"心有灵犀"的网站，能触动情感、引发用户对它的渴求与赞赏。

13.2.4　互联网产品的品牌体验

品牌效应来自用户的关联感受，它往往可以给一个企业的产品带来潜在的、不可估量的影响。例如大家熟知的可口可乐和百事可乐生产的产品与市场上其他产品并没有实质上的区别，但是盈利平均高出 30%。究其原因，可口可乐和百事可乐已经让人们相信，与同类厂家相比，它们制作饮料时使用的碳酸、水、调味料、色素、糖等成分的比例要好得多，甚至比水本身还要好。品牌效应使它们大受裨益。

互联网产品也同样存在着品牌效应。例如一旦某公司开发出了一款具有良好交互体验和视觉风格的产品，就会影响用户对该公司其他产品的整体印象，而类似的色彩或 logo 等视觉元素，则可以加深对公司产品的品牌印象。

13.3　互联网产品用户体验设计方法

常用的互联网产品体验设计方法有设计思维、问卷法、可用性测试和焦点小组等，其共同特点是以用户为中心，同时强调对于情感要素的挖掘。

13.3.1　设计思维

设计思维，这种思维模式是被美国 IDEO(全球顶尖设计咨询公司)发扬光大的、斯坦福大学设计学院(Stanford D-School)所推崇的重要课程。其最终目标是创造出一个用户真正需要的产品、服务或体验，同时产品必须具备成长的潜力(可行性)，且能够通过合适的技术来实现(可实现)。设计思维涉及大规模的协作和频繁的更迭，一般包含移情、定义、构思、原型以及测试五个阶段(见图 13-2)。

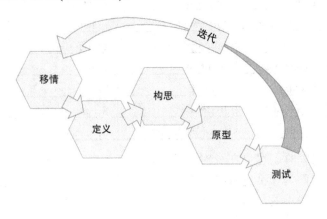

图 13-2　设计思维的实现过程

1. 移情阶段

移情，也称同理心(Empathy)，是一种站在别人的角度看问题的方法。一般常用三种方法来实现移情并建立和用户之间的共鸣，即访谈、观察和亲身体验。

1)　访谈

深入目标用户的生活，了解他们的想法、工作环境、痛点以及期望等，同时观察目标用户看待问题的不同视角与处理挑战的方式。访谈中要时刻保持中立的态度，即使你已经猜到用户的答案了，也一定要继续明确地问"为什么"。完美的访谈策略是先与受访者建立亲密融洽的关系，避免使用带引导性的问题，如永远不要问："这个还不错吧？"而是问："你觉得这个怎么样？"或者用更好的方式"跟我说说你在使用某产品时的故事吧"等。懂得聆听、知道如何挖掘用户故事，是一个非常有用的技能，能从中发现很多有价值的信息。比如想知道现在的年轻人都喜欢什么，其实可以试着问他们，如果给 150 美金他会想买什么？设计思维讲究的是质量而非数量，这意味着访谈的用户数量不可能太多，所以要选择那些能够代表产品或服务的各层次的受众。极端用户的概念也能让研究受益良多，例如当要设计购物车时，别只盯着那些使用购物车的消费者，也可以去问问那些用购物车拉东西的流浪汉，这些是购物车的极端用户，说不定能提出一些重要的观点。

2)　观察

给目标用户设置一个任务，观察他们如何完成它。比如问用户"在亚马逊购物的时候遇到过什么难题吗？"很可能会听到"没有啊，挺顺畅的"这种答案。但实际上如果在背后观察他们的购物操作，就有可能会发现其操作时的痛点。

3)　亲自体验

想了解目标用户在使用某些产品时的感受，就应该亲自去试试那些产品。亲身使用能更直接地感受到使用的痛点在哪里，以及愉悦的体验从何而来。

2. 定义阶段

这里的定义，其实就是对设计问题的描述。当完成同理心的构建后，需要重新审视和重新定义最初的设计挑战。视点人物写作手法(Point of View，POV)，不失为一种有效的方法：

$$POV = 角色(Persona)+需求(Need)+洞察(Insight) \tag{13-1}$$

POV 类似一个企业的任务宣言(Mission Statement)，是用一句精简的话来告诉别人团队或者项目的目标是什么、有怎样的价值观等。好的 POV 需要考虑很多因素，如客户是谁、想解决的是什么问题、这个问题有哪些已有的假设？有什么相关联的不可控因素、想要的短期目标和长远影响是什么、基本方法是什么等。好的 POV 还应该有自己独特的关注点，而不是泛泛的空谈。好的 POV 同时也可以激励团队成员，是整个团队的基本价值观。譬如："他是一个高级设计师，他喜欢快速出方案、原型、测试验证，并不断地优化迭代，以做出既满足用户需求，又能带来愉悦体验的产品。实际中发现，要做完整套流程，必须在不同的设计软件中切换，浪费了很多精力和时间。"这段话就包含了角色、需求和洞察这些要素。

用户需求往往是情绪化的，有时也是难以被发觉的，而洞察力能带来惊喜，它需要从访谈结果、观察对比中挖掘才能获得。只有站在用户的立场去思考，才能发现其真实需要，这时定义的设计问题才能击中"痛点"。

3. 构思阶段

构思指对设计概念和设计方案的设想。当确定了用户需求，并清楚定义了问题之所在后，是时候打开脑洞去构思产品该做成什么样了！一般来说，构思阶段分为如下两部分。

1) 发散(创造性选项)

之前从移情到重新定义问题都待在一起的多学科交叉团队要开始尽情地吐槽了,有什么就说什么,不需要太多的思考判断。为什么?因为只有这样,才能远离那些显而易见的常用解决方案,避免陷入某种固有的心智模式。只有探讨一些未知的想法,才能找到真正的创新。发散思维的头脑风暴要遵守的规则包括别轻易评判;想法越多越好;别人发言时别插嘴;要清晰地表达你的想法,避免模棱两可;要善于在别人想法的基础上做补充;牢记主题,别跑偏了;想法再疯狂也没关系!

2) 收敛(确定性选择)

经过头脑风暴之后,总会有一堆的方案,需要收敛,并确定最终的方案。方案的确定有很多方法,例如采用贴纸投票的方式,即每个小组成员用不同的标签对其他小组的方案进行投票。同时每个小组也内部决定自己想要做哪几个方案,结合双方面的评价做出决定,也可以使用选择矩阵等计算方法来进行方案的选择。

4. 原型阶段

原型,是原始的、粗略的产品模型。产品原型便于快速地发现方案的问题。如果说人们习惯于从失败中学习,那么早期的失败成本是最低的。通过对原型存在问题的修正、调整,就可以分配大量的资源进行开发实施了。注意,一旦确定下一步的方案后,就要尽快地制作原型,验证并及时发现方案中的问题,以减少因后期修正错误、不断迭代而造成的研发成本大量增加。方案中的错误发现的越早,后期修改的成本损失就越小。

5. 测试阶段

原型创建好后就可以去找一些真正的用户来进行产品测试了。测试的目的在于进一步完善原型的解决方案、了解用户的反馈、测试以及完善此前的观察公式(13-1)。测试时,要把原型完全交给用户去操作,设计师只需在一旁观察和聆听。如果发现有可以快速调整的细节,马上完善后再做测试。对于复杂的操作可以有一定的流程或引导,尤其是当用户进行不下去的时候,要适时地帮助。要知道接近用户才是最重要的,设计师永远不要自恋、自以为是。通过测试,对分析的问题进行完善、迭代,最终得到相对满意的设计方案或结果。

上述过程表明,设计思维其实是一种以用户为中心应对体验设计挑战的方法,由于立足于以用户为核心,因此它也是一种有效的互联网产品体验设计方法。

13.3.2 问卷法

问卷法也称问卷调查,是经由一系列问题构成的调查表收集资料以测量人的行为和态度的心理学基本研究方法之一。这种方法可在短期内收集大量回复,而且借助网络调研成本也比较低,所以得到了广泛的使用。问卷调查法特别适用于研究用户的使用目的、行为习惯、态度和观点、人口学信息等。由于具有较强的目的性,因此它不适合用来探索用户新的、模糊的需求。问卷调查的一般流程为:确定研究目的、设计问卷、问卷发放回收与分析、输出调查产出物。

1．确定研究目的

设计问卷前必须做好充足的理论准备。宏观层面上应做到明确研究的主题是什么？明确研究主体想通过问卷调查获取的信息有哪些？注意，对通过文献研究就能够获知的想要的信息，根本就不必进行问卷调查。问卷调查并非获取信息的唯一途径。

2．设计问卷

确定主题之后，下一步要做的就是设计问卷了，具体包含内容和形式设计。内容设计包括问题设计与选项设计，问题设计遵循可问可不问的坚决不问、无关研究目的的不问、创造性的设计问题、循序渐进、板块化的结构等原则。选项设计是将研究目的变量化，根本原则是全面性。形式设计是对问卷格式的设计。一般来说，问卷形式上共由六部分组成，即问卷标题、导语部分、基本信息、主体内容、结语和整体。

3．问卷发放回收与分析

问卷发放需要考虑目标用户、回收率及发放成本等因素，要视具体情况决定采用哪种方式。对问卷的数据分析，通常可采用 SPSS 软件进行聚类分析、因子分析、回归分析，或采用 Excel 分析或 Post lists(便利贴)来整理分析结果。一般而言，SPSS 和 Excel 多用来进行复杂、样本量大的问卷分析，而 Post lists 则更适用于样本量较小的定性分析，其形式更加自由，常常可以帮助设计师发现意想不到的问题。

4．输出调查产出物

研究团队对问卷进行充分的数据分析之后，通常会得出一些结论，验证之前的假设或发现一些新的问题并形成调查产出物。产出物可以是调查书面报告、PPT、图表、曲线或改进的样机、模型等多种形式。实践中，可根据实际沟通效果来选用不同的调查产出形式。

13.3.3　可用性测试

可用性测试是互联网产品体验设计中使用最多的方法之一。具体做法是：让一群有代表性的用户对产品进行典型操作，同时研究和开发人员在一旁观察、聆听、做记录。产品可能是网站、软件或其他任何产品，也可能是尚未成型的产品或针对早期的纸上原型。通过可用性测试，设计人员可以了解用户真实的使用情况，及时发现产品的不足，优化设计。可用性测试包括资源准备、任务设计、用户招募、测试执行和测试报告等步骤。

1．资源准备

资源准备，指进行可用性测试之前相关测试环境、设备仪器等的准备，包括单向玻璃(方便观察又不干扰用户的操作)、网络、测试材料(手机、计算机或者纸质模型)、人员(主持人、记录员等)及其他相关文档(保密协议、产品介绍、测试说明等)。

2．任务设计

任务设计，指在明确测试目的后，围绕目的设计的一系列任务，以供参与测试的用户执行，至少应包含任务目标、任务背景描述、停止条件以及正确的任务操作途径等内容。

应用篇　用户体验设计的应用

在设计测试任务时，需要遵循包括以用户的使用目的为核心、任务顺序要符合典型用户的操作流、平衡任务描述方式上精细与宽泛之间的关系和注意控制任务的数量等原则。

3．用户招募

只有招募到足够数量的典型用户，可用性测试结果才更具有代表性。这就需要测试人员对产品定位有较深入的了解，并明晰产品的目标人群是哪类人。有时为了更好地招募，也可先行发布简要的问卷来筛选，确保招募到想要的类型。对于用户数量，Web 可用性大师雅各布·尼尔森(Jakob Nielsen)研究表明，"有 5 人参加测试，就能够发现约 80%的产品可用性问题(见图 13-3)"。因此可用性测试不用招募太多的用户，一般以 5~8 人为宜。测试用户过多会增加成本，但对于发现问题来说增长的幅度并不明显。

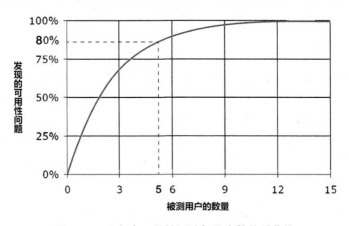

图 13-3　尼尔森可用性测试与用户数关系曲线

4．测试执行

测试执行，包括测试前的介绍与热身、测试中的观察记录、询问、鼓励，以及测试后的总结整理等内容。

5．测试报告

分析整理好测试数据后，通常要输出一个可用性测试报告，将问题反馈到相关人员手中，为产品的迭代优化提供科学的依据。测试报告应重点呈现测试中出现的问题、问题比例及优先级。图 13-4 给出了可用性测试报告数据整理的建议。

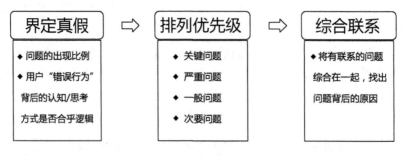

图 13-4　测试数据整理顺序

264

13.3.4　焦点小组

焦点小组(Focus Group)，是由一个经过训练的主持人，以一种无结构的、自然的形式与一个小组的被调查者交谈的用户研究方法。主持人负责组织讨论。该方法的主要作用是通过倾听一组从目标市场中选择出来的被调查者的看法，获取对一些问题的深入了解。其价值在于，它常常可以得到一些意想不到的发现。焦点小组的一个特点是可以快速反馈问题，通常只需要 1～2 场深度访谈的时间，就可以同时搜集到 8～12 名用户的反馈意见。在敏捷用户研究中，由于时间有限，无法进行耗时较长的深度用户访谈，这时焦点小组就被广为采用。需要注意，焦点小组主要是用于观察某一群体对某个主题的观点、态度和行为，而不能用于确定具体的个人观点和行为，其研究粒度较大。焦点小组调查的一般流程如下。

(1) 列出一系列需要讨论的问题，包括主题和具体提问。首先要对产品有一个明确的认识，在此基础上列出需要通过小组讨论得知的主题，进而围绕主题设计具体的问题。

(2) 模拟一次焦点小组的讨论，测试并改进步骤(1)中的主题。这类似可用性测试里的预测试，通过模拟实现来发现当前方案中问题设计的不足，及时完善。在某种意义上，这也是一种敏捷迭代的方式。

(3) 从目标群体中筛选并邀请参加者。焦点小组需要多招募一些用户用于筛选，其中个人表达太活跃或太不活跃、表达能力较差或思维过于发散的用户都不适合作为参与者。对同一场焦点小组的用户，可选择目标群体中不同的类型。组织讨论时，也可以了解对彼此的观点和态度。同时应注意这些用户的社会背景，如社会阶层、受教育程度、收入水平等方面，相差不宜太大，否则难以进行有效的讨论。图 13-5 给出了焦点小组用户筛选的参考维度。

图 13-5　焦点小组用户筛选参考维度

(4) 进行焦点小组讨论。每次讨论时长以 1.5～2 个小时为宜，过长会造成讨论者的疲劳，过短则难以充分展开话题、无法挖掘观点或行为背后的深层次动机。通常要对讨论过程进行录像，以便于后期的记录或分析。

(5) 分析与汇报。焦点小组座谈结束后，要分析总结得到的发现，展现得出的重要观点，并呈现出与每个具体话题相关的信息。

需要注意，主持人对焦点小组能否成功起着关键的作用。主持人要思维敏捷，是"友好的"领导者，需要对所讨论问题有较深入的了解(但并不一定是该领域的专家)。焦点小组是一个集体活动，要熟练地驾驭这个方法，就需要用研工作者通过不断地实践尝试、积累经验，对于初学者尽可能充分地准备工作是十分必要的。

13.4 互联网产品用户体验设计的一般过程

互联网产品的用户体验设计，是对传统互联网产品设计方法的提升和改良，它是更加强调以用户为中心的设计方法的应用，将最终的用户感受作为产品质量最重要的评价指标。尽管互联网产品千差万别，但其用户体验设计过程一般都可划分为产品策划、交互设计、视觉设计、页面重构、产品研发、产品测试和产品发布等步骤(见图 13-6)。

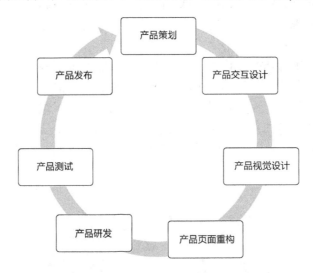

图 13-6 互联网产品用户体验设计一般过程

13.4.1 互联网产品的策划

产品策划也称商品企划，指企业从产品开发、上市、销售直至报废的全生命周期的活动及方案，通常有新产品开发、旧产品的改良和新用途的拓展三种类型。就体验设计而言，互联网产品策划的要点在于对企业战略、市场现状、企业资源的充分了解，以及在此基础上对新产品的正确定位和功能确定。

1. 产品定位

产品定位，指产品的目标、范围、特征等约束条件，是互联网产品体验设计的方向，也是设计产出物优劣的评判标准。它包含用户需求和产品定义两个方面，其中产品定义包括使用人群、主要功能和产品特色。用户需求包括目标用户、使用场景和用户目标。目标用户基于用户细分，在一定程度上影响着使用场景和用户目标(见图 13-7)。

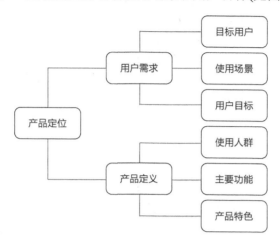

图 13-7　产品策划中的产品定位

　　用户需求和产品定位是一对辩证的对立统一体：用户需求或目标用户一旦确定，产品定位也就相应明确了。设计师可以根据产品定位来匹配相应的使用场景和用户目标，从而优选出相应的需求关键词(例如新闻类应用最终的关键词可能是精准推荐、最新、最热资讯等)。

2．功能确定

　　功能确定，一方面需要参照在产品定位这一步所得到的产品关键词来确定特色功能；另一方面也依赖于设计师的用户调研。例如关键词"精准推荐"要求产品有可以让用户选择对某类资讯是否感兴趣的功能等。确定功能的方式主要有用户调研、竞品分析、用户反馈和产品数据(产品上线之后)。之后，需要根据具体情况对搜集到的功能需求进行分析筛选，具体筛选原则包括去掉明显不合理的功能、通过深挖用户真实目标来筛选、匹配产品定位(企业战略、目标用户、主要功能、产品特色等)和确定优先级等。

13.4.2　互联网产品的交互体验设计

　　产品的交互设计一般始于概念设计，类似一个水杯概念的描述：一个旅行用的水杯，能叠成小圆盘，喝水时只需把小圆盘的圆心部分往下按，就变成了一个杯子，诸如此类。互联网产品的交互体验设计也一样，首先要赋予产品一个概念，这来自产品定位的结果，让设计师要明确做什么；同时还要做交互初稿设计。初稿并不是严格的交互原型，可以是主要的页面流程或手绘草图，只要能清晰表达设计构思，什么样的方式都可以。互联网产品的交互体验设计具体内容包括信息架构、用户流程、交互说明文档和原型设计。

1．产品信息架构设计

　　信息架构(Information Architecture，IA)指对某一特定内容里的信息进行统筹、规划、设计、安排等一系列有机处理的想法，其主体对象是信息，由信息架构师来设计结构、决定组织方式及归类，目的是方便使用者寻找与管理信息。信息架构一词诞生于数据库设计的领域，最早是由美国著名信息架构师、TED(Technology，Entertainment，Design)大会创始人理查德·索尔·乌尔曼(Richard Saul Wurman)于 20 世纪 70 年代提出的，后由两位美国信息学家路易斯·罗森菲尔德(Louis Rosenfeld)和彼得·莫维尔(Peter Morville)发扬光大。信息架构反映了信息的组织结构，它是互联网产品规划的结果，在信息与用户认知间搭建了一座桥梁，具体包括标签、按钮和用户界面上的一些具体图示的设计等。图 13-8 所示为个人微博的信息架构。

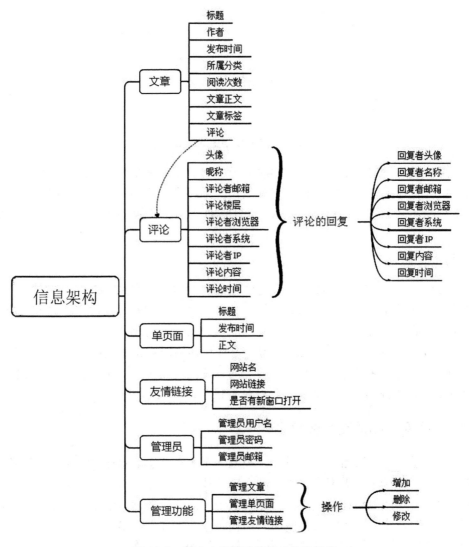

图 13-8　某个人微博功能需求信息架构

2．用户使用流程

用户使用流程，用于展现产品经理脑海中比较抽象的交互逻辑，也是对产品想法进行梳理的过程。从用户的视角对信息架构进行一步一步的模拟操作，不仅能逐渐完善产品的结构导图，还可得到用户使用的详细流程。图 13-9 所示为会员登录的流程。

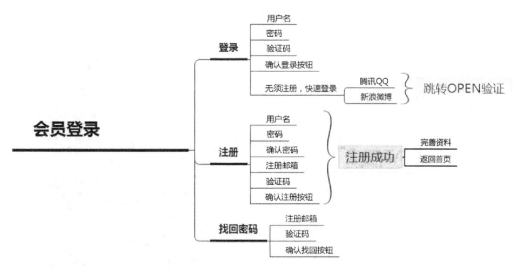

图 13-9　某互联网产品会员登录流程

3．产品交互设计说明文档与规范

交互说明文档(Design Requirements Document，DRD)是用来承载交互说明，并交付给前端、测试及开发工程师参考的文档，也是对整个网站公用模块组成的分析和整理。其作用是确保网站交互体验的一致性和统一性。为保证文档的可读性，交互设计说明文档一般要符合一定的规范。一个完整的交互设计说明文档通常包含目录、版本信息、网站结构拓扑图、复杂交互行为的逻辑设计图及说明、公共模块的梳理及其说明(导航、文本框、公用按钮、微博回复框、转发框等)、对交互稿中不明显的交互动作或隐藏的设置项的说明、部分单个主要页面或模块的交互行为说明和测试人员可行性检测等。

4．交互原型设计

概念设计与评审迭代之后，就可以设计交互原型了。原型可分为低保真和高保真交互原型两种，二者的区别在于真实、细腻程度的不同。交互原型设计重点要考虑可用性和愉悦度，前者涉及容易学习、容易使用、系统有效性、用户满意等因素，后者需要通过一些情感化设计手段来提高用户在使用产品前、中、后期的体验。增强交互愉悦度的方法有很多。①微交互：即在某个特定的瞬间完成某个任务的交互细节，以带给用户意想不到的惊喜或让其感受到来自互联网产品的关怀和关爱，而心生好感。②延伸现实：苹果公司的巴斯·奥丁(Bas Ording)设计的 iOS 的惯性滑动效果，简单、流畅、充满乐趣，看似微不足道，但影响巨大。③触景生情：通过视觉的手法微妙地启发用户的感觉及情绪，让人产生由此及彼的情感联想。日本设计师深泽直人的一个包装设计就是这样的一个例子(见图 13-10)。④小把戏：即将枯燥的事物以一种轻松、幽默的方式进行展示，使用户产生积极的情感和有趣且愉快的感觉。⑤保持新鲜感：指在人们熟悉的页面中增加新的内容，使交互常用常新，用户每次都有新感受。⑥充分利用声音：声音的节奏和旋律的变化都能影响到用户的情感，如 QQ 新消息的声音、Windows 开/关机时的音乐等。⑦游戏：利用游戏交互的趣味性，拓展体验效果，如 Android 滑动解锁等就很有趣(见图 13-11)。

图 13-10　香蕉汁包装设计——深泽直人

图 13-11　Andriod 解锁屏幕示例

交互方案细节的展示，一般先用低保真交互原型来验证，无误或发现问题修改完善后，再做高保真原型来定型。同时，交互体验设计的最终交付物(如交互设计文档)要做到图文并茂、有页面跳转的说明、最好能考虑与产品需求文档结合、对交互稿中细节和动作的说明、产品风格定位、极限状态和异常/出错情况说明等内容。

13.4.3　互联网产品的视觉体验设计

互联网产品视觉体验设计指页面的视觉传达的体验效果，包括页面视觉设计、产品还原性评审、产品视觉架构和视觉规范订制等内容。

1．视觉设计

视觉设计，需要考虑产品给人的整体感觉，即视觉设计的风格，要遵循保持页面颜色统一、界面风格一致性及尽量减少审美负担、减少认知和记忆负担等原则。平面视觉传达设计的方法和设计原则也适用于互联网产品的视觉设计。

2．产品还原性评审

产品还原性评审，指网页的实现结果相对设计稿的还原程度，包括字体、尺寸、色彩、版式、质感等。应邀请项目相关人员对网页的实现进行综合评审，确保其正确体现了设计效果，并不断迭代，直到评审各方都满意为止。

3．产品视觉架构

产品视觉架构，指对界面信息按逻辑关系、包含关系和先后顺序进行排列组织后形成的抽象模块。它上通信息架构下达界面设计，起着承载信息、验证信息架构是否合理的作用。

好的视觉架构设计需要对网站信息的深刻理解，例如谷歌采用的三栏式结构(见图 13-12)。

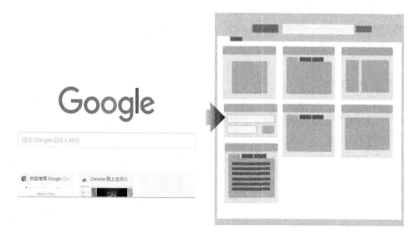

图 13-12　谷歌的三栏式界面的视觉架构

4．视觉规范订制

视觉规范订制，指对产品界面设计的一系列界面元素进行的限定。例如谷歌公司在 2014 年世界开发者大会(Worldwide Developers Conference，WWDC)上发布的 Material Design 标准，统一了安卓、Chrome OS 和网页的界面设计风格。订制视觉规范的意义在于统一识别、节约资源、方便重复利用和上手简单等。

13.4.4　互联网产品的页面重构

互联网产品页面重构即"将设计稿转换成 Web 页面"，包括将视觉设计结果用 Photoshop 生成静态网页或考虑每个标签的使用、页面性能的实现等。好的页面应结构完整，可通过标准验证；标签语义化，结构合理；充分考虑页面在站点中的作用和重要性，并有针对性的优化。页面重构步骤包括分析设计稿→切图→写 HTML 和 CSS 相应代码等步骤。

1．设计稿分析

设计稿分析，指对设计稿如何制作成页面的分析，例如哪些内容作为公共部分、内容结构如何实现等，包括①分清设计稿中的公共与私有部分；②对如何切图、写结构、样式等各部分提出初步实现方案；③准确给出各部分的实现方案，同时考虑方案扩展、复用、页面性能及整个网站的文件分布、目录结构等。

2．切图

切图，是指将网页设计稿切成便于制作成页面的图片。不只是把图片切出来，还包括把切出来的图片合并到一起，考虑怎么切，从哪儿切才能达到最优效果。

3．HTML 和 CSS 的编写

HTML 和 CSS 的编写，指用切图结果将设计稿编写成 Web 页面。包括还原设计稿视

觉效果，进行标准验证；实现多浏览器兼容；标签语义化；优化实现方式(模块化、脚本)；综合考虑可扩展、复用和可维护性；考虑整个前端的样式、布局及优化代码等。

最终需要对重构出来的页面进行评估，符合当初视觉设计的要求才可以提交，否则就需要再进行迭代修改。

13.4.5　互联网产品的开发

在开发阶段，项目经理要根据项目计划书及产品效果图组织开发，提出产品架构、程序设计及数据库设计方案，并按开发规程进行项目进程控制，还有概要与详细设计、产品帮助文档制作等。要注意强调产品协同开发的日志文档编写习惯与版本控制规则。

一般产品开发主要集中在后台开发：编码之前程序员应视系统需要，细化概要设计、数据库设计等，进行内部讨论和评审；当对文档或原型有疑问或不理解时，需与产品策划和交互设计师进行沟通，了解其真实含义，不得以任何理由擅自更改已确定的需求文档；当确有功能需做调整时，要与产品策划、需求方共同协商完成。改动应出具文档，经需求方、技术经理、产品经理签字同意，并记录在案以备后查。在开发时，通常要边开发边测试，不断重复迭代，直至网站产品的完善、稳定。

13.4.6　互联网产品的测试

测试是互联网产品质量检验的关键步骤，是对网站页面和功能的复审，在开发制作各阶段或整体更新完成后，需要对系统进行各种综合测试。

1．互联网产品测试的框架

互联网产品的测试一般有 α、β、λ 阶段。α 是第一阶段，一般仅供内部测试使用。β 是第二阶段，已消除了系统中大部分不完善之处，但还可能存在缺陷和漏洞，一般只提供给特定的用户群来试用。λ 是第三阶段，此时产品已经相当成熟，只需在个别地方进一步优化即可上市发行。图 13-13 给出了一个产品测试框架。

互联网产品具体测试内容可参考软件质量评价标准(ISO 9126-1：2001)或(ISO 25010：2011)(见图 13-14)。

2．产品测试的目标

产品测试的目标，是发现错误，开发出高质量、符合需要且具有良好体验的产品。例如功能、性能符合要求、能正常运行；发现开发中的不足，以避免同样问题的发生。

3．产品测试的特点

产品测试的特点，包括不断变化、工作量大、复杂度高；对性能和稳定性要求高；容错性和体验要好；高安全性、兼容性；可引入自动化测试工具；趣味性和交互体验等。

4．产品测试的类型

产品测试的类型，一般包括样式测试、功能测试和性能测试三类。

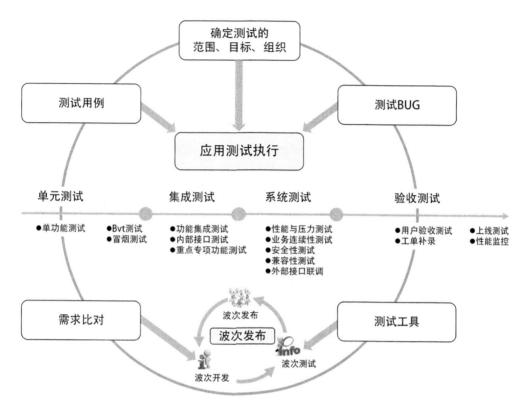

图 13-13 互联网产品测试框架(模型)

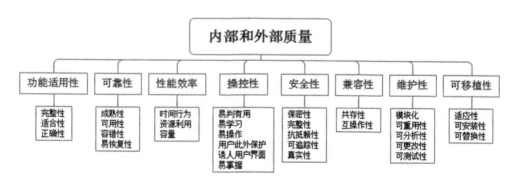

图 13-14 ISO 25010:2011 软件质量模型

5．产品测试的流程

产品测试的流程，包括准备阶段、测试阶段和测试完成三个部分(见图 13-15)。

6．产品测试原则

测试应按企业(行业)测试规范开展，一般遵从先进行技术自测，然后内测，等稳定后出 β(Beta)版再公测的原则。

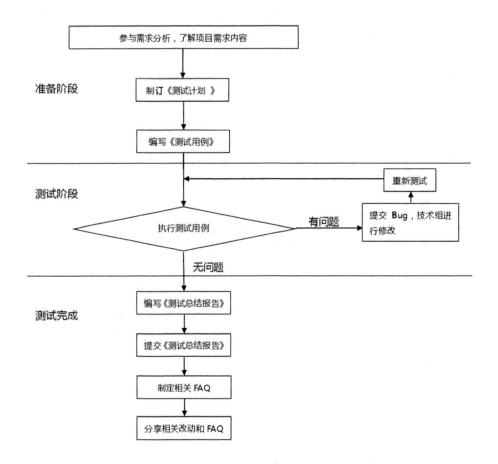

图 13-15　互联网产品测试流程

13.4.7　互联网产品的发布

互联网产品的发布一般由产品经理负责，具体发布策略有蓝绿发布、金丝雀发布、灰度发布、AB 测试这几种类型。

(1) 蓝绿发布：指发布过程中用户感知不到服务重启，通常新旧版本并存，通过切换路由权重的方式来实现不同应用的上下线。

(2) 金丝雀发布：通过在线上运行的服务中加入少量的新服务，然后快速获得反馈，视具体情况决定最后交付形态。

(3) 灰度发布：通过切换线上并存版本之间的路由权重，逐步从一个版本切换到另一个版本。金丝雀发布倾向于获取快速的反馈，灰度发布则强调版本间的平稳切换。

(4) AB 测试：非常像灰度发布，但是从发布的目的上，AB 测试侧重的是按 A 或 B 版本之间的差异进行决策，最终选择一个版本进行部署，更倾向于做决策。

产品发布前要注意全面检查，拟订并实施好推广方案、做好宣传工作，争取用户的支持、帮助。发布不是产品开发的终点，而是下一个迭代开发周期的开始。

13.5　互联网产品用户体验设计的一些原则及注意事项

13.5.1　互联网产品体验设计原则

1．7±2 原则

美国心理学家乔治·A. 米勒(George A. Miller)研究发现，人类短期记忆一次只能记住
5～9 个事物。据此，7±2 原则指人类大脑习惯将复杂信息划分成易记的块和小单元。例如
手机号码被分割成"xxx-xxxx-xxxx"的形式、Web 导航选项卡一般不超过 9 个、移动应用
的选项卡一般不过 5 个等。

2．三秒钟原则

三秒钟原则指要在极短的时间内展示最重要的信息。尼尔森 2006 年发表的《眼球轨
迹的研究》发现，多数情况下用户都会以"F"形模式浏览网页(见图 13-16)。因此应把最
重要的信息放在页面左上区域，以便快速给用户留下鲜明的第一印象。

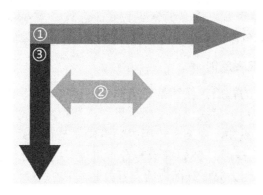

图 13-16　用户浏览网页的"F"形习惯

3．帕累托法则

帕累托法则也称二八定律，即 80%的效应来自 20%的原因。互联网产品体验设计中也
存在同样的规律，即少数要素对体验效果起着关键的作用。

4．8 个接口设计的金科玉律

8 个接口设计金科玉律由美国计算机学家本·施耐德曼(Ben Shneiderman)于 1986 年出
版的《用户界面设计：有效人机互动的策略》中提出，包括保持一致性、为老用户提供快
捷方式、提供有益的反馈、增加结束时的对话框、提供简洁的错误处理、允许方便的回
退、支持内部控制点、减少短期记忆负荷等内容。

5．费茨定律

费茨定律由美国心理学家保罗·M. 费茨(Paul M. Fitts，1912—1965)于 1954 年提出，
是用来预测从任意一点到目标位置所需时间的数学模型，即当前位置到目标所需时间(T)与

其距离(D)和目标的大小(W)存在以下关系:

$$T = a + b \log_2(D/W+1) \tag{13-2}$$

其中,a、b 是经验值。例如鼠标位置离目标越远,需要移动的时间越长,同时目标越小花费的时间就越多。Windows 菜单和苹果 iOS 顶部工具栏的设计都运用了费茨定律。

13.5.2　互联网产品体验设计注意事项

1．只有深入理解才能开始设计

任何互联网产品在开始设计之前都需要对目标用户有一个清晰的了解,如用户是怎么想的、是什么在驱动其做决策、有什么使用习惯、是什么促使其进行交互操作的……只有明白用户概念中的易用性究竟是怎么回事、什么样的设计能调动用户的情绪、使他们持续满意地使用产品之后,才能设计出真正具有优秀体验感的产品。

2．用用户熟知的语言来表达

充分借鉴和模拟之前的交互方式是很有必要的,这样人们会更快明白如何使用新产品。人是习惯的动物,喜欢模式化、乐于重复,甚至会迷恋重复模式并将这种经验转移到相似东西上,这也是用户了解新产品的常见方式。因此,菜单条目要避免生僻和标新立异,否则会加重用户认知负荷,增加使用难度,带来体验度的降低。

3．给用户可感知的直观反馈

互联网产品简单界面的背后,往往是庞杂的信息架构、程序逻辑、算法和数据库的支撑,前端控件轻轻地点击系统可能已"飞越千里",这很容易对用户造成困惑和迷茫。因此适当的直观感知反馈很重要,应及时让用户知道操作是否奏效、所处境况、系统当前状态,减少不确定性和不安全感。例如提示声音、进度条、闪烁、微动效、指示灯、变色等,这些元素的合理运用会大幅提升用户的交互控制感和信心。

4．尽早且频繁地进行产品迭代测试

让真实的用户尽早参与到测试中来,避免耗费了大量资源之后积重难返。从早期概念设计到阶段性进展,不断进行耗时不多的、频繁的微测试、小迭代,持续得到用户反馈,是及时发现问题的有效途径。因此,完善规范的测试计划很重要,同时测试点要恰如其分地安排在系统的关键节点上。

5．小心假设的用户需求

以设计师的个人理解代替用户需求往往有偏离问题本质的危险,而把用户当作傻瓜则有使其感到被愚弄、产生厌恶心理的可能。用脚踏实地、科学严谨的态度和作风开展用户研究、贴近真实用户,才能够真正了解其好恶、洞察其需要。

13.5.3　对严重影响用户体验设计问题的思考

1．强调创造性、忽视易用性问题

创造性固然好,但若抛弃产品及目标用户的特点,为创造性而创造就是在拿用户的认

知习惯来冒险，赌上的可能是产品最核心的体验价值。如图 13-17 所示，这是个颇具创意的导航方式，或许适用于移动设备，但放在桌面端的 Web 页面上又会如何呢？很可能导致用户发现曾经的认知一文不值，并由此产生迷茫、挫败感和懊恼。

图 13-17　某种具有创意感的导航方式

2．过度设计问题

过度设计既包括过度复杂的风格化，也包括过度简约或是其他任何忽视产品特性及信息权重而一味追求视觉刺激的设计方式。图 13-18 左上角提供了一个汉堡包图标(三条横线)，整个首屏虽是一张漂亮的照片，但菜单可发现性差、点击次数多、不直观。好的界面应清晰、准确、一目了然，设计不足和过度设计都应尽力避免。

图 13-18　页面导航

3．以为用户了解你所了解的东西

假设用户具有相同的处理问题的能力，假设他们具有怎样的特质，包括人生经验、教育背景、需求、所处情境等，都是设计师非常容易陷入的误区，这种误区会导致对用户行为的误判。解决之道就是在开始设计之前做足研究功课，如使用人物角色、体验地图和用户访谈等方法。

4．强迫用户接受设计师的游戏规则

在网站设计时，很多设计师心目中都潜在地有一幅如何与产品交互的画面。但在实际使用时，用户极有可能会以他们认为最容易的方式去操作界面。正如美国交互设计师马辛·特瑞德(Marcin Treder)在《交互设计最佳实践》(*Interaction Design Best Practices*)一书中所说，"永远不要低估最小阻力操作路径的力量"。如果强迫用户按照设计者"拍脑袋"设想的"标准流程"去操作，他们很难在短时间内调整思维模式去适应，多半会感觉

难以驾驭或软件很难用，继而造成用户流失。这不符合易用性原则。

5．缺乏实际用户的测试

iOS7 的空格键太短、Shift 键状态表意不明等让很多用户感到十分懊恼。尽管苹果陆续修复了一些键盘方面的问题，但不良影响已经实实在在的造成了。其实，正式或非正式的实际用户可用性测试，都可以有效地侦测到这些潜在的问题，譬如通过关注是否能容易地成功完成任务、导航机制是否高效、信息权重是否合理等。

13.6 移动互联网产品的用户体验设计

移动互联网指将移动通信和互联网二者结合起来成为一体，是互联网的技术、平台、商业模式和应用与移动通信技术结合并付诸实践的活动的总称。移动互联网产品的用户体验设计可以看作是互联网产品用户体验设计的一个特例。

13.6.1 移动互联网产品的定义

移动互联网产品指以手机、平板电脑等可移动设备为平台，利用网络提供在线购物、新闻资讯、网络社交等服务的产品。移动互联网产品作为互联网产品的分支，有着与互联网产品同样的特性。同时由于其移动性的特点，使用环境更加广泛、复杂化，如从室内逐渐扩展到户外，输入方式也由鼠标键盘换成了单手操作、多点触摸等。

13.6.2 移动互联网产品的一般用户体验设计流程

移动互联网产品的用户体验设计流程同上述互联网产品的基本一致，包括产品定位、功能确定、交互设计、视觉设计、开发测试与优化、产品发布等步骤。在实施上，除了显示屏大小、操作方式、使用场景等变化带来的影响外，二者无显著不同，这里不再赘述。

13.6.3 移动互联网产品用户体验设计的特殊性

由于移动互联网产品使用环境的复杂化以及用户输入方式的变化等原因，其在交互体验设计的思考上与传统互联网产品有着较大的差异。

1．屏幕尺寸的缩小

移动端屏幕尺寸一般在 4～10 英寸，分辨率多为 720p(即 1280×720px)、1080p(即 1920×1080px)或 2K(即 2560×1440px)，因此设计师必须对信息与功能的展示有所取舍，包括分清主次、简洁元素、减少界面变换等。多平台适配是这方面应用的发展趋势，如流行的 Web App 和瘦客户端(Thin Client，即 BS+CS、客户端嵌套 WAP 网站等)。

2．拇指/手指操作带来的交互尺寸限制

移动端多采用触摸屏/手指交互的方式，设计师不得不考虑最小可交互尺寸的问题，太大或太小的界面元素、间距都会影响到交互性。因此需注意界面元素尺度、单手操作、信

息交互、重要操作的确认等问题。

3．平台的设计规范和特性

设计师需要考虑移动设备的多样化带来的不同的平台规范和标准，比如 iOS Human Guideline 与 Google 的 Metro 等移动设计规范。这些信息可以帮助设计师快速方便地设计出一款可用并且好用的移动产品。

4．使用时间碎片化

由于周围情况变化，移动应用随时可能中断，一段时间后再重新打开继续刚才的操作。类似这样的时间碎片化，导致移动互联网产品在体验设计上要特别注意，如任务的中断与继续、交互动作序列的长短、前后台时间的合理分配等问题。

5．使用场景的多样化

使用移动终端时，用户可能在地铁、公交、电梯、无聊等待时或边走路边用。如此众多的场景，需要设计者考虑的因素也非常复杂，例如在公交车上拥挤和摇晃时，用户如何才能顺畅地单手操作？在无聊等待、玩游戏或者在床上睡前时，又该如何处理深度沉浸的体验？这些都要求设计师去深入思考如何降低场景切换给用户使用感受带来的影响。

思　考　题

1．试述互联网产品的特点。

2．试述互联网产品用户体验设计的分类。

3．试述互联网产品用户体验的层次及其设计方法。

4．简述互联网产品用户体验设计的一般过程。

5．试述互联网产品用户体验设计的原则，并分析这些原则是否全面。如果不全面试根据你的理解加以补充。

6．试述互联网产品用户体验设计的注意事项，并根据你自己的理解加以补充。

7．利用本章所学知识，评价桌面端百度、必应等互联网产品用户体验设计的优劣，并根据自己对互联网产品用户体验设计的理解，提出改进建议、画出改进的信息架构图。

应用篇　用户体验设计的应用

实战篇

用户体验设计案例分析

纵观世界上伟大的企业，无一例外都具有重视用户需求、产品体验优异、并得到用户广泛认可的特点。从注重产品工业设计的苹果公司到笃信技术力量的谷歌，在成功光环的背后，其用户体验设计的逻辑也颇值得剖析、思考和学习。

众多成功企业的实践表明，用户体验设计不只是一种单纯的设计方法，它更是一种设计理念、一种思维方式。当针对具体的对象开展体验设计时，"人–机–环境"及交互这些直接影响用户体验的关键要素与产品独特的属性相互交织、不确定性(如人的状态)、复杂性及其内在交叉关联的相互影响，往往会使设计任务变得异常庞杂、难以把握。一种方法、一个过程或许能帮助设计师理清思路，但好的用户体验设计所要求的远远不止这些。这也是浩如烟海的文献从不同角度对用户体验设计进行的诠释，看上去都有道理，但又都不全面的原因。细审之，用户体验设计已然成为成功企业优良文化的一部分。

他山之石，可以攻玉。本篇以美国苹果公司的典型案例为素材，深入其设计过程，通过解剖、分析，追随高手的思维逻辑，去理解其用户体验设计的成功之道，体会其法则和洞察，或许能为设计者带来更多的感悟。

第 14 章

苹果的产品体验与设计创新之道

美国苹果公司(Apple Inc.)是一家高科技企业，2007 年由苹果电脑公司 (Apple Computer，Inc.)更名而来。其一体机、手机、音乐播放器等产品曾创造了一个又一个业界奇迹。2014 年苹果超越谷歌(Google)，成为世界上最具价值的品牌。苹果的产品深刻地改变了现代通信、娱乐及人们生活的方式，其产品体验与设计创新的思想为业界所推崇，其商业成功背后的深层次逻辑值得我们深思。

14.1　苹果公司及其产品简介

14.1.1　苹果公司简介

美国苹果公司由史蒂夫·乔布斯(Steve Jobs)、斯蒂芬·加里·沃兹尼亚克(Stephen Gary Wozniak)和罗·韦恩(Ron Wayn)于 1976 年 4 月 1 日创立，总部位于加利福尼亚的库比蒂诺(Cupertino)。1971 年，16 岁的史蒂夫·乔布斯和 21 岁的斯蒂芬·加里·沃兹涅克经朋友介绍而结识。1976 年罗·韦恩加入，共同组建了苹果电脑公司，并推出了 Apple I 电脑①。1977 年 1 月，苹果电脑公司正式注册；同年，斯蒂芬·加里·沃兹涅克已成功设计出更先进的 Apple II。1977 年 4 月，苹果在首届西海岸电脑展(West Coast Computer Fair)上推出 Apple II。公司于 1980 年 12 月 12 日在美国纳斯达克(NASDAQ)上市。

20 世纪 80 年代起，苹果的个人电脑业务遇到了新兴的竞争对手，其中最具分量的是电脑业的巨头 IBM，其 IBM-PC 型电脑，内装英特尔(Intel)的新型处理器 Intel 8088，运行微软的操作系统 MS-DOS(IBM 称作 PC-DOS)。1981 年 IBM 推出的 IBM PC 及其兼容机席卷了个人电脑市场，与此同时苹果推出了售价高昂且散热不良的 Apple III 产品，一度处于竞争劣势。1984 年 1 月 24 日，苹果的 Macintosh 新机型发布，该电脑配有全新的、具有革命性的操作系统，超越了它所处的时代，成为计算机工业发展史上的一个里程碑。人们争相抢购，苹果电脑的市场份额也不断上升。Macintosh 延续了苹果的成功，但还没达到它最辉煌时的水平。1985 年，史蒂夫·乔布斯获得了由美国里根总统授予的国家级技术勋章。1985—1996 年是苹果业务发展的一段艰难时期，由于 IBM 个人电脑的冲击，公司产品和经营节节败退，特别是微软 Windows 95 的诞生，使苹果电脑的市场份额一落千丈，几乎处于崩溃的边缘。1985 年 4 月苹果公司董事会决议撤销了乔布斯的经营大权。乔布斯于 1985 年 9 月 17 日辞去苹果公司董事长职位，卖掉自己的股权，之后创建了 NeXTComputer 公司。

1997 年 NeXTComputer 公司被苹果所收购，乔布斯再次回到苹果担任公司董事长。此后，苹果便又开始了长达十余年的设计创新之路，推出了大量富有革命性创新的产品和消费电子及软件系统，引领了世界工业设计的潮流。2011 年 8 月 24 日，乔布斯因健康原因辞去苹果公司首席执行官职位，董事会任命原首席运营官提姆·库克(Tim Cook)为公司的新任首席执行官，乔布斯当选为董事长。2011 年 10 月 5 日，乔布斯逝世。库克接手后并未做出重大改变，基本按乔布斯时的方向继续营运公司。

---

① 1969 年，施乐帕洛阿尔托研究中心(PARC)成立，聘请了曾任 ARPA(美国国防部高级研究计划署)信息处理技术处长的鲍勃·泰勒(Bob Taylor)负责组建，正是 ARPA 创立了 Internet 的前身 ARPANET。1973 年，他们成功开发出了施乐公司 Alto，它是真正意义上的首台个人计算机，有键盘和显示器。它采用了许多奠定今天计算机应用基础的技术，如图形界面技术、以太网技术，当时也已经实现了 Alto 计算机间的联网，另外它还配备了一种三键鼠标。乔布斯曾找到施乐公司，对相关负责人说："如果能让我们考察一下帕洛阿尔托研究中心，你们就可以在苹果公司投资 100 万美元。"结果乔布斯如愿以偿，此后更相继挖走了 15 位施乐公司的计算机专家。因此后来也有传闻，说苹果公司"窃"走了施乐 Alto 的技术。

14.1.2 苹果公司产品及其品牌战略

苹果产品设计与体验创新成功的脉络可从其发展历程窥见一斑。

1．初创成长期(1976—1996)

思想独立的革命者。1976 年乔布斯等人组建了苹果公司，并开发了 Apple I 的主板。1977 年 Apple II 问世(见图 14-1)，并带来 100 万美元的销售收入，同年 Apple 的商标诞生。1984 年苹果革命性的产品 Macintosh 上市，首次将图形用户界面应用到个人电脑之上(见图 14-2)。与此同时，结合产品宣传推出了广告《1984》，奠定了其反传统、个性化的革新者形象，该广告被誉为反抗权威的经典(见图 14-3)，也是其高端品牌形象的成功尝试。1994 年，苹果推出第一代 Power Macintosh。这是世界上第一台基于 Power PC 超快芯片架构的产品，从此苹果开始进入商用市场。

图 14-1 Apple II 电脑

图 14-2 世界上首台 Macintosh 电脑

图 14-3 广告《1984》画面

期间，苹果也经历了失败产品的挫折，例如于 1983 年推出以 CEO 乔布斯女儿的名字命名的新型电脑 Apple Lisa，由于昂贵的价格和缺少应用软件的支持，遭遇了市场滑铁卢，被视为苹果最烂的产品之一，也被认为是 1985 年乔布斯被剥夺公司经营大权的诱因之一。此后直到 1997 年，苹果度过了十余年漫长的低潮时期。

2. 复兴时期(1997—2006)

引领风尚的创新者。1997 年乔布斯重返苹果，为了振奋精神，也许是针对 IBM 的"Think"系列电脑，推出了"Think Different"广告(见图 14-4)，以传递苹果的品牌价值观。其广告文案内容为："向那些疯狂的家伙们致敬！他们我行我素、桀骜不驯、惹是生非、与世人格格不入。他们用不同的角度看待事物，他们从不墨守成规。他们也从不安于现状！你可以利用他们，也可以否决他们，质疑他们、颂扬抑或是诋毁他们，但唯独不能漠视他们。因为他们改变了事物。他们发明、想象、治愈，他们探索、创造、引领。他们让人类向前跨了一大步，也许他们是被迫成了疯子。一张白纸，你能看到还没画出来的图画？四周寂静，你能听到还没谱出来的歌曲？这样的人才是有用之才。别人眼里的疯子，在我们的眼中看见了天才，因为只有那些疯狂到以为自己能够改变世界的人，才能真正地改变世界。"

图 14-4   "Think Different"广告画面

1998 年 8 月 15 日，苹果推出"Bondi Blue"的一体式电脑 iMac(见图 14-5)，将视觉艺术美审引入电脑设计领域，从此个人电脑进入了色彩缤纷的年代。2001 年推出了 Mac OS X，一个基于乔布斯的 NeXTStep 的操作系统。它最终整合了 UNIX 的稳定性、可靠性、安全性和 Macintosh 界面的易用性，以专业人士和消费者为目标市场。同年又推出了第一款 iPod 数码音乐播放器 iPod G1(见图 14-6)，并大获成功，配合其独家的 iTunes 网络付费音乐下载系统，一举击败索尼公司的 Walkman 系列，成为全球占有率第一的便携式音乐播放器。随后推出的 iPod 系列产品更加巩固了苹果在商业数字音乐市场不可动摇的地位。

图 14-5　Bondi Blue 一体式 iMac 电脑　　　　图 14-6　iPod G1 音乐播放器

苹果巨大成功的原因在于质量支撑体系和它营造出的创新流行文化氛围及其巨大的品牌效应，具体反映在硬件创新、科学定价、整合价值链和成为时尚风向标等方面。

3．成熟时期(2006 年至今)

数字时代的王者。2006 年苹果公司发布了第一部使用英特尔处理器的台式电脑和笔记本电脑，分别为 iMac 和 MacBook Pro(见图 14-7)，产品开始使用英特尔(Intel)制造的 CPU(Intel Core 酷睿™)。之前，苹果的 CPU 和操作系统(OSX、iOS)都是自己的产品。这一变化被认为是苹果走向开放、兼容的开端。2007 年苹果推出了 iPhone(见图 14-8)，其革命性的工业设计、时尚外观和优秀的用户体验，引爆了人们对移动通信的需求，不到三个月苹果便成为世界上第三大移动手机的出产公司。iPhone 也被认为是导致当时的手机巨头——诺基亚崩溃的关键诱因之一。2008 年史蒂夫·乔布斯在 Mac World 上发布了 MacBook Air，这款当时世界上最薄的笔记本电脑创造了工业设计的又一个经典。2010 年 1 月 27 日，苹果推出了 iPad 平板电脑(见图 14-9)，被认为是一个很独特新颖的、划时代的产品，但市场的反响并没有想象中的那么狂热。

图 14-7　Macbook Pro　　　　　图 14-8　iPhone(2007 年)

实战篇　用户体验设计案例分析

这个时期，在品牌形象建立方面，苹果着重高端化、神圣化、符号化、个性化、强化群体意识、打造苹果信徒等方面，其本质是整合了政治、道德最高端，依靠稀有材质打造、通过对少数人限量传播和供应、采用优质高价的策略、以极高的价格包装奢侈品的雏形，提升了产品的符号价值。有代表性的事件包括：2008 年 3 月，足球金童大卫·贝克汉姆(David Beckham)完成了他代表英国国家队的第一百次出赛，赛后队员们送给他一台镀金的 iPod touch，价值 600 欧元，不仅刻有他的名字、第一百次出赛纪念文字，还有国家队的队徽。2009 年 4 月 1 日，时任美国总统奥巴马在白金汉宫出席了英国女王伊丽莎白二世为参加二十国集团金融峰会的各国领导人举行的招待会，并把一个存有女王 2007 年访美的照片和录像的 iPod 播放器作为礼物送给了女王。2010 年 9 月 1 日上午，苹果通过现场直播向公众展示装有 Mac OS X 10.6 Snow Leopard 系统的 Mac 机，以及在配有 iOS 3.0 以上系统的 iPhone、iPod touch 和 iPad 上 Safari 浏览器的使用。

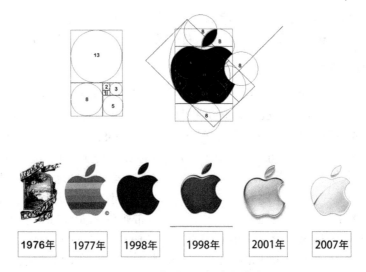

图 14-9 苹果公司标志的演变

苹果的成功也反映在其公司标志设计的演变上(见图 14-9)。苹果公司"一个咬了一口的苹果"的标志有很多传说。除了最早的公司标志外，其他的都是在罗勃·简诺夫(Rob Janoff)设计基础上的不断演化，突出了与时俱进的创新理念。苹果的公司标志早已随其业界"王者"的地位而深入人心。

14.2 苹果的企业文化及其成功之道

企业文化(Corporate Culture)，指一个企业由其价值观、信念、仪式、符号、处事方式等组成的特有文化形象。它是在一定的条件下企业经营和管理活动中所创造的、具有特色的精神财富和物质形态，价值观是企业文化的核心。

14.2.1 苹果公司的企业文化

苹果公司的企业文化带有深刻的乔布斯的烙印。乔布斯将他的旧式战略贯彻于新的数字世界之中，采用高度聚焦的产品战略、严格的过程控制、突破式的创新和持续的市场营销方法，创造了独特的苹果企业文化。

1．专注设计

每个员工都必须牢记苹果比其他任何一家公司都更加注重产品的设计。与其他公司相比，苹果才是真正地在做设计——真正了解消费者的需求、懂得如何满足消费者的需求，并着手实现这些目标。虽然不容易，但苹果似乎每次都能恰到好处地完成。依靠员工的努力来造就公司的成功是苹果制胜的法宝。

2．信任乔布斯

在过去的十年中，乔布斯一直是苹果的救星。他曾带领苹果进行革新，创造了前所未有的成就。这也造成了苹果公司对乔布斯的无限信任。这种信任作为企业文化的一部分，从员工一直延伸到了消费者身上，乔布斯就经常把本人，以致是苹果员工的期望看作是消费者的期望。

3．从头开始

苹果希望所有员工忘掉曾经了解的技术，树立所做的事情与其他公司都不一样的信念。无论是产品的设计、创新理念，还是公司独具一格的运营方式，只要是在苹果，所有事情就会有所不同；公司要求员工坚信苹果是不同寻常的。

4．坚信苹果

乔布斯非常自负，他相信苹果是世界上最强的公司，要有特立独行的方式。虽然苹果公司的对手无法忍受这一点，但对该公司的粉丝和员工而言，这一信条已经成为一种号召力。

5．对待批评

尽管有自负的本性，苹果有时也会用心聆听对自己产品的批评。但在真正的苹果时尚里，该公司往往会选择更加极端的行为来回应这些批评，这一点是行业里其他公司都不能企及的。这样做的背后是苹果对自身的不断锤炼，对产品和技术精益求精。

6．永不服输

这是苹果公司最具魅力的特点。就算被批评得体无完肤，乔布斯总能在关键时刻凭借正确的策略成功扭转局面，使公司产品不断打破纪录。乔布斯最不想看到的就是失败，这也是谷歌在移动市场的收益能让这位 CEO 如此耿耿于怀的内在原因。

7．关注细节、聚焦体验

如果说苹果懂得什么经营之道，那就是知道关注细节意味着长远回报。例如苹果在 iOS 操作系统细节上的一点点努力使其在体验上保持领先，直到今天 iPhone 手机的快速响应所带来的良好的体验，依然是用户津津乐道的苹果手机的亮点。

8．不可替代

如果马克·佩珀马斯特(Mark Papermaster)的离职暗示了苹果内部是如何运作的，那么只有乔布斯是不可替代的人物。还有谁可以让 iPhone 团队像佩珀马斯特领导时那样高效地工作呢？这一点的确值得每一个人思考、

9. 保密至高无上，是苹果公司企业文化中的要点之一

1977 年，当苹果还是一家创业公司时，在办公楼大厅中就写着"Loose lips sink ships(祸从口出，言多必失)"这样的警句。

10. 主导市场

主导市场是乔布斯对待技术的态度，不仅是击败市场上的竞争对手，而是要彻底摧毁他们。乔布斯想向世界表明只有苹果才是最强的。

11. 发扬特色

乔布斯素来重视用户体验，要使苹果成为电脑界的索尼。例如 1998 年 6 月上市的 iMac 拥有半透明的果冻般圆润的蓝色机身，共售出 500 万台。抛开外形设计的时尚魅力，这款产品的配置都与上一代苹果电脑如出一辙。可见设计的特色与价值所在。

12. 开拓销售渠道

苹果让在美国领先的技术产品与服务零售商和经销商 CompUSA 成为其在全美的专卖商，此举使得 iMac 机销量大增。

13. 调整结盟力量

苹果同宿敌微软和解，不仅获得了微软对它 1.5 亿美元的投资，而且使其能继续为苹果硬件开发应用软件。同时收回了对兼容厂家的技术使用许可，使它们不能再靠苹果的技术赚钱。这一策略使苹果摆脱了应用程序不丰富的困扰。

在这样的企业文化指引下，乔布斯以用户个人化来引导产品和服务，以员工个人化来塑造公司文化和创新能力，以自身个人化获得了一种自由和惬意的人生。在后乔布斯时代，这种曾经引领苹果走向成功的企业文化还在不断演绎。

14.2.2 苹果公司的成功之道

苹果着重的是流畅式的用户体验，简单、注重细节、用户至上或许能勾勒出其产品设计理念的轮廓。虽然苹果的产品不能算是最美观的，但它绝对是最恰当、能激发内心的愉悦的。苹果的成功有其深层次的必然性，这就是苹果的成功之道。

1. 永不停滞的创新精神——苹果核

在消费电子和计算机行业，苹果公司已成了创新和创意的代名词。它所推出的任何一款产品都可以使全球为之疯狂，这其中的秘诀便是"创新"二字。设计创新保持了苹果的"新鲜度"，例如在苹果每一项新设计都要求拿出 10 个完全不同的备选方案，并且必须都要有充足的创新空间；然后，再从中挑选出三个，最终决定出一个最优秀的设计方案。此外对每个新产品还有两次非常重要的设计会议，第一次是头脑风暴会议，进行自由创新；第二次则将重心转移到应用的开发，挖掘更多的潜在发展可能。

商业模式创新使苹果能保持行业主导地位，"苹果成功的秘密在于把最好的软件装在最好的硬件里"——这句话道破了苹果软件、硬件和服务相结合的新生代创新商业模式。苹果的模式包括将先进的技术、合适的成本和出众的营销技巧相结合；软硬件与内容服务相结合，形成良性循环；有乔布斯和一批业界领先、执着创新、追求完美主义的产品设计和开发人员；鼓励创新的制度、企业文化和研发管理；创新的营销方式和生产策略，以及保持苹果用户体验的微创新等。

2．视觉极致的产品美学——苹果皮

苹果一直以其极简的设计理念以及唯美的产品美学让用户发出由衷的赞叹。《乔布斯传》中说："他没有直接发明很多东西，但是他用大师级的手法，把理念、艺术和科技融合在一起。"被"伯乐"乔布斯发现的"千里马"——英国人、苹果的设计总监乔尼·艾维(Jony Ivy)已经成为苹果传奇的一部分，正以全新的姿态向世人展示着新一代苹果产品的扁平化设计理念。

3．以人为本的产品体验——苹果味

苹果不仅纯粹强调技术，也懂得如何将技术和人文科学完美的结合。以人性化的触摸屏设计为例，小孩子都会操作的拉伸、缩小、滑动等完全替代了鼠标加键盘的操作，成为业界广泛采纳的规范。这就是人性化、是方便的用户体验。

4．玲珑多彩的产品阵列——苹果树

从 i 系列到 Mac 系列，从硬件到软件，苹果通过构建面向个人数字生活的产品体系来引领整个互联网产品的发展。从推出 iPhone 5 开始，人们就发现苹果也开始关注其他厂商的态度了，在尺寸、颜色、规格等方面，苹果正在去掉骄傲的光环，小心地调整着自己的策略，不断地满足着日益变化的用户需求。

5．高瞻远瞩的产业生态——苹果林

苹果如何使其平台吸引了数以万计的第三方开发者？答案是打造平台和生态系统。这是苹果独有且其他公司无法复制的优势，在成全他人的同时成就了自己。例如 App Store 模式多样、发展迅猛，成了苹果制胜之道的另一张王牌。

6．令人着迷的品牌文化——苹果标

当产品有一定知名度后，消费者再次购买时会考虑品牌感知、美誉度等属性。苹果通过对其产品内在、外在属性的整合，使其转化为可以感知的一系列利益，变成对苹果产品的品牌认知。单一物质层面的产品变成了积极正面的精神层意识——品牌价值。产品可以被模仿，但品牌不能，是企业真正的竞争壁垒。苹果独特的品牌魅力和文化感染力，在其走向成功的道路上发挥了灵魂的作用。

7．难以企及的经营智慧——苹果道

依佛教的说法，"智"和"慧"是大不相同的，智是"急中生智"，慧则是"定能生慧"。苹果的"智"体现在对移动互联网有所洞见的情况下，适时推出革命性产品 iPhone 和 iPad，而苹果的"慧"则体现在坚守产品底线，不以降低技术换取销量。这种策略成功

招揽了大批高端用户，也通过价格壁垒有效地区分了低端市场。

8. 改变世界的人与梦想——苹果魂

人常说"时势造英雄"，而在 IT 行业也是"英雄造时势"。乔布斯说过"活着就是为了改变世界，难道还有其他原因吗?(We're here to put a dent in the universe. Otherwise why else even be here?)"，这激励着所有苹果的员工和粉丝们，不断通过改变世界来实现梦想，造就了苹果今日的辉煌。

不论做什么，只要全心投入，聚精会神、用志不分，当工作做到精彩绝伦时就能获得一份无上的尊严，产品就会有一种异乎寻常的美感。这也正是苹果成功的灵魂。

14.3　苹果公司的产品与体验设计准则

14.3.1　苹果公司产品设计七大原则

国际知名的 LUNAR 设计公司总裁约翰·埃德森(John Edson)曾深入苹果内部，对大量设计师和领导层进行了深度的采访，提炼和总结出了苹果公司在产品设计领域所遵循的七大原则，具体如下。

1. 设计改变一切

纵观苹果的产品线，无不反映着这样一个事实，那就是产品设计的美观、创新和魅力造就了苹果在世界上独一无二的竞争优势。

2. 设计三要素

这里的三要素是指设计品位、设计才华和设计文化。设计的手法、出发点的多样性也许会折射出不同的设计品位，设计才华是设计师表现出的个人才能，它不仅仅是设计方面的表现和构思能力，更包括对创新的执着和对产品的洞见。乔布斯就是很好的榜样。而一个成功公司的设计文化，需要有良好的服务用户的基因和对优良产品执着追求的意识、以及不断反省自我、突破传统的"敢为天下先"的气势。

3. 产品即是营销

好的产品也需要好的营销战略相适配。像乔布斯那样通过建立独特的产品身份特征、结合名人效应、新闻发布、饥饿营销、体验店等方式，不断向用户传递产品正面的信息、强化高品位认知，使产品的高端品牌形象深入人心，营销效果明显。

4. 设计是体系化的思考

产品设计从小的方面看，包括内部各部分的协调、构型的整体性、材料工艺、使用环境、成本、用户体验等；从大的方面看，包括供应链、生命周期、可持续性及公司战略等，这些都需要以系统优化、体系化的观念统筹解决，这就是系统化设计的思想。苹果不仅生产消费电子、个人电脑，还是开发商、互联网交易平台的服务提供商，例如 Apple App Store、在线音乐商店、在线开发平台等，都是系统化思维成功的例子。

5．大声设计

一般指要将产品设计的思路大声讲给别人听，以取得其反馈。这里是指通过对可感知的原型与实物的测试，使相关方，特别是用户能够参与到产品的设计过程中，使其及时取得全面的反馈，获得贴近生活的产品体验。

6．设计应以人为本

这其实就是人本设计的思想，不同的是，在苹果，乔布斯认为自己就代表了用户，同时苹果的员工也被认为是产品的典型用户。这就是所谓的精英设计思想，即通过对典型用户的设计研究，采用移情设计等手段，专注为目标用户群体设计，而不是为每个人设计。这也是苹果 iPod 产品成功的经验。

7．怀揣信念做设计

就像乔布斯那样，怀揣改变世界的欲望，通过创新、设计制造独特的产品，创立公司自己的设计理念，坚守简约之美、高端精品的设计定位，最终造就了苹果——这样的业界品牌神话。

14.3.2　苹果公司用户体验设计原则

如果深究苹果产品不断地创造商业奇迹的原因，优秀的用户体验必定居于首位。苹果的体验设计原则可以归结为以下几点。

1．卓越体验的革命性产品

产品是体验的首要载体，在苹果内部产品永远是第一位的。为追求卓越的体验，苹果的产品设计遵从两个基线。①在设计过程中引入用户交互的五个目标，即了解目标客户、分析用户的工作流程、构造原型系统、观察用户测试和制定观察用户准则。②做出体验设计决定时避免功能泛滥、遵从二八原理。例如，苹果公司认为优秀的软件应符合的标准有高性能、易于使用、吸引人的界面、可靠、灵活、互操作性和移动性等。为保证软件的产品体验，苹果提出了人机接口设计的 13 项准则，即隐喻、反映用户的心智模型、隐式和显式操作、直接操作、用户控制一切、反馈和交互、一致性、所见即所得、容错性、感知的稳定性、整体美学、避免"模式"对话框的使用和管理程序的复杂性。此外，苹果还制定了设计的优先级原则以保证产品的体验效果，包括满足最低要求的原则、发布用户期望功能的原则和让产品与众不同的原则。这些奠定了苹果产品卓越体验的基础。

2．用新技术、新工艺提升体验

苹果产品的独特性也反映在其对新技术的创新应用上。例如人们熟知的多点触摸技术、重力感应系统，甚至是 USB 和 Wi-Fi 等，都是突破当时的工艺限制在其产品上率先使用的。

3．体验源自对细节的一丝不苟

为了更好的体验，苹果对产品细节近乎苛刻。例如苹果产品的底色之上有一层透明塑料，能够带来纵深感，称为"共铸"(Co-molding)。为了这种体验，苹果团队与市场营销人员、工程师甚至跨洋生产商合作，最终采用了新材料和新流程，使之得以在产品上大规模实施。又如苹果的平台体验负责人还专门配了一副钟表修理工使用的高倍双目放大镜，用来反复搜索屏幕上的每一个微小像素的可能瑕疵。

4. 卖产品，更卖体验

保持公司优势的做法通常有两种，一是微软模式，即技术不断升级；二是 IBM 模式，即服务不断升级。苹果采用的是第三种，即用户体验升级的模式。这种体验基于卓越设计的产品之上，也包括企业与用户接触的每一个接触点、面上，例如苹果体验店独特的购物感受。如果说选择其他手机或 IT 产品时是在购买功能，那么在购买苹果公司的产品时用户则是在为自己的情感共鸣和自我实现而付费。

5. 一站式人性化服务

良好用户体验的基础是围绕产品端到端的全面解决之道。从终端、资费、音乐、广播、电视、电影、游戏、App 应用到照片管理，苹果都提供了一站式服务。同时用户购买的资源可以在任何苹果设备上重复使用，极富人性化。

6. 精英创造体验的企业战略

苹果设计团队并不热衷于去做大量的用户调研，因为乔布斯认为许多体验设计并不是随机抽样的用户能够想象出来的。"你觉得达·芬奇在创作蒙娜丽莎时征求了观众的意见吗？"据说乔布斯早年曾这样问道。苹果体验设计的依据是基于乔布斯和设计精英对于客户的洞察力，对体验的升级是建立在对现有体验充分分析的基础上，设计人员问自己最多的不是"我们应当设计什么样的功能"，而是"我们需要服务客户的哪些目标"。苹果的设计团队奉行精英文化，甚至偏执到只雇佣精英，公司内部称为 A 团队，领导层的核心工作之一就是不断打造 A 团队、淘汰 B/C 类团队。在流程和体制上，苹果力求为精英文化扫除一切障碍，使设计师、工程师、管理者等不同角色能够在一起办公。例如当有优秀的创意时，哪怕是在深夜也可以立刻拨通所有人的电话，立刻动手将创意变成产品。

7. 奉行精英创造一切的文化

苹果坚信体验的产生是一个艺术的过程，并非机械化规模制造。产品可以由代工装配，但体验必须由精英生产。对于用户，体验是一种情感；对于苹果，体验绝不是被动的满足用户需求，而是洞悉一代人、一个时代，敢于且能够引导用户的一种创造力、一种精神、一种文化，唯精英而能胜任。正是这种精英文化，让人们期待着苹果公司在用户体验的宏大舞台上，继续推出震撼人心的传世作品。

14.4　苹果公司的产品设计流程

每个成功企业的背后，都有一个值得业界学习的研发过程。历史上，宝洁的产品经理制、摩托罗拉的六西格玛(6∑)、IBM 的 IPD、微软的软件研发过程等都产生过很大的影响。公众眼中一向神秘的苹果公司研发出一个个几近完美之物，也必有其一套行之有效的设计流程。美国《财富》杂志高级编辑亚当·拉辛斯基(Adam Lashinsky)在其 2012 年出版的《探寻苹果内幕：美国最受尊敬、最神秘的公司是如何运作的》(*Inside Apple: How America's Most Admired-and Secretive-Company Really Works*)中披露了苹果研发过程的细节。

14.4.1　设计驱动产品

在苹果公司，设计师就是上帝，所有的产品都需符合他们的要求。与其他公司中设计依附于生产部门不同的是，苹果的财务和生产部门都要满足以乔纳森·伊夫为首的设计部门的要求。在苹果的设计团队中，有一个 15～16 人的核心集团，苹果所有产品都孕育自他们的工业设计工作室。这一点与现实社会很多公司所奉行的"需求驱动""技术驱动"甚至"利益驱动"的产品立项、设计与开发有很大的区别，很值得深思。

14.4.2　以产品项目为单位的团队式作业

一旦某个新产品的开发方案被确定后，苹果便会迅速组建一支专门的团队，签署保密协议、有时也会采取网络物理隔离方法将这个团队与其他部门隔离起来，负责敏感新项目的团队所属的大楼也有可能被封锁或是用警戒线隔开。这样就有效地在企业内部创建了一个保密的、执行力强的团队，使其从整个公司的组织结构中独立出来，摆脱大企业的层层汇报体系，项目团队只对高层负责。

14.4.3　执行苹果新产品进程

苹果新产品进程(Apple New Product Process，ANPP)是一个详细描述新产品开发进程中每个步骤的执行文档(也称可用性清单)，最早在 Macintosh 开发时就开始采用了。早在"二战"中，美国空军就提倡使用可用性清单，并予以重新定义，其研究后来发展成了工业和组织心理学。在美国学者阿图尔·葛文德(Atul Gawande)的《清单大纲：如何正确做事》(*The Checklist Manifesto: How to Get Things Right*)一书中，开列了 ANPP 的详细步骤，以避免在计划执行的过程中关键步骤的疏漏。同可用性清单类似，苹果的 ANPP 详细筹划了开发的各个阶段，如谁负责完成、各自在每个阶段负责什么内容以及在什么时候完成等。

14.4.4　每周一进行产品评估

执行团队会在每周一对每个正在研发及生产中的产品进行仔细评估。这之所以能够做到，是因为对苹果来说在任何时候都只有少数产品在生产。评估不通过的将顺延至下周一，这意味着任何一项产品的关键性决策都会在最迟两周内做出。

14.4.5　工程项目经理绝对控制生产

在产品生产时需要一个工程项目经理(Engineering Program Manager，EPM)和一个全球采购经理(Global Supply Manager，GSM)负责管理，直至完成生产。前者在产品生产过程中拥有绝对的控制权。因其权力很大，所以也被戏称为"EPM 黑帮"。这两个职位一般由公司高层担任，其大部分时间是在监督中国工厂的生产流程。采购经理和项目经理会相互合作，也会经常因抉择"什么最适合产品生产"而倍感压力。

14.4.6　对产品原型进行反复设计、生产及测试

苹果在制作好产品原型后，将再次进行修改、完善，然后将其投入生产。这个过程大概会持续 4～6 周，最后以各个部门负责人参加的公司集体议会通过才算结束。通常，工程项目经理会带着测试版设备返回总部接受测试和评估，然后返回工厂监督下一个产品。这意味着很多版本的产品实际都已经"完成"，而非部分原型。这是一种极其昂贵又苛刻的新产品开发方式，但在苹果公司，这就是标准模式。

14.4.7　独立的包装设计区域

在苹果的营销大楼里，还有一片完全专注于产品包装设计的区域，其安全和保密级别与专注新产品设计的专用区域相当，其任务是为苹果公司将要发布的产品设计并确定包装的材料、样式等。例如在某新款 iPod 发布前，会有一名员工在数月中每天花费数个小时打开数百个包装原型，以此提炼并不断完善其拆箱过程的用户体验。

14.4.8　绝密的产品发布计划

在苹果内部，产品发布的行动计划被称作交通规则(the Rules of the Road)。这是一个高度机密的文档，上面罗列了从产品研发到发布的每一个重大阶段，且每个步骤都明确标识了直接负责人(Directly Responsible Individual，DRI)。同时其上也注明，任何遗失或是泄露这份文件的员工将被立即解雇。这样做就是为了不破坏苹果用户看到包装第一眼时的惊喜。

苹果产品设计流程的核心可简单地归纳为：致力于好的产品才是第一位。上述过程也反映出，苹果公司把产品的用户体验融入设计流程的每一个环节。也许苹果公司的设计流程看上去并非完美，为了追求产品的卓越，有时苹果甚至会做出一些增加成本和降低效率的决定。但十余年财富神话的事实说明，这套流程适合苹果发展的要求。对那些试图完全照搬苹果设计流程的公司来说，特别需要考虑与其具体现状的结合。

14.5　苹果公司产品创新创意之源

苹果公司的成功绝不是偶然的，光鲜华丽的外表下有其一系列必然的因素，如果非要用一句话来总结的话，"相信设计的力量"或许是最恰如其分的。深入探究苹果的创新思维，可以发现其设计创意与生活、模仿、用户体验、颠覆性和市场缺口等方面有密不可分的关联。

14.5.1　生活

创意源于生活。乔布斯的创新意识已渗透到生活中的点点滴滴，当看到跑车时，他会

联想到自己的苹果产品；当使用电话时，他会联想到自己的苹果手机……这也许就是苹果最大的创意来源。善于观察生活，其实也是每一个创新设计人员的基本素质。例如乔布斯不仅仅去观察生活，摄取创意的灵感，还践行用设计去改变生活、改变世界的梦想。在苹果的专利组合中，共有 313 项将乔布斯列为主要发明人或共同发明人，有超过 200 项专利是由乔布斯与苹果设计主管乔纳森·伊夫共同发明的。他的一句名言就是："活着就是为了改变世界"。乔布斯的一生都与"创新"一词紧密相连，苹果的产品也被视作是时尚的象征。时任美国总统奥巴马评价说："乔布斯是美国最伟大的创新家之一。他改变了我们的生活，改变了我们看待世界的方法。"而乔布斯赖以改变世界的设计创意和灵感恰恰正是来源于生活。

14.5.2　模仿

在模仿中创新，这是苹果产品创新的另一来源。乔布斯曾说过："优秀的艺术家复制别人的作品，伟大的艺术家窃取别人的灵感。"他真可谓非常成功的模仿者，因为他的模仿引来了更多的模仿。自身模仿别人，却被更多的人模仿，由此还产生了轰动的法律新闻。乔布斯的模仿完全不同于他人的生搬硬套，是有自己的思想与创新的。与其说这是模仿，不如说这是观察。乔布斯在观察，只是观察对象不是别的，而是他人成功的作品。

14.5.3　用户体验

苹果成功的根源很大程度上来自对体验细节的关注和对完美的追求，甚至到了不计成本和利润的地步。例如 iPad 和 iPhone 的多点触摸操控，彻底颠覆了用户对于以往消费电子产品的陈旧体验，也彻底打破了在个人电脑和消费电子市场的竞争格局。这就是苹果在用户体验中创新的精妙之处，也是产品不断追求完美的结晶。与许多公司通过用户反馈和焦点小组来进行体验创新不同，乔布斯是把自己作为第一用户，亲自观察、使用新技术和新产品，并记录下感受，将之反馈给工程师以改进体验。

14.5.4　颠覆性

乔布斯领导下苹果的成功是创造颠覆性的最佳示例之一。iPod、iPhone 以及 iPad，在统一的生态圈里，不断颠覆常听到产品定义、颠覆自身产品，从中产生新的产品，体现了苹果信奉颠覆性创造的理念。正如乔布斯所说："创新无极限！只要敢想，没有什么不可能，立即跳出思维的框框吧。如果你正处于一个上升的朝阳行业，那么尝试去寻找更有效的解决方案：更招消费者喜爱、更简洁的商业模式。如果你处于一个日渐萎缩的行业，那么赶紧在自己变得跟不上时代之前抽身而出，去换个工作或者转换行业。不要拖延，立刻开始创新！"颠覆性是创造力的重要表现，也是一个人感性的一面。

14.5.5　市场缺口

从创业初期，苹果便密切注意市场缺口。尤其是面对虎视眈眈的 IBM、惠普、微软、谷歌等商业巨头，现实告诉苹果，要想胜出就必须实施差异化战略。成立之初，苹果就在其办公楼里悬挂了一幅海盗的挂像,彰显其差异化、个性化的文化理念。就像乔布斯著名的口号"Think Different"一样,与众不同在苹果内部已深入人心。差异化的前提是发现市场缺口,对苹果来说,市场缺少的就是要去创新的地方,创新其实是一种完善产品和体验的方式。

14.6　细节的作用——iPhone 的体验设计案例剖析

对细节的关注是苹果公司产品以良好用户体验赢得市场的关键。正如美国投资银行的资深分析师保罗·诺格罗斯(Paul Noglows)在一篇文章中所写:"近乎变态地注重细节才是乔布斯的成功秘诀。"细节决定成败,为了重新设计 OSX 系统的界面,乔布斯几乎把鼻子都贴在电脑屏幕上,对每一个像素进行认真比对,他说:"要把图标做到让我想用舌头去舔一下。"他是苹果产品的最终仲裁者,我们能看到他关心的是产品细节及其带给用户的体验。下面通过 10 个设计案例来说明苹果是如何通过细节设计将产品的体验做到极致的。

1. iOS 电筒开关的变化

在 iOS 的控制中心,开启和关闭电筒的时候,按钮会跟随开关而变化(见图 14-10)。

2. 触控笔重量分布均匀

为避免触控笔(Apple Pencil)滚落,苹果设计师将触控笔的重量设计得均匀分布,以保证触控笔可以停止在任何指定位置,避免其从平滑的桌面跌到地上(见图 14-11)。

图 14-10　iOS 按钮开关的变化　　　　　　图 14-11　苹果触控笔

3. MacBook 开盖凹槽

为方便打开笔记本电脑,苹果设计师特别在 MacBook 上设计了一个凹陷,以使用户能方便地单手掀开屏幕,不像 Windows 笔记本那般麻烦(见图 14-12)。

图 14-12　苹果笔记本电脑上的开盖凹槽

4．实时苹果地图

苹果地图的卫星模式已像 Google Maps 一样方便好用，特别是在显示整个地球的时候，与自然环境一致的地球表面真实光照情况可以实时地显示，这让用户可以清楚地知道某地是处于白天或晚上(见图 14-13)。

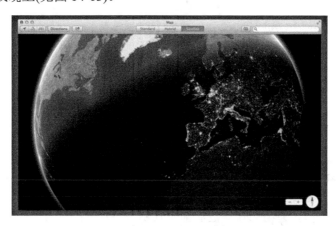

图 14-13　苹果地图上实时显示的昼夜

5．MacBook 也有心跳

心跳指示灯也称呼吸灯，能让用户随时了解电脑的当前状况、指示休眠状态。在 MacBook 的设计中，保留了像 Windows 电脑那样的指示灯，指示灯闪烁时代表电脑正在休眠。更为神奇的是，iMac 和 eMac 上的电源指示灯，其闪烁的频率是模拟一个成年人的心跳频率(见图 14-14)。这也是很多人不知道的一个小秘密。

图 14-14　MacBook 电脑上的心跳指示灯

6．数百人团队研发的 iPhone 镜头

为了提升 iPhone 镜头的照相品质，苹果曾动用超过 800 位员工，精心设计、开发、制造。iPhone 镜头由 200 个不同的部件组成，体积小如发丝(见图 14-15)。正是这样执着于品质的精神，使 iPhone 手机具备了与其他手机相比无与伦比的高质量和拍照体验。这些精益求精的幕后开发工作曾在美国哥伦比亚广播公司(CBS)主打的一档电视新闻杂志栏目《60 分钟》上透露过。

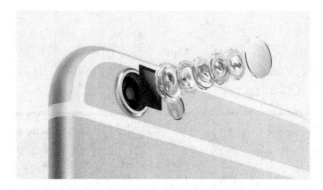

图 14-15　iPhone 手机摄像头

7. 包装尽量简约

苹果的产品包装相当简约，一个白色盒子印上 iPhone 的名字和正面的样子、手机形态，干脆利落(见图 14-16)。其实不少苹果官方配件，尤其是会在 Apple Retail Store 上架的那些产品，都会以白色为底的包装出售。在向用户传达苹果公司简约、环保、可持续的设计理念的同时，也令用户获得一致的好的视觉体验。

图 14-16　iPhone 手机的简约包装

8. 精美的图片

在视觉体验上，苹果公司可谓费尽了心思。例如为追求 Apple Watch 显示的盛开的花朵、水母浮游等的场景的高画质，苹果动用了大量人力和高清摄影器材，仅仅是为了拍摄图 14-17 中的花朵。苹果公司用户界面组的负责人艾伦·戴(Alan Dye)就曾带领团队拍摄了超过 24000 张照片，而且苹果也为 Apple Watch 专门买了鱼缸，以获取水母的 4K 像素大小和 300fps 的高清影像，为精美的细节可谓不计代价。

9. 精心调配的色彩

为适应个性化，苹果设计了不同色彩的 Apple Watch。很多人认为这些色彩是随机选择的，错了！苹果在产品的配色上从不马虎，不仅是 iPhone 6s 的金、银、灰色设计，Apple Watch 的配色也十分讲究。美国《60 分钟》时事杂志透露过，乔尼·艾维曾带领团队就手表的表带进行过上千次调色工作，务求做到最满意、最好(见图 14-18)。

图 14-17　Apple Watch 上显示的鲜艳欲滴的花朵

图 14-18　Apple Watch 表带的配色

10. 产品讲求对称美

传统的中国审美观认为对称即是美，对称的产品符合大部分人的审美习惯。苹果产品的对称程度远比其他品牌的要高，例如 iPhone 底部无论是 3.5mm 插口、雷电(Lightening)接口或扬声器都正好放在中间，透着让人赏心悦目的平衡美。相比之下韩国三星手机外观视觉元素的布局上就不那么对称(见图 14-19)。

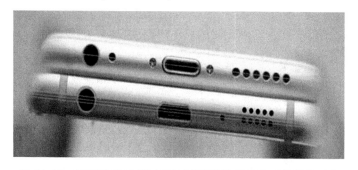

图 14-19　苹果手机(上)与三星手机(下)视觉元素对称性的对比

除了上述外在的细节，苹果产品内部零部件也都追求细节上的极致——不仅仅是好使。说来奇怪，甚至很多苹果产品的忠实粉丝也常常忽略这些细节的存在。正是这些常常被人忽略的，一旦被发现即刻令人好感"爆棚"的细微之处，诠释了苹果追求完美的设计理念，它持续带给了用户无与伦比的感动。

思 考 题

1. 试举几款你喜爱的苹果公司产品，了解其营销过程，并分析其品牌战略。

2. 试根据自己的理解，介绍苹果公司的成功之道，并分析其成功背后的必然性。

3. 试述苹果公司的设计流程，并据此说明苹果是怎么保证其产品的用户体验的。

4. 试述苹果公司产品的创新、创意之源，并根据自己的理解分析书中所述内容是否全面？若不全面，试补充之。

5. 有人说"苹果的产品从内到外都透着某种艺术气息"，根据你对苹果公司产品的了解，试分析是什么因素赋予了苹果产品的艺术性。

6. 尝试模仿苹果公司的某款产品，应用苹果创新思维和追求完美品质、体验做到极致的设计理念，设计一款自己的"苹果"产品，并以小组讨论的形式分析每个人设计的得失。

发展篇

用户体验设计的未来

科学技术是社会发展的驱动力，新技术正在重塑人类社会的业态。互联网+、大数据、人工智能、虚拟现实、物联网、机器人技术……传统公司都正经历着新技术大潮带来的巨大冲击，顺之者昌，逆之则亡。通信巨头诺基亚商业帝国的轰然崩塌，亚马逊(Amazon)、脸书(Facebook)、阿里巴巴(Alibaba)等互联网公司的飞速崛起，无数鲜活的实例无不在昭示着新技术的威力。21 世纪是"体验为王"的时代，纵观风起云涌、异彩纷呈的新技术突破、发展和成功应用，用户体验设计也在其中扮演了重要的角色，起着不可忽视的作用。

那么，用户体验设计未来将向何方发展？用户体验设计师未来竞争力体现在哪些方面？未来的用户体验设计将会是怎样的模式？这些正是关注用户体验设计的人们共有的关切。来自一线有影响力的专家，在自己长期实践经验的基础上对用户体验设计未来发展的展望，也许能在一定程度上解答这些疑问。

当然，作为一种在实践中发展起来的新技术，用户体验设计自身也在随科学与技术的日新月异而不断演变。以开放的思维、动态的眼光、综合的观念去观察、研究，领悟其精髓，以不变应万变，或不失为把握用户体验设计未来的最好方法。

第 15 章

用户体验设计的未来展望

　　蔡斯·巴克利(Chase Buckley，UX 设计师)对 2017 年设计趋势的预言从某个视角展望了用户体验设计(User Experience Design，UX)的未来。

　　"为了构建明天的体验，你必须首先设计今天的交互。但仅仅看到眼前远远不够——你必须展望未来。"在 2016 年，全世界笃信并热衷用户体验的设计师与爱好者们，证明了体验设计在设计思维中独树一帜的地位。毫不夸张地说，用户体验已经迎来了它的"黄金时代"。在过去很长的一段时间里，体验设计的传道者、数字大神、交互设计师们，在创意层面上都已经达到了最高水准，并力求在科技、设计以及用户愉悦体验中有所突破。在托拜厄斯·范·史内德(Tobias Van Schneider)、詹妮弗·奥尔德里奇(Jennifer Aldrich)以及蔡斯·巴克利这些先驱的探索与引领下，用户体验设计的前景正愈加明朗。

15.1　故　障　图

庆祝成功自然无可厚非，但学习并反思失败更加重要。

——比尔·盖茨

流程图(设计框架)在产品或服务的整个交互流程中，为理解用户接触点提供基本的设计框架与结构。但问题出现了：这些框架与流程的设计都基于理想的用户模型，如果遇上一个不理想的用户呢？

到 2017 年，超过半数的世界人口将会上网，而大量新用户的涌入将带来无数像老年人或是第三世界国家的人们那样的数码新手(见图 15-1)，我们有责任专门为他们进行设计。如同使用流程图一样，使用故障图将帮助体验设计师更好地理解、参与，并模拟非理想用户的使用场景，使产品或服务的错误使用变得更加可控。

图 15-1　大量产品与服务的使用方式带来的新用户

15.2　微-微交互

2016 年，人们在互联网上疯狂地讨论微交互——适用于基于单任务目的的交互设计，如设定闹铃、为某评论点赞、点击登录按钮等。每当打开 Facebook 或是登录领英，我们其实都已经有意无意地参与了数十个潜藏的、难以察觉的微交互。

交互应用与服务的内容正日益细分与具体——我们使用 YO(一款名为 Yo 的应用，只能收发"yo"这一个单词)来打招呼，使用 Vine(微软开发的基于地理位置的 SNS 系统，类似于 Twitter)来分享 6 秒的视频，使用 Knock Knock(一款在线社交应用)来结识新朋友，在微交互的路上我们正越来越原子化，一些单独的交互行为被进一步分解成为拥有更强交互性的微小碎片，我将这些多样的、细小的、根植于微交互的交互称作微-微交互。2017年，每当我们拿出手机时，我们将会被动地使用数以千计的微-微交互。

(1)　微交互：使用蓝牙配对两个设备。

微-微交互：开启蓝牙模式。

(2)　微交互：控制一个正在进行中的动作，比如调整音量大小。

微-微交互：向右渐进滑动以增大音量。

(3) 微交互：在领英(Linkedin)上与某人建立联系。

微-微交互：在某个用户资料页点击 Connect 按钮。

在 Knock Knock 上敲击两下的微交互可以得知周围有谁在你附近，但如果只敲击一次呢？这是一个微交互基础上的更小的交互(见图 15-2)。

图 15-2　屏幕敲击示例

15.3　天气应用的井喷

天气应用对我们而言都已是不可或缺的一部分。无论雨天或是晴天，我们遵循其提供的天气信息，计划一整天的行程并享受其中的乐趣。过去，天气预报为了实现对气候信息变化的同步更新，它的模式基本是一成不变的，但在不久的将来，极端天气变化将会带来极端的环境，导致我们需要更具预警功能的天气追踪应用，这是这类应用的开发者刚刚才开始注重的趋势。各类反常的天气事件——从十二级的飓风到极度的潮湿，会让用户更频繁地使用他们的智能设备以便获取最新的天气信息。

2016 年是属于天气应用的一年，但对此类应用的需求只会持续飞速上涨。如同这个冬天横扫硅谷的厄尔尼诺一样，越来越多的体验设计师会将他们的目光投向"气候变化"这个迫在眉睫的问题上，并借助美观的手机应用将其过程可视化(见图 15-3)。

图 15-3　从摩纳哥到开罗的隔日天气情况的可视化信息

15.4　电子宠物风潮

赛博朋克之父(赛博朋克是科幻小说的一个分支，以计算机或信息技术为主题)威廉·吉普森(William Gibson)在谈到昂贵的机械表时，借用了电子宠物魅力之处的描述："它们是种异常必要的无谓存在，它们因为需要被呵护而带给人恰到好处的慰藉。"

随着产品的产业化、自发化、自动化和同质化程度的加深，我们开始感觉到一些用户的抗拒。许多用户体验社区开始留意到大家对早期机械表时代的呼唤，一个即使牺牲一定的功能与精度也要让产品保有个性并百花齐放的时代。我们这些倡导用户至上的设计师们，有责任听取他们的意见。越来越多的产品设计师别出心裁地在自己的作品中借鉴了电子宠物哲学，通过赋予产品一种陈旧、残缺、脆弱的特质来雕琢他们的个性与魅力。推特和亚马逊就是这种实践的成功案例：他们各自的服务都回溯到一种更简约的时代，他们的产品不见得完美，却为用户提供了舒适与愉悦的体验，事实证明用户确实很受用。可以预计，未来用户体验设计师们会将电子宠物哲学应用到他们作品的方方面面，使产品更具有生活化、人性化体验。

15.5　触　感　催　眠

触觉反馈是指触摸技术在用户界面中的使用，比如每个按键都能提供触觉反馈的虚拟键盘。随着高端移动设备的普及，触觉技术也发展得愈加成熟。这得益于电活性聚合物制动器(EAPS，一类能够在电场作用下，改变其形状或大小的聚合物材料。这类材料常见应用在执行器和传感器上)成本的降低，触觉技术在未来两年有望变得更为先进(见图 15-4)。

图 15-4　迪士尼开发的算法，把虚拟界面上的信息转换成动态触感体验

这些进步使交互技术人员得以通过开发细微的触觉提示来改变用户的行为，非常新奇又令人激动。比如当用户在某个产品展示页面犹豫不决时，我们就可以利用微脉冲和振动的顺序将用户定向到一个"立即购买"按钮，或创造一种愉快感让用户不愿离开界面。交互设计师把修改用户的行为比作微催眠的一种形式，这个新的触觉界面元素被称为

Hapnotic 反馈形式(触觉+催眠=Hapnotic)。尽管 Hapnotic 反馈背后的心理学研究还仅处于设想阶段，但在接下来的时间里，随着对其非凡的潜力的开发，这项技术一定会引起关注。

15.6　去　线　性

用户体验设计师们每年都会推出新的可用性标准——2016 年则恰巧是简约。但更简约并不能与更高的可用性画等号。不论怎样，2016 年成为应用程序和服务的简化年——导航菜单被收起，交互被划分成一步步的流程，用户被限制在固定的线性的交互轨迹上，依照固定顺序进行交互。

尽管有着良好的执行性，但 Uber 仍是制约用户的一个很好的例子，操作步骤是：设置搭乘地点→预计到达时间→付费→评分。

Instacart(一小时快速送货上门的杂货电商)则是另一个线性交互设计的例子(见图 15-5)，它的操作流程是：选择商店→选择商品→购买商品→评价物流。

图 15-5　杂货铺电商

用户可能现在还享受这些被过分简化的系统，但借用伊恩·芬恩(Ian Fenn)——一位 UX 传道者的话来说："差劲的设计团队提供用户要求的 UX，伟大的设计团队提供用户需要的 UX。"我们已经看到了用户对这些线性体验的抗拒——用户不愿意像牛一样被从这个页面赶到下个页面。给予用户最大限度的帮助，才是未来用户至上的倡导者必须做到的。未来，我们将通过去线性设计来体现和推崇用户的理解力；用户将被赋予更多的选择权，在整个过程中被赋予更多的决策权，拥有更多不同的方式来实现每一个交互体验。

15.7　间隙焦虑的优化

间隙焦虑是交互设计师之间的常用语，指操作(单击一个按钮)和响应(移动到下页)之间一种瞬间性紧张的体验。行动与反应之间的高延迟和加载时间可以引发焦虑，在此瞬间，用户被滞留在黑暗的裂缝中，感到无力又困惑。这种焦虑如果不加以解决，很快会导致糟糕的用户体验，这无疑会将用户推离你的产品。

但是聪明的设计师会转而学习往有利于他们的方向引导这种焦虑或升华这种情绪。通过创建暗示序列中的下一个屏幕的过渡元素，使用户能够即时预览，从而预测而不是担心接下来屏幕上会发生什么。幻灯片之间的过渡动画有助于提供行动与反应之间的无缝衔接：这种模式中的临时暂停和弹跳手势，会帮助用户下意识地在页面转换时调整状态。

15.8　从设计传播到影响的变迁

设计传道者在理论上和实践中都提倡优秀设计的有用之处，最终目标是将非专业人士转变为设计思考者。他们都向非设计从业者颂扬设计思维的优点，使其也有机会在各自的个人生活和职业生涯中去追求这样的最佳实践。虽然我全力支持设计传道者，认可他们为优秀的设计的传播所付出的努力，但恐怕仅靠宣传是不足以使他人转化态度真正实践设计思维的。从技术到营销、销售传道者等，这之中夹杂着太多平行行业间相互矛盾的信息，使我们难以真正交流和传达，更难在大众生活中实现。更糟糕的是，我们的信息变得更抽象，被简化成了要点和幻灯片，我们的想法仅仅成为搜索引擎中的词条(见图 15-6)。

图 15-6　设计传播及其影响

幸运的是，如今线上和线下越来越多的设计师开始为自己和用心打磨产品站出来说话，形成了一种良好的趋势。这些设计师不只是倡导，还面向世界拥护与捍卫设计所拥有的力量与格调。他们不再仅仅是向世界展示好的设计，还向世人强调自己的设计思维。到新的一年我相信这些声音会更响亮并更具说服力。

15.9　"年龄响应式"设计

响应式设计(通常指响应式网页设计)最重要的一点就是可变性——网页内容可以根据用户使用设备的不同而进行相应的重新排版。这其实只是第一步——要真正地匹配用户需求，我们还有很多地方可以提升。正如网站可以针对各式各样的设备随时调整格式，它们也将可以根据各式各样的年龄来调整内容与排版。根据不同消费者群体的兴趣差异来"订制"内容。网页广告已经在这方面试水了一段时间，是时候轮到网站内容本身了：一个 8 岁的孩子和一位 80 岁的老人显然不会对同一本书、同一块表感兴趣，也不太会看同一栏电视节目，那么为什么要让他们拥有完全一致的上网体验呢？网站应该告别一成不变的"成衣"，走向"私人订制"。

未来大量的元数据或将具有"年龄响应式网站"的基本特征：导航目录的长短可以根据用户的理解能力进行伸缩；那些接收大量信息相对困难的人将会看到简约的交互界面，从而更方便地从有限但更为熟悉的信息入手；网站字体、字号与间距能够为了照顾老年人的视力而自然变大；配色方案也会调整：年轻人会体验到饱和度更高的色彩，而老年人则会看到相对柔和的颜色。

15.10　塑造互联网产品的信任感

如果问任何一个 CEO、经销商、销售员或设计师：一个成功的商业关系链中最重要的因素是什么？他们会给出相同的答案：信任。这放到用户与产品的关系中也是适用的。对于一个优秀的 UX 设计师来说，最大的责任就是使用户在使用产品的时候能产生信任感，但数字化产品领域还没有充分认识到这种信赖的重要性。随着人们对数据隐私安全的担忧日重，互联网世界里的信任变得越来越脆弱——大多数的美国人不信赖任何互联网产品，这让企业老板们进退维谷(见图 15-7)。信息泄露越来越严重地威胁到了用户与产品之间的关系，寻找新的、建立信任的渠道，对提升品牌辨识度与企业成功来说至关重要。

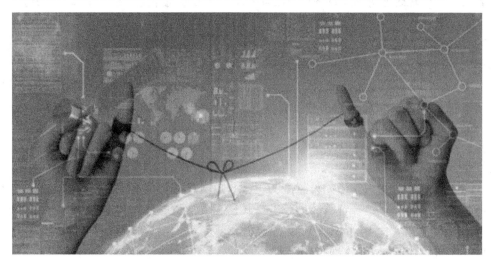

图 15-7　互联网信息安全

未来互联网产品的信任建设竞赛或将全面展开，而新一代的设计师们将挑起这一重任。

发展篇　用户体验设计的未来

15.11　退出处理——后体验时代

"一件好产品就如同一部伟大的电影。"登录处理，是指通过给新用户提供必不可少的前期体验从而锁定用户。这在很长一段时间以来，都是互联网产品设计关注的焦点。然而，登录处理的反面，退出处理，一直都被很多设计师所忽略，但这种情况很快会得到改善，因为一件好产品应该像一部伟大的电影：首先，它要有一个漂亮的开场白(登录处理)——一个噱头吸引用户，可以是一个互动的动画或者一个简单到令人心情愉悦的界面，甚至是一小箱免费的宝石；然后就是情节本身(产品用户体验)，主角战胜一路上所有的曲折和挑战——用户找到了他们想要购买的产品，可能已经卖完了，也可能已经被加入购物车等待支付；接下来是故事的高潮部分(成果)，主人公反败为胜拯救了世界或者最终得到了他们想要的东西——用户最终购买了购物车里的一双靴子；最后，到了结局，主人公与心爱的人幸福快乐地生活在一起，缓缓地朝着日落的方向走去，这就是最关键的退出处理时刻，发生在购买行为已经完全结束以后，就像一条信息被发送并成功送达或一篇推送被赞并转发以后。

随着设计师们开始为创造更全面、更完整的、看电影式的体验而努力，相信设计师将花更多时间研究这些退出时刻，关注用户的后续体验。

15.12　组建人工智能大家庭

我们逐渐发现这些智能小助手(AI)之间的合作能力可能并没有想象中那么强大。

——蔡斯·巴克利

完全意义上的人工智能(Artificial Intelligence)暂时还只是存在于科幻片中的玩意儿，不过稍微简单一些、实用一些的人工智能技术、虚拟数字管理小助手等都已近在咫尺。例如Siri(苹果)、Alexa(亚马逊)、Cortana(微软)、GoogleNow(谷歌)、Jibo，M(Facebook)、Clara(ClaraLabs)、Amy(X.ai)和 SVoice(三星)等(见图 15-8)。这些数字智能小助理正在以惊人的速度占领我们的日常生活——所有有智能手机的人都能享受至少一种人工智能(AI)服务。我们得承认，人工智能已经扎根在我们的世界里。苹果的 Siri、亚马逊的 Echo……当我们接触到越来越多的人工智能产品时，我们逐渐发现这些小助手(AI)之间的合作能力或许并没有想象中那么强大。诸如设置闹铃、安排提醒、回答问题或遥控智能开关等简单、基础的功能已经泛滥了，各种智能助手都在这些相同的功能上互相竞争。它们并没有被设计成能够互相协商、合理分工的样子。这就导致了智能机器人过剩、功能紊乱、相互抵牾的局面，而它们诞生的初衷却是简化人机交互。在竞争激烈的市场里，各家 AI 公司显然不太可能放弃自身利益而相互合作，因此全权让设计师来厘清这些人工智能产物之间的混乱关系是困难的。

未来，设计师们或许会开始致力于改变 AI 产品之间的这种紧张的关系，用一个有着明确分工与合作规则的系统来终结各种"智能小助手"之间的恶性厮杀。

Apple Siri　　**Google Now**　　**Windows Cortana**

图 15-8　人工智能手机

15.13　"仿"纺织品设计

谷歌推出的 Material Design(材料设计语言)自 2013 年起就立志成为引领全平台设计潮流的设计语言(见图 15-9)，但直到 2015 年它才真正被世人所注意到，成为网页设计的标杆，而这一切又将很快被颠覆。Material Design，又叫"量子纸"(Quantumpaper)，它从一张纸出发，吸收了纸所蕴含的许多视觉隐喻。主管设计的谷歌副总裁马提亚斯·杜阿特(Matias Duart)这样解释道："与真实的纸不同的是，我们的数字材料可以随意伸缩与变形。纸质材料有物理表面与边界。是那些缝隙与阴影告诉你这一切，赋予了你能触碰到的东西的意义。"尽管 Material Design 的视觉隐喻让一大批东欧设计师找到了自我，也是时候让它被时代淘汰了，因为无论在实际生活中还是在虚拟互联网世界里，纸并不是一种可以让人一劳永逸的媒介。

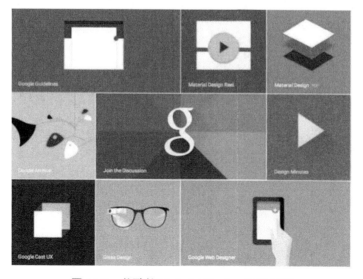

图 15-9　谷歌的 Material Design 设计示例

未来，我们会看到仿实物纹理界面设计元素(Skeuomorphism)的回归，随之而来的还有远高于单薄狭窄的、纸片的视觉隐喻。随着增强现实(AR)与虚拟现实(VR)成为时代主流，Material Design 将会目睹它所倚仗的"笔"与"纸"之间的枪战——它会发现它的立身之本在面对未来强大、多元的互联网时不堪一击。设计师开始将设计隐喻、美学、科技与不同维度交织于一体的多维设计理念称为 Textile Design(织物设计)——互联网的"织物"将被重新编织、着色并重生。

附录 国内外 UED 网站汇总

1. 国内网站

UCD 大社区：http://ucdchina.com

腾讯 CDC：http://cdc.tencent.com

腾讯游戏官方设计团队：http://tgideas.qq.com/

网易用户体验设计中心：http://uedc.163.com/

阿里巴巴用户体验设计部博客：http://www.aliued.cn/

百度 MUX：http://mux.baidu.com/

携程 UED：http://ued.ctrip.com/blog/

2. 国外网站

Bobulate(墙)：http://bobulate.com/archive

52 weeks of UX(墙)：http://52weeksofux.com

Logic + Emotion：http://darmano.typepad.com/logic_emotion

Wireframes Magazine：http://wireframes.linowski.ca

Use log(墙)：http://www.uselog.com

Pure Caffeine：http://www.purecaffeine.com

Church of the customer(墙)：http://customerevangelists.typepad.com/blog

UX matters：http://www.uxmatters.com/index.php

Leen Jones：http://www.leenjones.com

Everyday UX：http://www.everydayux.com

Inspire UX：http://www.inspireux.com

Notebook Konigi：http://konigi.com/notebook/latest

Graphpaper：http://www.graphpaper.com

Putting people first：http://www.experientia.com/blog

UIE brain sparks：http://www.uie.com/brainsparks

Design for service(墙)：http://designforservice.wordpress.com

Pleasure and pain：http://whitneyhess.com/blog

Montparnas UED blog：http://www.montparnas.com/articles

UX magazine：http://www.uxmag.com

UX booth：http://www.uxbooth.com

Boxes and arrows：http://www.boxesandarrows.com

UIE：http://www.uie.com

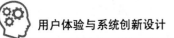

Usability Post：http://www.usabilitypost.com

90% of everything：http://www.90percentofeverything.com

Johnny holland：http://johnnyholland.org

Nform：http://nform.ca/blog

Viget UED：http://www.viget.com/advance

参 考 文 献

[1] [日]北村崇. 从零开始学设计：平面设计基础全教程[M]. 北京：中国青年出版社，2016.

[2] [美]沃伦·贝格尔(Warren Berger). 像设计师一样思考[M]. 李馨译. 北京：中信出版社，2011.

[3] [美]拉斯洛·博克(Laszlo Bock). 重新定义团队：谷歌如何工作[M]. 宋伟译. 北京：中信出版社，2015.

[4] [美]约翰·布罗克曼(John Brockman). 第三种文化：洞察世界的新途径[M]. 吕芳译. 北京：中信出版社，2012.

[5] Chase Buckley. *The future is near: 13 design predictions for 2017.* http://uxmag.com/articles/the-future-is-near-13-design-predictions-for-2017.

[6] 茶山博士. 服务设计微日记[M]. 北京：电子工业出版社，2015.

[7] [美]丹尼斯·库恩(Dennis Coon)，等. 心理学导论——思想与行为的认识之路[M]. 13版. 郑钢，等译. 北京：中国轻工业出版社，2014.

[8] 丁玉兰. 人机工程学[M]. 北京：北京理工大学出版社，2011.

[9] [美]亨利·德雷福斯(Henry Dreyfuss). 设计经典译丛：为人的设计[M]. 陈雪清，于晓红译. 南京：译林出版社，2013.

[10] [美]约翰·埃德森(John Edson). 苹果的产品设计之道：创建优秀产品、服务和用户体验的七个原则[M]. 黄喆译. 北京：机械工业出版社，2013.

[11] [美]史蒂文·海勒(Steven Heller)，丽塔·塔拉里科(Lita Talarico). 美国视觉设计学院用书：破译视觉传达设计[M]. 姚小文译. 南宁：广西美术出版社，2014.

[12] [美]沃尔特·艾萨克森(Walter Isaacson). 乔布斯传[M]. 修订版. 管延圻，魏群等译. 北京：中信出版社，2014.

[13] [美] 约翰森(Jeff Johnson). 认知与设计：理解UI设计准则[M]. 2版. 张一宁译. 北京：人民邮电出版社，2014.

[14] [美]琼·科尔科(Jon Kolko). 交互设计沉思录[M]. 方舟译. 北京：机械工业出版社，2012.

[15] [美]Ilpo Koskinen, Tuuli Mattelmaki, Katja Battarbee. 移情设计：产品设计中的用户体验[M]. 孙远波译. 北京：中国建筑工业出版社，2011.

[16] [美]亚当·拉什斯基(Adam Lashinsky). Inside Apple: How America's Most Admired and Secretive-company Really Works. Grand Central Publishing，2012.

[17] [美]托马斯·洛克伍德(Thomas Lockwood). 设计思维：整合创新、用户体验与品牌价值[M]. 李翠荣等译. 北京：电子工业出版社，2012.

[18] 栾玲. 苹果的品牌设计之道[M]. 北京：机械工业出版社，2014.

[19] [美]卢克·米勒(Luke Miller). 用户体验方法论[M]. 王雪鸽，田士毅译. 北京：中信出版集团，2016.

[20] [日]Nakajo T. A Value Index Considering Attractive Quality and Must-be Quality. Journal of the Japanese Society for Quality Control, 43. 2013.

[21] 宁平，罗峥. 用户体验中的情感优势[J]. 心理技术与应用，2014(4).

[22] [美]唐纳德·A. 诺曼(Donald Arthur Norman). 设计心理学[M]. 梅琼译. 北京：中信出版社，2010 .

[23] [美]约瑟夫·派恩(B. Joseph Pine II)，詹姆斯·吉尔摩(James H. Gilmore). 体验经济[M]. 毕崇毅译. 北京：机械工业出版社，2012 .

[24] [美]安迪·宝莱恩(Andy Polaine)，拉夫阮思·乐维亚(Lavrans Lovlie)，本·里森(Ben Reason). 服务设计与创新实践[M]. 王国胜等译，北京：清华大学出版社，2015 .

[25] [美]Jeff Sauro，James R Lewis. 用户体验度量：量化用户体验的统计学方法[M]. 殷文婧等译. 北京：机械工业出版社，2014 .

[26] [美]埃里克·施密特(Eric Emerson Schmidt)，乔纳森·罗森伯格(Jonathan Rosenberg). 重新定义公司：谷歌是如何运营的[M]. 靳婷婷译. 北京：中信出版社，2015 .

[27] [英]彭妮·斯帕克(Penny Sparke). 设计经典译丛：设计与文化导论[M]. 钱凤根，于晓红译. 南京：译林出版社，2012 .

[28] 汤军. 产品设计综合造型基础[M]. 北京：清华大学出版社，2012 .

[29] 王晨升. 工业设计史[M]. 上海：上海人民美术出版社，2014 .

[30] [美]苏珊·温斯切克(Susan M. Weinschenk). 网页设计心理学[M]. 崔玮译. 北京：人民邮电出版社，2013 .

[31] 叶浩生. 西方心理学的历史与体系[M]. 2 版. 北京：人民教育出版社，2014 .

[32] 章剑林. 互联网产品用户体验[M]. 北京：清华大学出版社，2013 .

[33] 周辉. 产品研发管理[M]. 北京：电子工业出版社，2012 .